高职高专"十二五"规划教材

钢坯加热技术与设备

主编　李忠友

北　京

冶金工业出版社

2023

内 容 提 要

本书采用了情境任务式的模块结构，全书共分五个情境，主要包括热工基础理论（燃料及燃烧、气体力学、传热原理及耐火材料）、钢坯加热工艺（加热工艺、加热缺陷）、加热炉构造（加热炉结构、连续式加热炉）、加热炉操作与维护（钢坯的装出炉操作、加热炉的加热操作与维护、加热炉的热工仪表及计算机控制）、加热炉节能减排技术（加热炉热平衡、加热炉节能）。

本书可供材料专业学生学习掌握加热炉基本知识使用，也可供从事加热炉工作的技术人员、生产一线工人阅读参考。

图书在版编目（CIP）数据

钢坯加热技术与设备/李忠友主编. —北京：冶金工业出版社，2015.7
（2023.2 重印）
高职高专"十二五"规划教材
ISBN 978-7-5024-6966-5

Ⅰ. ①钢⋯　Ⅱ. ①李⋯　Ⅲ. ①钢坯加热炉—高等职业教育—教材
Ⅳ. ①TF748

中国版本图书馆 CIP 数据核字（2015）第 166144 号

钢坯加热技术与设备

出版发行	冶金工业出版社	电　话	(010)64027926
地　址	北京市东城区嵩祝院北巷 39 号	邮　编	100009
网　址	www.mip1953.com	电子信箱	service@ mip1953.com

责任编辑　杨盈园　美术编辑　彭子赫　版式设计　葛新霞
责任校对　石　静　责任印制　禹　蕊
北京富资园科技发展有限公司印刷
2015 年 7 月第 1 版，2023 年 2 月第 2 次印刷
787mm×1092mm　1/16；18 印张；435 千字；279 页
定价 48.00 元

投稿电话　(010)64027932　投稿信箱　tougao@cnmip.com.cn
营销中心电话　(010)64044283
冶金工业出版社天猫旗舰店　yjgycbs.tmall.com
（本书如有印装质量问题，本社营销中心负责退换）

前　言

　　"钢坯加热技术与设备"是职业技术学院材料成型与控制专业的专业课之一。本书是根据职业教育"钢坯加热技术与设备"课程教学大纲编写的，总教学时数 100~120 学时。教材采用了情境任务的模块结构，不同专业可根据专业方向的特点灵活选用不同模块内容，以适应不同学制、不同地区、不同专业方向的需求。教材内容是根据材料成型与控制生产实际情况和各岗位群技能要求以及编者多年的教学实践与生产实践的心得确定的。本书注重职业教育的特点，既包括加热炉的理论知识，又包括典型加热炉的操作技能。作为教学用书，在具体内容的组织安排上，力求简练、通俗，理论联系实际，便于学生理解以掌握加热炉的基本知识。本书对从事加热炉工作的技术人员、工人也有一定的参考价值。

　　本书共分为 5 个情境，情境一由四川机电职业技术学院蒋和平编写；情境二、情境五由四川机电职业技术学院黄银洲编写；情境三由四川机电职业技术学院李忠友编写；情境四由攀枝花钢铁集团公司热轧板厂加热车间曹枫洲编写。

　　本书由李忠友任主编，黄银洲任副主编；曹枫洲主审，本钢热板厂加热车间桂万根参与审阅，他们对本书提出了许多宝贵意见和建议。在编写过程中参考了大量相关书籍、文献，在此对相关作者表示感谢。本书得到了攀枝花钢铁集团公司各有关单位的大力支持，在此一并表示衷心的感谢。

　　由于时间仓促，加之编者水平有限，书中若有不当之处，敬请读者批评指正。

编　者

2015 年 5 月

目　录

热工基础理论

【情境描述】

冶金生产的绝大部分工序是在高温下进行的，炉子是冶金生产过程中不可缺少的热工设备。其主要用途是用来熔炼或加热各种金属材料及非金属材料。如炼铁高炉、炼钢转炉、钢在轧制和锻造前的各种加热炉、热处理炉、石灰石、矿石的焙烧炉、耐火材料烧成窑、砂型干燥炉等。除了冶金生产需要各种炉子外，在国民经济其他领域和许多部门，各种炉窑的应用也非常广泛，如动力部门的各种锅炉；机械制造部门的各种金属加热炉、热处理炉；建筑材料部门各种材料的熔炼、加热、焙烧炉以及石油、化工部门使用的各种工业炉窑，等等。

各种工业炉都是在热状态下工作的，是国民经济建设中能源消耗的大户；尤其在冶金工业生产中，各种炉子的能源消耗占整个冶金工业生产总能耗的 30% 以上，在目前能源紧张的情况下、在社会主义市场经济条件下，加强对炉子的节能降耗工作，使炉子稳定在优质、低耗、稳产、高产的最佳经济状态下运行，对提高企业经济效益具有特别重要的意义。

在冶金生产中，冶金炉的炉型设计是否合理、热工制度控制是否正确，对炉子的产量、产品质量、炉子的使用寿命、原材料消耗及能源消耗都有直接影响。作为冶金生产工作者，对冶金炉的基本知识应有所了解。

一、冶金炉的概念及分类

在冶金生产工艺过程中使用的各种炉子统称为冶金炉。如炼铁高炉、炼钢转炉、钢在轧制和锻造前的各种加热炉、热处理炉，等等。由于各种冶金炉完成的工艺过程不同，也就是说它们的用途不同，必然在炉型结构、炉内温度的高低和分布等方面各不相同。为了便于研究和学习，根据炉子的某些特征将其分类是非常必要的。但目前对炉子的分类既没有一个统一的规定，也没有一个严格的界限，一般作如下分类。

（一）按炉子的工艺特点分类

（1）熔炼炉。将矿石熔化以提炼金属或将金属熔化以进行精炼与加工的炉子称为熔炼炉。在熔炼炉的生产过程中，物料在炉内发生一系列物理化学反应，同时伴随热量的吸收与放出，不仅改变了物料的物理化学性质，而且改变了物料的状态，即由固态转变为液态。如炼铁高炉、炼钢转炉、电炉、铸造用的化铁炉等。

（2）加热炉。对金属进行加热，以提高金属的温度、增加金属的塑性、降低金属的变形抗力，以便进行压力加工的炉子称为加热炉。物料在加热炉内的加热过程中只改变物料的物理机械性能，不改变物料的状态。如用于钢锭开坯前加热的均热炉，钢在轧制和锻造前加热的推钢式连续加热炉、步进炉、环形炉、室状炉等。

（3）热处理炉。对金属进行加热，以改变其结晶组织，从而获得所需物理机械性能的炉子称为热处理炉。由于热处理工艺的不同，所处理工件的形状与尺寸不同，热处理炉的炉型结构种类很多。如用来处理板卷的罩式炉、用来处理钢板的辊底式炉、用来处理长形工件的井式炉、用来处理各种型钢的台车式炉等。

（4）干燥炉。对物料进行加热，以去除其中水分的这类炉子称为干燥炉。如铸造车间用的砂型干燥炉、炼钢车间用的废钢干燥炉等。

（5）焙烧炉。对物料进行加热，以便获得新物质的这类炉子称为焙烧炉。如石灰石焙烧炉、耐火材料烧成窑等。

（二）按炉子热能来源分类

（1）燃料炉。以各种燃料燃烧放热作为炉子热能来源的炉子叫做燃料炉。在各种工业炉中这类炉子用得最多，特别是冶金企业用的绝大部分炉子就属于这类炉子。在燃料炉中又以火焰炉用得较为普遍。所谓火焰炉就是炉料不充满整个炉膛空间，燃料在炉膛空间内进行燃烧，燃料燃烧放出的热量以对流和辐射的方式传递给工件和物料，如平炉、均热炉和各种加热炉，等等。

（2）电炉。电炉的热能来源是由电能转换而来，如电弧炉、电阻炉、感应炉等。

电炉和燃料炉相比有一系列优点：电炉的炉型结构比燃料炉简单得多，因为它没有燃料燃烧装置和燃料供给空气供给系统，也没有排烟系统；电炉可以精确地控制炉温，电炉内没有燃烧产物，易于控制炉内气氛，所以产品质量、加热质量容易得到保证，因而在生产一些优质钢、高合金钢以及一些合金材料时常用电炉；对于一些热处理质量要求比较高的合金钢或工件，也往往使用电炉；由于电炉内没有燃烧产物，在炉子热损失中也就没有燃烧产物带走的热损失，所以电炉的热效率比燃料炉的热效率高，电炉的加热速度快，应用电热可以使被加热物料和工件在极短的时间内加热到工艺规定的温度。

电炉与燃料炉相比，虽然有以上几个方面的优点，但由于电炉的成本较高，其使用受到一定限制。

（三）按炉子工作温度的高低分类

（1）高温炉。炉子的工作温度在1000℃以上的炉子一般称为高温炉。钢铁企业用的各种熔炼炉、加热炉，炉温一般都在1000℃以上，都属于高温炉。

（2）中温炉。炉子的工作温度在1000~650℃之间的炉子一般称为中温炉。钢铁企业和机械厂用的各种热处理炉一般都属于中温炉。

（3）低温炉。炉子的工作温度低于650℃的炉子一般称为低温炉。铸造车间用的砂型干燥炉、炼钢车间用的废钢干燥炉，有色金属铝及其合金的加热炉一般都属于低温炉。

（四）按炉子热工操作特点分类

（1）连续操作的炉子。这类炉子的炉温沿炉子的长度方向连续变化，在正常生产的情况下炉子各点温度不随时间变化，料坯在炉内运动，从进料口进入炉内，通过不同的温度区域完成加热过程，从出料口出来。如推钢式连续加热炉、步进炉、环形炉、辊底式炉、链式炉、快速加热炉等都属于连续操作的炉子。

（2）周期操作的炉子。这类炉子是成批装料，装完料以后进行加热或熔炼，在炉内完成加热或熔炼工艺之后，成批出料。炉料在炉内不运动，这类炉子的温度是随时间而变化的，如均热炉、台车式加热炉、罩式炉等都属于这类炉子。

在轧钢厂的热轧生产中，必须将要轧制的钢锭或钢坯加热到一定的温度，使它具有一定的可塑性，才能进行轧制。就是采用冷轧工艺，也往往需要对钢材进行热处理。为了对钢料加热和热处理，在轧钢厂采用了各种类型的加热炉。因此对于轧钢专业而言，学习和掌握有关加热炉的基本知识十分必要。

二、加热炉的基本组成

从我国冶金企业目前状况来看，以燃料为热源的加热炉在生产中占主导地位，因此本书只重点介绍燃料炉。对于各种燃料炉来讲，尽管它们由于用途不同，炉型结构也不同，但它们都有其共性。一般都是由下列主要部分组成。

（1）炉体。加热炉的炉体是加热炉组成的关键，炉体是由耐火材料和绝热材料砌筑、整体浇注或捣打而成。炉体一般坐落在混凝土构筑的炉子基础上；由炉墙、炉顶、炉底构成一个炉膛加热空间，物料在炉膛内完成加热过程。为了提高炉子的整体性、气密性及承受炉顶及其他附属设备，如炉门、燃烧装置重量的能力，炉子外围往往用钢结构加以保护。此外在炉体上还必须设置装出料炉门、操作炉门、观察炉内情况的窥视孔等各种炉门和孔洞。在炉体上这些位置设置是否合理，对炉子的生产具有重要影响。

（2）燃料、空气供给系统及燃烧装置。这是任何以燃料燃烧放热作为热能来源的炉子必不可少的装置。根据每个炉子所用燃料种类的不同，对这一系统的具体要求也有所不同。但无论使用何种燃料，都要根据燃烧器的性能和炉子热负荷的要求向炉子保质保量地供给燃料和助燃空气。除了烧固体燃料的炉子外，烧液体和气体燃料的炉子，燃料、空气供给系统一般都是由管道和一些必要的阀门组成。同时在这些管道的适当位置上装有温度、压力、流量等参数的检测装置。

（3）烟道和烟囱构成的排烟系统。燃料的燃烧必然产生大量的燃烧产物，加热炉在生产时既要连续不断地向炉子供给燃料和空气、又要连续不断地排除燃烧产物，才能使炉子正常工作。这些燃烧产物的排除一般由烟道、烟闸和烟囱构成的自然排烟系统完成。在排除燃烧产物的同时，通过调整烟闸的开启度来调节炉内压力、控制炉子的热工状态，使之满足钢的加热要求。

（4）炉子冷却系统。各种炉子都是在高温下工作，炉子的某些部件或附属设备需要用金属材料制作，为了提高其强度和使用寿命，必须进行冷却。如各种炉门、炉门框、炉底水管、步进梁等。目前，加热炉的冷却方式主要有水冷和气化冷却两种。其中气化冷却具有冷却水消耗少、余热可有效回收利用、加热质量好等一系列优点，因而得到广泛应用。气化冷却系统一般由高位气包、下降管、冷却部件、上升管、循环泵及水处理设备构成。

（5）余热回收系统。加热炉一般都属于高温炉，燃烧产物出炉时的温度也都比较高，普遍在 500℃ 左右，高的甚至可达 1000℃ 以上，其中含有大量物理显热。在能源日趋紧张的今天，这部分余热必须加以回收利用。目前余热回收利用的方式有多种，如采用换热器预热燃料和空气、采用余热锅炉生产水蒸气供发电或生活、采用溴化锂制冷机组获得低温冷源等。

（6）装出料系统。装出料机械是加热炉工作不可缺少的设备。装出料的机械化与自动化，对提高加热炉的产量、改善工人的劳动条件、降低加热炉能耗、提高加热质量具有重要意义。

（7）热工参数检测与调节系统。为了控制加热炉的温度制度、热工制度，必须对加热炉的各种热工参数进行检测和调节，为此加热炉必须装有各种热工检测仪表和自动控制装置。随着计算机工业与技术的发展，计算机控制技术已经应用到了加热炉中。这些检测、控制仪表与计算机控制系统是一座现代化的加热炉不可缺少的装置，它代表一座加热炉的现代化水平。

三、对加热炉的基本要求

（1）加热炉作为一种热工设备，首先应在炉型结构和热工制度方面满足加热工艺要求。

（2）在满足加热工艺要求的前提下，还应满足下列要求：

1）生产率高。在保证质量的前提下，钢料加热速度越快越好，这样可以提高加热炉的生产率，减少炉子座数或缩小炉子尺寸。快速加热还能降低钢的烧损和单位燃料消耗，节约维护费用。一般用单位生产率——有效炉底强度 $[kg/(m^2 \cdot h)]$ 的高低来评价一座炉子工作的优劣。例如推钢式连续加热炉有效炉底强度为 $600 \sim 800kg/(m^2 \cdot h)$，步进式加热炉为 $700 \sim 900kg/(m^2 \cdot h)$，先进的连续加热炉可达 $1000kg/(m^2 \cdot h)$。

2）加热质量好。钢料的轧制质量与钢的加热质量有密切的关系。加热时钢料出炉温度应符合工艺要求，断面上温度分布均匀，钢的烧损率低，防止过热、过烧及表层的脱碳现象。

3）燃料消耗低，热效率高。轧钢厂能量消耗的 45% ~ 55% 用于加热炉上，节省燃料对降低成本和节约能源都有重大意义。一般用单位燃料消耗量来评价炉子的工作，如 kg 燃料/kg 钢、kJ/kg 钢、1kcal/kg 钢（1kcal = 4.187kJ）。连续加热炉的单位燃料消耗量为 400 ~ 600kcal/kg 钢，最先进的可达 330kcal/kg 钢；锻造室状炉的单位燃料消耗量为 600 ~ 900kcal/kg 钢；均热炉视热装或冷装，单位燃料消耗量波动很大。

4）炉子寿命长。由于高温作用和机械磨损，炉子不可避免会有损坏，必须定期进行检修。应尽可能延长炉子的使用寿命，降低修炉的次数和费用。

5）劳动条件好、炉子的机械化及自动化程度高。操作条件好，安全卫生，对环境无污染。

6）结构简单，造价低。

以上 6 个方面是对一切加热炉总的要求，在对待具体炉子时，应辩证地看待各项指标之间的关系。如提高生产率、提高加热质量和降低燃料消耗量一般是统一的，但有时有主有次，例如一些加热炉过去强调高的生产率，但随着能源问题的突出，则更多是着眼于节能，适当降低炉子热负荷和生产率。

目前我国一些轧钢厂，生产上的薄弱环节常常在加热炉上，因此学习与掌握与加热炉相关的热工基础理论十分必要。

任务一　燃料及其燃烧

【任务描述】

现代钢铁冶金工业生产过程中，对于燃料的消耗是非常巨大的，燃料工业的发展也直接影响钢铁冶金工业的发展。本任务主要讨论钢坯加热炉所用燃料的种类、性质、燃烧计算、燃烧过程、燃烧方法与燃烧装置等问题。

【能力目标】

(1) 掌握燃料性质，会正确计算燃料发热量与煤气混合比；

(2) 熟悉冶金生产常用燃料，会正确选择加热炉燃料；

(3) 会正确进行燃烧计算；

(4) 掌握燃料燃烧过程与燃烧方法，能合理控制燃料燃烧过程。

【知识目标】

(1) 燃料的定义和分类；

(2) 燃料的化学组成及成分表达方式；

(3) 燃料的发热量；

(4) 加热炉常用燃料；

(5) 燃料燃烧计算；

(6) 燃料燃烧过程与燃烧方法。

【相关资讯】

一、燃料的性质

自然界中的燃料种类很多，不同的燃料具有不同的性质，各种燃料的性质比较复杂，其重点是那些和加热炉热工过程有关的性质，即燃料的定义和分类、燃料的化学组成及成分表达方式、燃料的发热量及冶金工业常用的燃料等。

(一) 燃料的定义和分类

1. 燃料的定义

凡是燃烧时能放出大量的热，并且该热量在现有技术条件下能被有效地利用于工业或其他方面的物质统称为燃料。自然界中，能称为燃料的物质很多，但能满足工业生产要求的燃料却为数不多。作为工业燃料的物质，必须具备以下条件：

(1) 燃烧时放出的热量必须能够达到工业生产的要求。

(2) 燃烧过程容易控制。

（3）燃烧产物主要是气体，并且对环境无污染或少污染。

（4）蕴藏量丰富，便于工业性开采、储运和使用。

2. 燃料的分类

在自然界中，燃料的种类很多，并非所有能放出大量热能的物质都可以当作燃料，只有以有机物为主要成分的物质才能满足冶金工业所用燃料的要求。这是因为这类物质中的可燃成分主要是 C 和 H，称为碳质燃料。它们在燃烧时既可放出大量的热能，而燃烧产物又呈气态，燃烧产物在浓度不大的情况下一般无大的危害性且蕴藏量丰富，燃烧过程容易控制。

冶金工业所用的这些碳质燃料根据其存在的物理状态，可分为固体燃料、液体燃料和气体燃料。根据其来源又可以分为天然燃料和加工燃料。目前，冶金工业生产中主要使用的是经过加工的液体燃料和气体燃料。其分类情况见表 1.1.1。

表 1.1.1　碳质燃料的一般分类

燃料的物态	来　　　源	
	天然燃料	加工燃料
固体燃料	木柴、泥煤、褐煤、烟煤、无烟煤	木炭、焦炭、粉煤
液体燃料	石　油	汽油、煤油、柴油、重油、焦油
气体燃料	天然气	高炉煤气、焦炉煤气、转炉煤气、发生炉煤气、水煤气、液化石油气

（二）燃料的化学组成及成分表达方式

1. 固体燃料和液体燃料

A　化学组成

自然界中的固体燃料和液体燃料都是来源于埋藏地下的有机物质。它们是古代植物和动物在地下经过长期物理的和化学的变化生成的。所以它们都是由有机物和无机物两部分组成。有机物的组成元素是：碳（C）、氢（H）、氧（O）和少量的氮（N）、硫（S）等。分析这些复杂的有机化合物比较困难，因此在判定燃料的性质和进行燃烧计算时一般只测定 C、H、O、N、S 等的质量分数，并配合燃料的其他特性来完成。燃料的无机物部分主要是水分（以符号 W 表示）和矿物质（如 SiO_2、Al_2O_3、MgO、CaO、MnO、Fe_2O_3、Na_2O、K_2O 等），称为灰分（以符号 A 表示）。所以液体和固体燃料的化学组成是用 C、H、O、N、S、W、A 等七种组成的质量分数表示。即 C%、H%、O%、N%、S%、W%、A%表示。

各种成分的作用如下：

（1）碳（C）。碳是固、液体燃料中最主要的热量来源。它含量的多少是评估燃料质量的标志。在固体燃料中 $C \approx 50\% \sim 90\%$，液体燃料约为 85% 以上。碳完全燃料时生成 CO_2，氧气不足时则生成 CO，其反应式为：

$$C + O_2 \Longrightarrow CO_2 + 33915kJ/kg$$

$$C + \frac{1}{2}O_2 \Longrightarrow CO + 10258kJ/kg$$

（2）氢（H）。氢也是燃料中重要的可燃成分。氢燃烧时生成水蒸气，同时放出大量的热。

$$H_2 + \frac{1}{2}O_2 \Longrightarrow H_2O\uparrow + 119915kJ/kg$$

固体燃料和液体燃料中的氢与碳、氧、硫以化合物状态存在，与碳、硫结合的氢可以燃烧；与氧结合的氢形成了燃料内的水分，不仅降低了燃料可燃成分的比例，而且蒸发时还要消耗热量。这种水分在干燥时不能除去，只有高温下分解时才能被除掉。

（3）氧（O）。氧是燃料中的有害组成部分，因为在固体燃料及液体燃料中，氧与碳、氢等可燃成分以化合物状态存在。所以作为燃料使用时，氧不仅不参与燃烧，反而约束了一部分可燃成分。

（4）氮（N）。氮是惰性物质，燃烧时一般不参加反应而进入烟气中。在温度高和氮含量高的情况下，将产生较多的 NO_x，造成大气污染。

（5）硫（S）。硫是燃料中的有害杂质。燃料中有机硫和黄铁矿硫在空气中燃烧都能生成二氧化硫。呈硫酸盐状态存在的硫不能燃烧，燃烧时直接进入灰分。

有机硫及黄铁矿硫燃烧时虽然能够产生一定的热量（1048kJ/kg），但 SO_2 腐蚀金属设备，会使钢材表面烧损增加，严重影响钢的加热质量，并且污染环境造成公害。所以对冶金燃料中硫的含量一般都有限制，在选用时必须加以考虑。

（6）水分（W）。水分是燃料中的有害成分，因它本身不能放热，同时还要吸收大量的热来使其蒸气达到燃烧产物的温度。水分的增高相当于降低了可燃成分，进而降低了燃烧的发热能力。液体燃料含水量较少，在2%以下；固体燃料含水量较高，且波动大。燃料中的水分以外部水分、吸附水分、结晶水、化合水四种形态存在。其中外部水分含量最大也最易去除。燃料中含少量的吸附水有一定好处，因它能对燃烧起催化作用，从而可以加快燃烧过程。

（7）灰分（A）。燃料中不能燃烧的矿物组成统称为灰分。在燃料中是有害的，灰分的存在不仅相对减少了可燃成分，使燃料发热量降低，而且在融熔和分解时还要消耗大量的热量。在加热炉用的液体燃料中灰分很低，在0.3%以下，但固体燃料中灰分较多，且波动很大，其危害尤为明显。总之，燃料中灰分越少越好，特别是它的熔点高一些为好。按照灰分熔点高低可将灰分分为三类：

易熔灰分：软化温度小于1200℃的灰渣；

可熔灰分：软化温度在1200~1350℃之间的灰渣；

难熔灰分：软化温度大于1350℃的灰渣。

在相同情况下以难熔灰分的煤价值最高。

B　成分表达方式

固、液体燃料的组成以其各组成物的质量百分数表示。从生产实际出发可因组成物内容的不同而有四种不同的成分表达方式。

（1）供用成分。供用成分是指把实际供给使用的燃料中全部组成物都包括在内的成分。

$$C^y + H^y + O^y + N^y + S^y + A^y + W^y = 100\%$$

式中，C、H、O、N、S、A、W分别表示碳、氢、氧、氮、硫、灰分、水分的质量分数；

y 为供用成分。

供用成分反映了加热炉使用时的实际燃料性质，是燃料计算的基准。但是随着温度气候的变化和运输管理情况的不同，燃料中的水分和灰分将有所变化，所以供用成分是不稳定的，它不能表示燃料的本来性质。

（2）干燥成分。不计算燃料中水分的成分。

$$C^g + H^g + O^g + N^g + S^g + A^g = 100\%$$

式中，C、H、O、N、S、A 分别表示碳、氢、氧、氮、硫、灰分的质量分数；g 为干燥成分。

（3）可燃质成分。对已经除去水分和灰分后的燃料进行元素分析所表示出的成分。

$$C^r + H^r + O^r + N^r + S^r = 100\%$$

式中，C、H、O、N、S 分别表示碳、氢、氧、氮、硫的质量分数；r 为可燃成分。

（4）有机质成分。对已除去水分、灰分和硫的燃料进行元素分析所表示出的成分。

$$C^j + H^j + O^j + N^j = 100\%$$

式中，C、H、O、N 分别表示碳、氢、氧、氮的质量分数；j 为有机质成分。

可见有机质成分更能反映出燃料的价值。上述四种成分表示方法虽然组成元素所占的质量分数的数值不同，但对某种燃料而言它的任何一个成分在元素分析的试样中所占的绝对含量都是相同的，所以各成分间是可以进行互相换算的。

C　成分转换

以上四种表示方法可以互相换算。换算的基本原理是：燃料中各成分在任何一种表示方法中，其质量相等。以干成分与供用成分转换为例，对碳而言：

$$C^y \times 100 = C^g(100 - W^y)$$

由此可得：

$$C^y = C^g \frac{100 - W^y}{100}$$

式中，$\frac{100 - W^y}{100}$ 称为换算系数。

对任意一种成分 Z，其转换关系式可表述为：

$$Z^y = Z^g \frac{100 - W^y}{100}$$

2. 气体燃料

A　化学组成

气体燃料的组成物是由几种简单的气态化合物组成的机械混合物。其中一氧化碳（CO）、氢气（H_2）、硫化氢（H_2S）、甲烷（CH_4）、乙烯（C_2H_4），及各种碳氢化合物 C_mH_n 燃烧时能放出大量的热，故称为可燃性气体成分；二氧化碳（CO_2）、水蒸气（H_2O）、二氧化硫（SO_2）、氮气（N_2）和氧气（O_2）等燃烧时不能放出热量，故称为不可燃性气体成分。此外气体燃料中还含有少量灰尘，在气体燃料中这些不可燃成分的增加就使得可燃成分减少，从而使其发热量有所降低。所以希望气体燃料中的不可燃成分含量不要过高。

由于气体燃料是由各独立化学成分组成的机械混合物构成。可采用吸收法进行化学成分分析。同时分析的结果能够确切说明燃料的化学组成和性质。下面分述这些组成物的性质和作用：

（1）一氧化碳（CO）。一氧化碳是无色无臭的气体，比重为 1.25kg/m³，比空气略轻。燃烧时为淡蓝色火焰，发热量为 12749kJ/m³。CO 有毒，空气中允许的 CO 含量不应超过 0.02%。

（2）氢（H_2）。氢是无色无臭的气体，比重为 0.0899kg/m³，为空气比重的 1/14.5。因此含氢多的气体燃料燃烧时存在火焰上浮现象，氢的发热量为 10784kJ/m³。

（3）甲烷（CH_4）。甲烷是无色微有蒜气味的气体，比重为 0.77kg/m³，燃烧时能放出大量的热，发热量为 35530kJ/m³，是气体燃料中极有利的成分。

（4）乙烯（C_2H_4）。乙烯具有窒息性的乙醚气味，无色，有麻醉作用，对人体有害。乙烯的比重为 1.26kg/m³，发热量比甲烷还高，为 58771kJ/m³。

（5）各种碳氢化合物（C_mH_n）。（饱和：乙烷 C_2H_6、丙烷 C_3H_8、丁烷 C_4H_{10}、戊烷 C_5H_{12} 等；不饱和：乙烯 C_2H_4、丙烯 C_3H_6、丁烯 C_4H_8 等）它们在气体燃料中含量不多，但发热量都很大，是气体燃料中的有利成分。

（6）硫化氢（H_2S）。硫化氢是无色很臭的气体，虽燃烧时可以放出热量，但如前面所讲的硫一样，H_2S 是燃料中的有害气体。

（7）二氧化碳（CO_2）。二氧化碳是无色无臭的气体，比重为 1.977kg/m³，能溶解于水中，它不参加燃烧反应，是气体燃料中的惰性物质。

（8）氧（O_2）。氧有助燃作用。气体燃料含有微量的氧气，可相应减少燃烧时所带入的氧气量，但煤气中的氧气含量超过一定比例时有爆炸危险；或者煤气在换热器中预热时，它促使部分煤气自燃，从而降低了煤气的发热量及其总的含热量。

此外，氮（N_2）、水蒸气（H_2O）的性质和作用，与前面固、液体燃料成分的介绍相同。

B　成分表达方式

气体燃料由一些简单的气体成分混合组成，它的化学组成的表达方式就是用各种单一气体在气体燃料中所占的体积分数来表示。由于气体燃料的分析成分是干成分，而实际生产中气体燃料燃烧时又是以湿成分作为基准，所以要掌握干成分和湿成分表示方法。在进行计算时常常要进行干、湿成分的换算。

（1）干成分。指不包括水分在内的气体燃料的成分。其表示方法为：

$$CO^g + H_2^g + CH_4^g + \cdots + N_2^g + CO_2^g = 100\%$$

式中，CO、H_2、……、CO_2 分别表示一氧化碳、氢气、……、二氧化碳等成分在干的气体燃料中所占的体积分数；g 为干成分。

（2）湿成分。指包括水分在内的气体燃料成分。其表示方法为：

$$CO^y + H_2^y + CH_4^y + \cdots + N_2^y + CO_2^y + H_2O^y = 100\%$$

式中，CO、H_2、……、H_2O 分别表示一氧化碳、氢气、……水等成分在湿气体燃料中所占的体积分数；y 为湿成分。

气体燃料的水分含量一般等于在某温度下的饱和水蒸气量。当温度变化时，饱和水蒸气含量也发生变化。所以 H_2O^y 只是气体燃料在一定温度下的水分含量，在分析结果中要注明温度。

C 成分换算

上述两种成分表示方法可以互相换算。换算的基本原理是：燃料中各成分在任何一种表示方法中，其体积相等。例如对 CO 而言为：

$$CO^y \times 100 = CO^g(100 - H_2O^y)$$

由此可得：

$$CO^y = CO^g \frac{100 - H_2O^y}{100}$$

对任意一种成分 Z，其转换关系式可表述为：

$$Z^y = Z^g \frac{100 - H_2O^y}{100}$$

式中，$\dfrac{100 - H_2O^y}{100}$ 称为换算系数。其中 H_2O^y 为湿气体燃料中水分的体积分数，即 100m^3 湿气体所含水蒸气的体积。从表 1.1.2 饱和水蒸气表中查到的水蒸气含量表示的是 1m^3 干气体所能吸收的水蒸气的质量，用符号 $g_{H_2O}^{干}$ 表示，单位是 g/m^3 干气体。在进行干湿成分换算时，首先应将 $g_{H_2O}^{干}$ 变成 H_2O^y。

表 1.1.2 不同温度下的饱和水蒸气量

温度/℃	饱和蒸汽分压力/Pa	每立方米干气体的含水量/g	温度/℃	饱和蒸汽分压力/Pa	每立方米干气体的含水量/g
20	2335	19.0	39	6991	59.6
21	2522	20.2	40	7378	63.1
22	2642	21.5	42	8205	70.8
23	2815	22.9	44	9112	79.3
24	2989	24.4	46	10100	88.8
25	3175	26.0	48	11169	99.5
26	3362	27.6	50	12341	111
27	3562	29.3	52	13622	125
28	3776	31.1	54	15009	140
29	4003	33.3	56	16517	156
30	4243	35.1	58	18158	175
31	4496	37.3	60	19932	197
32	4763	39.6	62	21854	221
33	5030	42.0	64	23922	248
34	5323	44.5	66	26163	280
35	5897	47.3	68	28578	315
36	5950	50.1	70	31179	257
37	6234	53.1	72	33968	405
38	6631	56.2			

$$H_2O^y = \frac{0.00124 g_{H_2O}^{干}}{1 + 0.00124 g_{H_2O}^{干}} \times 100\%$$

【例 1.1.1】 已知高炉煤气的干成分为 $CO^g = 27.2\%$，$H_2^g = 3.2\%$，$CH_4^g = 0.2\%$，

$CO_2^g = 14.7\%$，$O_2^g = 0.2\%$，$N_2^g = 54.5\%$，试确定此高炉煤气在平均温度 30℃时的湿成分。

解： 由表 1.1.2 查得 30℃时 $g_{H_2O}^{干} = 35.1g/m^3$，先求 H_2O^y，

$$H_2O^y = \frac{0.00124\, g_{H_2O}^{干}}{1 + 0.00124\, g_{H_2O}^{干}} \times 100 = \frac{0.00124 \times 35.1}{1 + 0.00124 \times 35.1} \times 100 = 4.17\%$$

再求换算系数：

$$\frac{100 - H_2O^y}{100} = \frac{100 - 4.17}{100} = 0.958$$

于是，组分的湿成分为：

$$CO^y = 0.958 \times 27.2\% = 26.1\%$$
$$H_2^y = 0.958 \times 3.2\% = 3.07\%$$
$$CH_4^y = 0.958 \times 0.2\% = 0.19\%$$
$$CO_2^y = 0.958 \times 14.7\% = 14.1\%$$
$$O_2^y = 0.958 \times 0.2\% = 0.19\%$$
$$N_2^y = 0.958 \times 54.5\% = 52.2\%$$

（三）燃料的发热量

1. 发热量的概念

燃料发热量的高低是评价燃料质量的主要指标，也是加热炉热工计算时不可缺少的原始数据。单位质量或体积的燃料完全燃烧时所放出的热量称为燃料的发热量，常用 q 表示。固体燃料和液体燃料的发热量单位是 kJ/kg；气体燃料发热量的单位是 kJ/m³。由于燃料中含有水分，燃料中的氢及碳氢化合物燃烧后也会生成水，因此燃烧产物中必定有水存在。燃料完全燃烧后，燃烧产物中水存在的状态不同，发热量的值也不同。根据燃烧产物中水的状态不同而把燃料的发热量分为高发热量和低发热量。

A 高发热量（Q_{GW}^y）

高发热量指单位燃料完全燃烧后，燃烧产物的温度冷却到使其中的水蒸气冷凝成为 0℃的水时所放出的热量，即包含水的潜热在内的发热量就是高发热量。高发热量只是一个在实验室内鉴定燃料质量的指标，并无实用价值。

B 低发热量（Q_{DW}^y）

低发热量是单位燃料完全燃烧后，燃烧产物中的水分不是呈液态，而是呈 20℃的水蒸气存在时所放出的热量，即不包含水的潜热在内的发热量称低发热量。

从定义上可知高低发热量的区别主要在于是否包含水的潜热在内。高发热量为 0℃的液态水，低发热量为 20℃的水蒸气，高发热量和低发热量之间所含的热量差与水的气化潜热 2512kJ/kg 相关。

假设 1kg 燃料中含有水 W%，氢 H%。由化学反应式可得 1kg 氢燃烧后生成 9kg 水：

$$2H_2 + O_2 = 2H_2O$$
$$2\times2 \qquad\qquad 2\times18$$
$$1 \qquad\qquad\qquad X$$

$$X = \frac{2\times18}{2\times2} = 9kg$$

则1kg燃料所含的水为（W%+9H%）kg，将这些水由0℃液体状态变成20℃的蒸气状态所需的热量为：$2512(W^y\% + 9H^y\%) = 25.12(W^y + 9H^y)$

所以高、低发热量的差值为：

$$Q_{GW}^y - Q_{DW}^y = 25.12(W^y + 9H^y)$$

或　　　　　　　　　　　$$Q_{DW}^y = Q_{GW}^y - 25.12(W^y + 9H^y)$$

2. 发热量的计算

A　固、液体燃料

由于固、液体燃料中的化学组成和数量很难分析，加上碳和氢的存在状态也很难确定，所以按燃料成分计算的 Q_{DW}^y 不够精确。目前工业炉广泛应用的仍然是较为简单可靠的门捷列夫经验公式。

$$Q_{DW} = 339.1C^y + 1256H^y - 108.9(O^y - S^y) - 25.12(9H^y + W^y)$$
$$= 339.1C^y + 1030H^y - 108.8(O^y - S^y) - 25.12W^y \qquad (1.1.1)$$

B　气体燃料

由于气体燃料是由各简单气体成分组成，因此只需将各可燃气体的发热量总和起来即可得到 Q_{DW}^y 各组成物皆为100m^{3}煤气中所占的体积：

$$Q_{DW}^y = 127.7CO^y + 107.6H_2^y + 358.8CH_4^y + 599.6C_2H_4^y + 712C_mH_n^y + 231.1H_2^yS \quad (1.1.2)$$

式中，CO^y、H_2^y、CH_4^y、$C_2H_4^y$、$C_mH_n^y$、H_2S^y 应代以100m^{3}煤气中的湿成分的质量分数的绝对值；127.7、107.6、358.8、599.6、712、231.1为各组成气体每100m^{3}的燃烧热。

C　标准燃料

为了评价各种燃料的发热能力和比较使用不同发热量燃料炉子之间的热耗，人为规定发热量为29302kJ/kg的燃料为标准燃料。并定义燃料的低发热量 Q_{DW}^y 与29302的比值为燃料的热当量 $Q_{当}$。即

$$Q_{当} = \frac{Q_{DW}^y}{29302}$$

通过热当量可以很简单地评价燃料质量，即当量值越大则这种燃料的发热量越高，燃料价值越大。

（四）加热炉常用燃料

加热炉常用的主要燃料有煤、重油、天然气、高炉煤气、焦炉煤气和发生炉煤气等。

1. 煤

煤是加热炉常用的固体燃料。煤是古代的植物经过地下长期炭化形成的。世界煤储量非常丰富。按煤的年龄及其炭化程度和挥发物的多少，可把煤分为泥煤、褐煤、烟煤和无烟煤四种。

A　泥煤

泥煤是年龄最小的煤。它的碳化程度最低，有时还可以找到木质纤维和植物体的痕迹，含水量很高，在工业上使用价值很小。

B　褐煤

褐煤是泥煤进一步炭化的产物。它的外观呈褐色或褐黑色，发热量低，化学反应性

强，在空气中可以氧化或自燃，风化后容易碎裂，在炉内受热破碎严重。褐煤可以作为气化原料和化工原料，冶金厂有时用来烧锅炉或低温炉子。

C 烟煤

烟煤的炭化程度高于褐煤，其质量和发热量均比褐煤高。烟煤是化学工业的重要原料，也是冶金工业和动力工业不可缺少的燃料。由于储藏量有限，故烟煤极为宝贵，应合理地加以利用。

D 无烟煤

无烟煤的碳化程度最高，也是年龄最大的煤。它的外观呈黑色，有时稍带灰色，并有金属光泽，着火点较高，燃烧时火焰很短，组织细致坚硬，不易吸水，便于长期保存且发热量高。工业上可用来烧锅炉，制造发生炉煤气；也大量用做化工原料；经过加热处理后可在化铁炉中代替焦炭。

目前一些中小型钢铁企业，还不能像大型联合企业那样普遍利用焦炉煤气或高炉煤气，甚至也没有条件另建单独的煤气供应站，因此燃煤加热炉还有它一定的地位。

2. 重油

加热炉上所用的液体燃料主要是重油。原油经过加工，提炼出汽油、煤油、柴油等轻质产品以后，剩下分子量较大的油就是重油，也称渣油。根据原油加工过程的不同，所得的重油分为常压重油、减压重油和裂化重油。

各地重油的元素分析值差别不大，其可燃成分的平均值范围大致如下：

C^r　　85%~88%　　　　H^r　　10%~13%
$N^r + O^r$　　0.5%~1%　　　S^r　　0.2%~1%

重油主要是碳氢化合物，杂质很少。一般重油的低发热量为4000~42000kJ/kg。重油作为工业炉燃料，它具有下列几种重要特性。

A 黏度

黏度是表示流体流动时内摩擦力大小的物理指标。黏度的大小对重油的运输和雾化有很大影响，所以对重油的黏度有一定要求。

黏度的表示方法很多，如动力黏度、运动黏度、恩氏黏度等。我国工业上表示重油黏度通用的是恩氏黏度（°E），它是用恩格拉黏度计测得的数据，本身没有特殊的物理意义。重油的牌号是指在50℃时，该重油黏度的°E值，例如：60号重油是指该重油在50℃时的恩氏黏度为60°E。

为了保证重油的雾化质量，在喷嘴前重油的黏度一般应为5~12°E。黏度过高时，油从油罐输向喷嘴困难，雾化不良，点火困难，造成燃烧不好。升高重油的温度可以显著降低它的黏度，所以要保持重油的黏度适宜，必须对重油进行预热。预热的温度随重油的牌号和油烧嘴的形式而异，可根据实验来确定。

B 闪点和着火点

重油加热时表面会产生油蒸气，随着温度的升高，油蒸气逐渐增多，并和空气混合，当达到一定温度时，火种一接触油蒸气和空气的混合物便发生闪火现象。这一引起闪火的最低温度称为重油的闪点。再继续加热，产生油蒸气的速度更快，此时不仅闪火而且可以连续燃烧，这时的温度叫燃点。燃点一般比闪点高7~10℃。继续提高重油的温度，即使不接近火种油蒸气也会发火自燃，这一温度叫重油的着火点（自然点），通常约在500~

600℃，如果炉内温度低于着火点，则燃烧不好。

闪点是用闪点测定仪测定的。由于闪点测定仪有"开口"与"闭口"之分，所以闪点值也有"开口值"与"闭口值"之分。一般重油开口闪点值在 80~130℃。

闪点、燃点和着火点关系到用油安全。闪点以下油没有着火的危险，所以储油罐的加热温度必须控制在闪点以下。

C　残碳率

使重油在隔绝空气的条件下加热，将蒸发出来的油蒸气烧掉，剩下的部分为残碳。残碳以其所占重油的质量百分比表示，称为残碳率。我国重油的残碳率一般在 10% 左右。

残碳率高时，可提高火焰黑度，有利于增强火焰的辐射能力，这是有利的一面；但残碳率多时会在油烧嘴口上积碳结焦，造成雾化不良，影响油的正常燃烧。

D　水分

重油含水分过高着火不良，降低燃烧温度，火焰不稳定。所以应限制重油的水分含量在 2% 以下，在生产中往往用蒸气直接加热重油，因而使重油含水量大大增加。为控制水的含量一般应在储油罐中用沉淀的办法使油水分离而脱去多余的水分。

E　重油的标准

我国现行的重油标准共有四个牌号，即 20、60、100、120 号四种。各牌号重油的分类标准见表 1.1.3。

表 1.1.3　重油的分类标准（SYB 1091—1960）

指　标		牌 号			
		20	60	100	120
恩氏黏度/°E	80℃时（不大于）	5.0	11.0	15.5	5.5~9.5
	100℃时（不大于）	80	100	120	130
闪点（开口）（不低于）/℃		15	20	25	35
凝固点（不高于）/℃		0.3	0.3	0.3	0.3
灰分/%					
水分/%		1.0	1.5	2.0	2.0
硫分/%		1.5	1.5	2.0	3.0
机械杂质/%		1.5	2.0	2.5	2.5

3. 天然气

天然气是直接由地下开采出来的可燃气体，是一种工业经济价值很高的气体燃料。它的主要成分是甲烷（CH_4），含量一般为 80%~90%，还有少量的重碳氢化合物及 H_2、CO 等可燃气体，不可燃成分很少，所以发热量很高，大多在 33500~46000kJ/m³。

天然气是一种无色、稍带腐烂臭味的气体，密度约为 0.73~0.80kg/m³，比空气轻。天然气容易着火，着火温度范围在 640~850℃ 之间，与空气混合到一定比例（容积比为 4%~15%），遇到明火会立即着火或爆炸。天然气燃烧时所需要的空气量很大，每立方米天然气需 9~14m³ 空气，燃烧火焰光亮，辐射能力强，因为燃烧时甲烷及其他碳氢化合物分解析出大量固体碳粒。

由于天然气含惰性气体很少、发热量高，可以长距离输送，是优良的冶金炉燃料；还可以制取化肥、塑料、橡胶、药品、染料等，是很好的民用燃料和化工原料，因此合理分配与使用天然气资源是一项利国利民的重要工作。

4. 高炉煤气和焦炉煤气

A　高炉煤气

高炉煤气是高炉炼铁的副产物。高炉每消耗 1t 焦炭可得到 3800 ~ 4000 m^3 的高炉煤气。高炉煤气含有大量的 N_2 和 CO_2，所以发热量比较低，通常只有 3350 ~ 4200kJ/ m^3。高炉煤气由于发热量低，燃烧温度也较低，火焰的辐射能力弱，在加热炉上单独使用困难，故往往与焦炉煤气混合使用，或在燃烧前将煤气与空气预热。高炉煤气是钢铁联合企业内数量很大的副产品，所以被作为一项重要的能源。

高炉煤气的成分（干成分）大致如下：

CO	H_2	CH_4	CO_2	N_2
22% ~ 31%	2% ~ 3%	0.3% ~ 0.5%	10% ~ 19%	57% ~ 58%

高炉出来的煤气含有大量的水分和灰尘，含水量为 50 ~ 80g/m^3，含尘量为 60 ~ 80g/m^3。这种煤气在运输与使用上都不方便，必须进行认真的脱水与除尘。

B　焦炉煤气

焦炉煤气是炼焦的副产物。每炼制 1t 焦炭可得 400 ~ 500m^3 焦炉煤气。焦炉煤气主要可燃成分是 H_2、CO、C_2H_4 等，此外还有 H_2S、焦油、氨、苯以及不可燃的 CO_2、N_2 和水分。由于煤气中含有许多重要化工原料，所以在作为燃料之前应在焦化厂进行处理，回收各种化工产品，并除去煤气中的水分、灰分、硫分等。

焦炉煤气的成分（干成分）大致如下：

H_2	CH_4	C_mH_n	CO	CO_2	O_2	N_2
55% ~ 60%	24% ~ 28%	2% ~ 4%	6% ~ 8%	2% ~ 4%	0.4% ~ 0.8%	4% ~ 7%

由于焦炉煤气内的主要可燃成分是高发热量的 H_2 和 CH_4，并且含有焦油物质，所以焦炉煤气的发热量为 16000 ~ 18800kJ/m^3。如果煤的挥发分高，焦炉煤气中 CH_4 等的含量将增高，煤气的发热量也将增高，焦炉煤气由于 H_2 含量高，所以黑度小，较难预热。同时密度只有 0.4 ~ 0.5kg/m^3，比其他煤气轻，火焰的刚性差，往上飘。

C　高炉-焦炉混合煤气

在钢铁联合企业里，可以同时得到大量的高炉煤气和焦炉煤气，焦炉煤气与高炉煤气产量的比值大约为 1:10。单独使用焦炉煤气对企业总的能源分配是不合理的。所以在企业里可以利用不同比例的高炉煤气和焦炉煤气配成各种发热量的混合煤气，其发热量为 5900 ~ 9200kJ/m^3，供企业内各种冶金炉作为燃料。

高炉煤气与焦炉煤气的发热量分别为 $Q_{高炉}$ 和 $Q_{焦}$，要配成发热量为 $Q_{混}$ 的混合煤气，其配比可用以下方法计算。

设焦炉煤气在混合煤气中的百分比为 X，则高炉煤气的百分比为（1-X）：

$$Q_{混} = XQ_{焦} + (1 - X)Q_{高炉}$$

整理得：

$$X = \frac{Q_{混} - Q_{高炉}}{Q_{焦} - Q_{高炉}} \tag{1.1.3}$$

5. 发生炉煤气

发生炉煤气是以固体燃料为原料，在煤气发生炉中制得的煤气，这个热化学过程叫固体燃料的气化。

根据工艺过程的不同，发生炉煤气可分为空气煤气、空气-蒸汽煤气、水煤气等。作为加热炉燃料的主要是空气-蒸汽煤气，即通常泛指的发生炉煤气。

原料自发生炉上方连续加入炉内，空气与蒸汽从下部送入。空气与蒸汽通过灰渣层被预热后继续上升，空气中的氧与炽热的焦炭在氧化层发生燃烧反应，并放出大量的热：

$$C + O_2 == CO_2 + 406900J/mol$$

当气体上升时，生成的 CO_2 在还原层又被炽热的焦炭还原为 CO，并吸收一定热量：

$$CO_2 + C == 2CO - 160700J/mol$$

总的来看，以上两个反应式可表达为：

$$2C + O_2 == 2CO + 246200J/mol$$

这是放热反应，因此发生炉温度将不断升高。在生产中为了控制反应温度，在鼓风的同时鼓入蒸汽，蒸汽在炉内与炽热焦炭相遇时，发生还原反应。

$$H_2O + C == H_2 + CO - 118720J/mol$$

$$2H_2O + C == CO_2 + 2H_2 - 75240J/mol$$

$$CO + H_2O == CO_2 + H_2 - 43580J/mol$$

由于这几个反应都是吸热反应，因此降低了空气鼓风时过高的炉温，而且生成了可燃气体 CO 和 H_2，提高了煤气的发热量。

气体从还原层上升，再经过干馏层和干燥层后由上部排出。刚从发生炉出来的煤气含有大量水分、焦油和灰尘。如加热炉距离发生炉很近，为了利用煤气物理热，可以直接使用热煤气，只需在干式除尘器中粗洗即可使用。对于需要输送或储存的煤气，则要建立洗涤装置，降低煤气中的水分、焦油和含尘量。加热炉和热处理炉较多使用经过净化的冷煤气。各种发生炉煤气成分的举例见表 1.1.4。

表 1.1.4　各种发生炉煤气的成分

煤气名称	组成成分/%						$Q_{DW}^y/kJ \cdot m^{-3}$
	H_2	CO	CO_2	N_2	CH_4	O_2	
空气煤气	2.6	10	14.7	72.0	0.5	0.2	3762~4598
空气-蒸汽煤气	13.5	27.5	5.5	52.8	0.5	0.2	5016~5225
水煤气	48.4	38.5	6.0	6.4	0.5	0.2	10032~11286

二、燃料的燃烧

（一）燃烧的一般知识

1. 燃烧反应

燃烧是一种氧化现象。燃料中的可燃成分和空气中的氧在一定条件下发生化学反应并放出大量的热和光的现象，称为燃烧。

燃料中可燃成分燃烧时都是放热反应，在反应时所放出的热量可以测定，并写入反应方程式内。在加热炉内，燃料燃烧放出的热量，就是加热金属时热量的来源，生成的水气、二氧化碳作为废气被排除掉。

2. 燃烧条件

分析燃烧反应过程可以知道，要使燃烧能连续进行，必须具备下列三个条件：

（1）有足够的可燃物质和空气；

（2）可燃物质与空气良好混合，并达到适当的浓度；

（3）能够向燃料传递足够的热量，使其达到着火温度。

显然，燃料中的可燃成分是燃烧的最基本条件，只有不断地供给燃料，燃烧才能继续进行；燃料中的非可燃成分如氮气、二氧化碳等不参加燃烧，它们混在燃烧生成的废气里面，吸收部分燃烧热提高本身温度，所以，燃烧中非可燃成分不宜多。其次，如果只供给燃料而断绝燃烧所需的氧气来源，这使燃料中的可燃物质没有与氧化合的机会，供给再多的燃料也无济于事，燃烧将会熄灭；燃烧所需的氧气，一般由空气供给，空气里的氮气不参加燃烧，只吸收热量，然后夹杂在废气里进入烟道。燃料中的氧则和可燃成分化合而燃烧。此外，燃烧的燃料温度必须保持在该燃料开始燃烧的最低温度以上，燃烧才能继续进行，如果燃烧所放出的热量小于散失的热量，那么燃烧的温度逐渐降低，燃烧过程也会停止。

3. 着火温度

燃料开始燃烧的最低温度叫做燃料的着火温度（也称为着火点）。低于这个温度，燃料就不能燃烧。不同燃料的着火点是不同的，是由燃料的化学成分与物理性质决定的。各种燃料的着火温度见表 1.1.5。

表 1.1.5　各种燃料在空气中的着火温度　　　　　　　　（℃）

燃　料	着火温度	燃　料	着火温度	燃　料	着火温度
木　材	250~300	汽　油	300~320	氢	580~600
木　炭	320~400	煤　油	400~500	一氧化碳	580~650
烟　煤	325~400	重　油	530~580	甲　烷	650~750
无　烟　煤	440~500	粗汽油	250~700	乙　炔	400~440
泥　煤（空气干燥）	225~280	煤焦油	580~650	焦炉煤气	650~750
褐　煤（空气干燥）	250~450	甲　醇	~510	高炉煤气	700~800
焦　煤	400~600	苯	~520	重油蒸汽	260~280
碳	约800			煤焦油蒸汽	250~400
硫	630			液化石油气	440~480

燃料燃烧是分两个阶段进行的，即预热阶段和燃烧阶段。当燃料进入燃烧的炉膛中，它首先被加热到着火温度，然后才能与氧化合而燃烧。实际上在连续工作的炉膛内，两个阶段是相互交错往复循环进行的，一部分燃料被预热，而另一部分则已经燃烧；已经燃烧的燃料用所放出热量的一部分再去加热一部分待预热的燃料，使其达到着火温度而进行燃烧。

4. 完全燃烧与不完全燃烧

A　完全燃烧

燃料中的可燃成分完全与氧起化学反应，生成不可再燃烧的产物，如 CO_2、H_2O、SO_2 等，称为完全燃烧。

只有完全燃烧才不至于浪费燃料。一切燃料，要使它完全燃烧，必须具备以下几个条件：

（1）足够的空气供给，并与燃料接触或混合良好；

（2）必须将燃料加热到着火点以上温度；

（3）炉膛里须保持相当高的温度；

（4）适当排除燃烧生成物。

B　不完全燃烧

实际上燃料燃烧时往往会由于种种原因而造成不完全燃烧。不完全燃烧一般可以归纳为两个方面：

a　化学不完全燃烧

燃料中的可燃成分由于没有得到足量的氧气或和氧没有充分混合，而在燃烧生成物中除二氧化碳和水蒸汽外，还含有一氧化碳、氢及一些碳氢化合物等可燃物质，这种现象称为化学不完全燃烧。

造成化学不完全燃烧的原因，是由于空气供给不足或空气与燃料混合不充分及高温热分解所致。一般情况下，可以从燃烧的状态判断是否完全燃烧。如果燃烧的火焰明亮无烟，可以说燃料完全燃烧；如果看到燃烧的火焰红暗，并带有黑烟，这就是不完全燃烧。若要准确判断燃烧的程度，则需用废气成分分析法。

b　机械不完全燃烧

机械不完全燃烧是指燃料中一部分可燃物未参加燃烧反应而被损失掉所造成的不完全燃烧。在使用固体燃料时较容易产生不完全燃烧。例如，可燃物由炉栅空隙落下的损失；在炉渣内被带走的损失；可燃物的小颗粒被废气带走的损失等。这种损失的多少与炉栅空隙的大小、燃料的性质和粒度、燃料中灰分的熔点和含量，以及鼓风速度等有关。

气体燃料和液体燃料的机械不完全燃烧，主要是指在管道系统输送时漏掉而没有参加燃烧。燃料的不完全燃烧会造成燃料的损失，降低燃烧温度，延长加热时间；此外在炉膛里未烧尽的可燃气体在换热器和烟道里碰到空气时，又会燃烧起来，可能烧坏换热器和烟道闸门。

为了减少或防止不完全燃烧造成的损失，应采取积极措施正确控制燃烧过程，适当调节空气量及燃料。

c　空气消耗系数

燃料燃烧时所需的氧气，通常是由空气供给的。燃料完全燃烧时所需要的空气量，称为理论空气需要量；而实际供给的空气量称为实际空气需要量。

理论空气需要量是根据化学反应方程式计算出来的，而实际空气需要量应大于理论空气需要量，以保证燃料的可燃成分在炉膛内完全燃烧。实际空气需要量比理论空气需要量多的那部分空气，习惯上叫过剩空气量。即

$$过剩空气量 = 实际空气量 - 理论空气量$$

若以符号 L_n 代表实际空气量，L_0 代表理论空气量，则燃料完全燃烧的必要条件为：

$$\frac{L_n}{L_0} > 1$$

令：

$$\frac{L_n}{L_0} = n$$

比值 n 称为空气消耗系数。通常空气消耗系数 n 的大小与燃料种类、燃烧方法、燃烧装置的结构及其工作的好坏都有关。各类燃料的空气消耗系数的经验数据如下：

固体燃料：　　　　　　　　　　　　$n = 1.20 \sim 1.50$

液体燃料：　　　　　　　　　　　　$n = 1.15 \sim 1.25$

气体燃料：　　　　　　　　　　　　$n = 1.05 \sim 1.15$

不同的过剩空气量，会得到不同的燃烧效果。若过剩空气过少，会引起燃料的不完全燃烧；过剩空气过多，固然对燃烧有帮助，但不仅会增加废气量，降低炉腔温度和增加废气带走的热量，使炉子的热效率和生产率降低，同时也增加被加热金属的氧化烧损。所以过剩空气量必须控制适当。

当空气消耗系数确定后，实际空气需要量和实际燃烧产物量可按下式计算：

实际空气需要量：

$$L_n = n \cdot L_0$$

实际燃烧产物量：

$$V_n = V_0 + (L_n - L_0) = V_0 + (n - 1)L_0$$

式中　V_0——理论燃烧产物量（理论烟气量）；

　　　V_n——实际燃烧产物量（实际烟气量）。

（二）燃烧计算基本条件及计算项目

为方便计算，通常确定以下基本条件：

在计算空气量及燃烧产物量时均指完全燃烧；元素的分子量均取近似整数计算，如氢的分子量为 2.016，计算时取 2；气体的体积按标准状态（0℃和 101325Pa）计算，任何气体在标准状态下的千摩尔体积都是 22.4m³；当温度不超过 2000℃时，在计算中不考虑燃烧产物和灰分的热分解，例如 $CaCO_3$ 在高温下热分解出 CaO 和 CO_2，并吸收一部分热，在计算燃烧产物量时忽略分解出的 CO_2 的量；空气组成只考虑 O_2 和 N_2，而不考虑空气中的稀有气体和水气；并按表 1.1.6 的比例确定。

表 1.1.6　空气的近似组成

空气的组成/%		1kg 氧相当	1m³ 相当
质　量	容　积	质量/kg	容积/m³
氧　23.0	氧　21.0	空气　4.31	空气　4.76
氮　77.0	氮　79.0	氮　3.31	氮　3.76

燃烧计算的项目一般包括以下几个方面：

燃料燃烧所需的理论空气需要量 L_0 和实际空气需要量 L_n 的计算；燃料燃烧所生成的理论燃烧产物量 V_0 和实际燃烧产物量 V_n 的计算；燃烧产物成分的计算；燃烧产物密度的计算；燃烧温度的计算。

在进行计算时，燃料的种类、成分（一律换算为湿成分）、n 值、Q_{DW}^y，以及空气和煤气的预热温度等均作为已知条件给出。由于气体燃料和固体、液体燃料的表示方法不同，因而它们的计算方法也略有不同。

1. 固体、液体燃料的计算

为了方便起见，现将固体、液体燃料中各可燃成分及其燃烧反应方程式列于表 1.1.7 中。根据表 1.1.7，可得出各有关燃烧参数的计算公式（各组成成分皆按百分数中的绝对值计）。

表 1.1.7　每千克固、液体燃料燃烧时的燃烧反应

各组成物含量		反应方程式（摩尔数之比例）	需氧的摩尔数	每千克燃料燃烧后生成燃烧产物的摩尔数				
供用成分/%	mol			CO_2	H_2O	SO_2	N_2	O_2
C^y	$\dfrac{C^y}{12}$	$C+O_2=CO_2$ $1:1:1$	$\dfrac{C^y}{12}$	$\dfrac{C^y}{12}$				
H^y	$\dfrac{H^y}{2}$	$H_2+1/2O_2=H_2O$ $1:0.5:1$	$\dfrac{H^y}{4}$		$\dfrac{H^y}{2}$			
S^y	$\dfrac{S^y}{32}$	$S+O_2=SO_2$ $1:1:1$	$\dfrac{S^y}{32}$			$\dfrac{S^y}{32}$		
O^y	$\dfrac{O^y}{32}$	消耗掉	$-\dfrac{O^y}{32}$					
N^y	$\dfrac{N^y}{28}$	不燃烧					$\dfrac{N^y}{28}$	
W^y	$\dfrac{W^y}{18}$	不燃烧			$\dfrac{W^y}{18}$			
A^y		不燃烧						

每千克燃料需氧的摩尔数总计：$\dfrac{C^y}{12}+\dfrac{H^y}{4}+\dfrac{S^y}{32}-\dfrac{O^y}{32}$

每千克燃料燃烧需氧的体积（每千摩尔体积为 22.4m³）：
$$22.4\left(\dfrac{C^y}{12}+\dfrac{H^y}{4}+\dfrac{S^y}{32}-\dfrac{O^y}{32}\right)$$

理论空气需要量（当将各组成百分号移到括号外时）：
$$L_0=\dfrac{4.76\times22.4}{100}\left(\dfrac{C^y}{12}+\dfrac{H^y}{4}+\dfrac{S^y}{32}-\dfrac{O^y}{32}\right)$$

实际空气需要量：$L_n=nL_0$

过剩空气量：$\Delta L=L_n-L_0=(n-1)L_0$

燃烧产物体积/m³·kg⁻¹

$0.79L_0$

$0.79(n-1)L_0$　　$0.21(n-1)L_0$

（1）空气需要量：

$$L_0=\frac{4.76\times22.4}{100}\left(\frac{C^y}{12}+\frac{H^y}{4}+\frac{S^y}{32}-\frac{O^y}{32}\right)\qquad(\text{m}^3/\text{kg})\qquad(1.1.4)$$

$$L_n=nL_0\qquad(\text{m}^3/\text{kg})\qquad(1.1.5)$$

（2）燃烧产物量：

$$V_0 = \frac{22.4}{100}\left(\frac{C^y}{12} + \frac{H^y}{4} + \frac{S^y}{32} + \frac{N^y}{28} + \frac{W^y}{18}\right) + 0.79L_0 \tag{1.1.6}$$

$$V_n = V_0 + (n-1)L_0 \qquad (m^3/kg) \tag{1.1.7}$$

（3）燃烧产物成分：

$$H_2O' = \frac{\dfrac{22.4}{100} \times \left(\dfrac{H^y}{2} + \dfrac{W^y}{18}\right)}{V_n} \times 100\% \tag{1.1.8}$$

$$CO_2' = \frac{\dfrac{22.4}{100} \times \dfrac{C^y}{12}}{V_n} \times 100\% \tag{1.1.9}$$

$$N_2' = \frac{\dfrac{22.4}{100} \times \dfrac{N^y}{28} + 0.79L_n}{V_n} \times 100\% \tag{1.1.10}$$

$$O_2' = \frac{0.21(n-1)L_0}{V_n} \times 100\% \tag{1.1.11}$$

$$SO_2' = \frac{\dfrac{22.4}{100} \times \dfrac{S^y}{32}}{V_n} \times 100\% \tag{1.1.12}$$

（4）燃烧产物密度 ρ_0。燃烧产物的密度 ρ_0 是指 $1m^3$ 燃烧产物在标准状态下的质量，单位是 kg/m^3。

当已知燃烧产物成分时可用式（1.1.13）计算 ρ_0：

$$\rho_0 = \frac{44CO_2' + 18H_2O' + 64SO_2' + 28N_2' + 32O_2'}{22.4 \times 100} \tag{1.1.13}$$

当不知燃烧产物成分时，可根据物质不灭定律按式（1.1.14）计算：

$$\rho_0 = \frac{(1-A^y) + 1.293L_n}{V_n} \tag{1.1.14}$$

【例1.1.2】 已知烟煤的成分：$C^y = 56.7\%$，$H^y = 5.2\%$，$S^y = 0.6\%$，$O^y = 11.7\%$，$N^y = 0.8\%$，$A^y = 10.0\%$，$W^y = 15.0\%$，当 $n = 1.3$ 时试计算完全燃烧时的空气需要量、燃料产物量、燃料产物的成分。

解：（1）空气需要量：

$$L_0 = \frac{4.76 \times 22.4}{100} \times \left(\frac{56.7}{12} + \frac{5.2}{4} + \frac{0.6}{32} - \frac{11.7}{32}\right) = 6.07m^3/kg$$

$$L_n = 1.3 \times 6.07 = 7.89m^3/kg$$

（2）燃烧产物量：

$$V_0 = \frac{22.4}{100}\left[\frac{C^y}{12} + \frac{H^y}{2} + \frac{S^y}{32} + \frac{N^y}{28} + \frac{W^y}{18}\right] + 0.79L_0$$

$$= \frac{22.4}{100}\left[\frac{56.7}{12} + \frac{5.2}{2} + \frac{0.6}{32} + \frac{0.8}{28} + \frac{15}{18}\right] + 0.79 \times 6.07$$

$$= 6.63 \text{m}^3/\text{kg}$$

$$V_n = 6.63 + 0.3 \times 6.07 = 8.45 \text{m}^3/\text{kg}$$

（3）燃料产物成分：

$$H_2O' = \frac{\frac{22.4}{100}\left(\frac{5.2}{2} + \frac{15}{18}\right)}{8.45} \times 100\% = 9.09\%$$

$$CO_2' = \frac{\frac{22.4}{100} \times \frac{56.7}{12}}{8.45} \times 100\% = 12.53\%$$

$$N_2' = \frac{\frac{22.4}{100} \times \frac{0.8}{28} + 0.79 \times 7.89}{8.45} \times 100\% = 73.83\%$$

$$O_2' = \frac{0.21 \times (1.3 - 1) \times 6.07}{8.45} \times 100\% = 4.52\%$$

$$SO_2' = \frac{\frac{22.4}{100} \times \frac{0.6}{32}}{8.45} \times 100\% = 0.05\%$$

2. 气体燃料的燃烧计算

为了方便将气体燃料的可燃成分及其燃烧反应等列入表 1.1.8 中。表中为反应式的反应物与生成物之间的体积比，如 1m^3 CO 与 0.5m^3 O_2 反应并生成 1m^3 CO_2，其余见表 1.1.8。

表 1.1.8　每 1m^3 气体燃料燃烧反应

湿成分/%	反应方程式 （体积比例）	需氧体积 /$\text{m}^3 \cdot \text{m}^{-3}$煤气	燃烧产物体积/$\text{m}^3 \cdot \text{m}^{-3}$煤气				
			CO_2	H_2O	SO_2	N_2	O_2
CO^y	$CO+0.5O_2{=\!=}CO_2$ $1:0.5:1$	$0.5CO^y$	CO^y				
H_2^y	$H_2+0.5O_2{=\!=}H_2O$ $1:0.5:1$	$0.5H_2^y$		H_2^y			
CH_4^y	$CH_4+2O_2{=\!=}CO_2+2H_2O$ $1:2:1:2$	$2CH_4^y$	CH_4^y	$2CH_4^y$			
$C_mH_n^y$	$C_mH_n+(m+0.25n)O_2{=\!=}$ $mCO_2+0.5nH_2O$ $1:(m+0.25n):m:0.5n$	$(m+0.25n)C_mH_n^y$	$mC_mH_n^y$	$0.5n\,C_mH_n^y$			
H_2S^y	$H_2S+1.5O_2{=\!=}SO_2+H_2O$ $1:1.5:1:1$	$1.5H_2S^y$		H_2S^y	H_2S^y		
CO_2^y	不燃烧		CO_2^y				
SO_2^y	不燃烧				SO_2^y		
O_2^y	消耗掉	$-O_2^y$					
N_2^y	不燃烧					N_2^y	
H_2O^y	不燃烧			H_2O^y			

湿成分/%	反应方程式 （体积比例）	需氧体积 /m³·m⁻³煤气	燃烧产物体积/m³·m⁻³煤气				
			CO₂	H₂O	SO₂	N₂	O₂
每1m³煤气燃烧所需氧气总体积：$\frac{1}{100}\left[0.5CO^y+0.55H_2^y+2CH_4^y+\left(m+\frac{n}{4}\right)C_mH_n^y+1.5H_2S^y-O_2^y\right]$							
理论空气需要量：$L_0=\frac{4.76}{100}\left[0.5CO^y+0.5H_2^y+2CH_4^y+\left(m+\frac{n}{4}\right)C_mH_n^y+1.5H_2S^y-O_2^y\right]$							
实际空气需要量：$L_n=n\cdot L_0$							0.79L_n	
过剩空气量：$\Delta L=L_n-L_0=(n-1)L_0$								0.21ΔL

（1）空气需要量：

$$L_0=\frac{4.76}{100}\left[\frac{1}{2}CO^y+\frac{1}{2}H_2^y+2CH_4^y+3C_2H_4^y+\left(m+\frac{n}{4}\right)C_mH_n^y+\frac{3}{2}H_2S^y-O_2^y\right] \quad (\text{m}^3/\text{m}^3)$$

$$L_n=nL_0 \quad (\text{m}^3/\text{m}^3) \tag{1.1.15}$$

（2）燃烧产物量：

$$V_0=\frac{1}{100}\left[CO^y+H_2^y+3CH_4^y+4C_2H_4^y+\left(m+\frac{n}{2}\right)C_mH_n^y+2H_2S^y+\right.$$

$$\left. H_2O^y+CO_2^y+N_2^y+SO_2^y\right]+0.79L_0$$

$$V_n=V_0+(n-1)L_0 \quad (\text{m}^3/\text{m}^3) \tag{1.1.16}$$

（3）燃烧产物成分：

$$H_2O'=\frac{\left(H_2^y+2CH_4^y+\frac{n}{2}C_mH_n^y+H_2S^y+H_2O^y\right)\times\frac{1}{100}}{V_n}\times100\% \tag{1.1.17}$$

$$CO_2'=\frac{(CO^y+CH_4^y+mC_mH_n^y+CO_2^y)\times\frac{1}{100}}{V_n}\times100\% \tag{1.1.18}$$

$$N_2'=\frac{N_2^y\times\frac{1}{100}+0.79L_n}{V_n}\times100\% \tag{1.1.19}$$

$$O_2'=\frac{0.21(n-1)L_0}{V_n}\times100\% \tag{1.1.20}$$

$$SO_2'=\frac{(H_2S^y+SO_2^y)\times\frac{1}{100}}{V_n}\times100\% \tag{1.1.21}$$

（4）燃烧产物密度 ρ_0。燃烧产物的密度 ρ_0 是指 1m³ 燃烧产物在标准状态下的质量，单位是 kg/m³。

当已知燃烧产物成分时可用下式计算 ρ_0：

$$\rho_0=\frac{44CO_2'+18H_2'O+64SO_2'+28N_2'+32O_2'}{22.4\times100}$$

【例 1. 1. 3】 已知发生炉煤气的湿成分：$CO^y = 29.0\%$，$H_2^y = 15.0\%$，$CH_4^y = 3.0\%$，$C_2H_4^y = 0.6\%$，$CO_2^y = 7.5\%$，$N_2^y = 42.0\%$，$O_2^y = 0.2\%$，$H_2O^y = 2.7\%$，在 $n = 1.05$ 的条件下完全燃烧。计算煤气所需的空气量及燃烧产物量。

解：（1）空气需要量：

$$L_0 = \frac{4.76}{100} \times [0.5 \times 15.0 + 0.5 \times 29.0 + 2 \times 3.0 + 3 \times 0.6 - 0.2] = 1.41 \, m^3/m^3$$

$$L_n = 1.05 \times 1.41 = 1.48 \, m^3/m^3$$

（2）燃烧产物生成量：

$$V_0 = \frac{1}{100} \times [15.0 + 29.0 + 3 \times 3.0 + 4 \times 0.6 + 7.5 + 42.0 + 2.7] + 0.79 \times 1.41 = 2.19 \, m^3/m^3$$

$$V_n = 2.19 + 0.05 \times 1.41 = 2.26 \, m^3/m^3$$

3. 经验公式计算法

与理论分析计算相比，经验公式计算精确度较差，但计算较简便。由于经验公式只能计算空气需要量及燃烧产物量，而不能计算燃烧产物的成分及其密度，所以使用起来有一定的局限性。表 1. 1. 9 列出了一些经验公式，它们都与燃料的发热量有关。

表 1. 1. 9　燃烧计算的经验公式

燃烧种类	理论空气需要量 L_0	实际燃烧产物量 V_n
木柴和泥煤	$L_0 = \frac{1.07}{1000} Q_{低} + 0.007 W^{用} - 0.06$	$V_n = \frac{0.95}{1000} Q_{低} + 1.09 + 0.007 W^{用} + (n-1)L_0$
各种煤	$L_0 = 1.01 \frac{Q_{低}}{1000} + 0.5$	$V_n = 0.89 \frac{Q_{低}}{1000} + 1.65 + (n-1)L_0$
各种液体燃料	$L_0 = 0.85 \frac{Q_{低}}{1000} + 2.0$	$V_n = 1.11 \frac{Q_{低}}{1000} + (n-1)L_0$
煤气 $Q_{低} < 1256 kJ/m^3$	$L_0 = 0.875 \frac{Q_{低}}{1000}$	$V_n = 0.725 \frac{Q_{低}}{1000} + 1.0 + (n-1)L_0$
煤气 $Q_{低} > 1256 kJ/m^3$	$L_0 = 1.09 \frac{Q_{低}}{1000} - 0.25$	$V_n = 1.14 \frac{Q_{低}}{1000} + 0.25 + (n-1)L_0$
焦炉与高炉混合煤气	$L_0 = \frac{Q_{低}}{1000} - 0.20$	$V_n = 0.945 \frac{Q_{低}}{1000} + 0.765 + (n-1)L_0$
天然气 $Q_{低} < 37599 kJ/m^3$	$L_0 = 1.105 \frac{Q_{低}}{1000} + 0.05$	$V_n = 1.105 \frac{Q_{低}}{1000} + 1.05 + (n-1)L_0$
天然气 $Q_{低} > 37599 kJ/m^3$	$L_0 = 1.105 \frac{Q_{低}}{1000}$	$V_n = 1.18 \frac{Q_{低}}{1000} + 0.38 + (n-1)L_0$

4. 空气量与产物量修正

上述计算过程中，空气是按干空气计算的，如果需要考虑空气实际带入的水分的影响，需要对空气量与产物量进行修正：

$$L_n^y = (1 + 0.00124 g_{H_2O}^{干}) L_n \tag{1.1.22}$$

$$V_n^y = V_n + 0.00124 g_{H_2O}^{干} L_n \tag{1.1.23}$$

三、燃烧温度

（一）燃烧温度的概念

燃烧温度即燃料燃烧时生成的气态燃烧产物（烟气或叫炉气）所能达到的温度。在实际条件下燃烧温度与燃料种类、燃烧成分（即发热量）、燃烧条件（指空气、煤气的预热情况），以及传热条件等因素有关。燃烧温度取决于燃烧过程的热平衡关系。如果收入的热量大于支出的热量，燃烧温度逐渐升高；反之，燃烧温度逐渐下降，直到达到热平衡时燃烧温度才会稳定下来。由此看来，燃烧温度实质上就是一定条件下由热平衡决定的某种平衡温度。通过分析燃烧过程中热收入和热支出的平衡情况，可以从中找出估算燃烧温度的方法及提高燃烧温度的具体措施。

根据能量守恒和转化规律可知：燃烧过程中燃烧产物的热收入和热支出必然相等。现以每千克或每立方米燃料为依据计算燃烧过程的热平衡。

热收入项：

（1）燃料燃烧的化学热，即燃料的低发热量 Q_{DW}^{y}；

（2）预热空气的物理热 $Q_{空}$；

（3）燃料带入的物理热 $Q_{燃}$。

热支出项：

（1）燃烧产物所含的热量 $Q_{产}[kJ/m^3(kg)]$

$$Q_{产} = V_n C_{产} t_{产}$$

式中　　V_n——实际燃烧产物量，$m^3_{产}/m^3_{燃}$；

$C_{产}$——燃烧产物在 $t_{产}$ 温度下的平均比热，$kJ/(m^3 \cdot ℃)$；

$t_{产}$——燃烧产物的温度，℃。

（2）由燃烧产物向周围介质的散热损失以 $Q_{介}$ 表示，它包括炉墙的全部热损失，加热金属和加热炉构件等的散热损失。

（3）燃料不完全燃烧损失的热量以 $Q_{不}$ 表示。它包括化学不完全燃烧损失和机械不完全燃烧损失两项。

（4）高温下燃烧产物热分解损失的热量以 $Q_{分}$ 表示。因为热分解是吸热反应故要损失部分热量。

当上述热量收入与支出相等达到热平衡时，则其对应的燃烧产物的温度必为某一定值 $t_{产}$，这时的热平衡为：

$$Q_{DW}^{y} + Q_{空} + Q_{燃} = V_n C_{产} t_{产} + Q_{介} + Q_{不} + Q_{分}$$

$$t_{产} = \frac{Q_{DW}^{y} + Q_{空} + Q_{燃} - Q_{介} - Q_{不} - Q_{分}}{V_n C_{产}}$$

（二）理论燃烧温度

不考虑燃料不完全燃烧损失和向介质的散热损失的条件下（$Q_{不} = Q_{介} = 0$）燃料完全燃烧后放出的热量全部为燃烧产物吸收，所能达到的最高温度称为理论燃烧温度。

$$t_{理} = \frac{Q_{DW}^{y} + Q_{空} + Q_{燃} - Q_{分}}{V_n C_{产}} \tag{1.1.24}$$

理论燃烧温度是燃烧过程的重要指标，它表明某种成分的燃料在一定的燃烧条件下烟气所能达到的最高温度。

（三）实际燃烧温度

实际燃烧温度指把一切热损失都考虑在内，在实际条件下燃料燃烧后的燃烧产物温度。

实际燃烧温度 $t_{实}$ 就是前面求得的 $t_{产}$ 温度。因为 $Q_介 \neq 0$，$Q_不 \neq 0$，$Q_分 \neq 0$，所以 $t_{实} < t_{理}$。对于一定的炉子通过长期生产实践总结后，可以找到 $t_{实} < t_{理}$ 的值大约在某一范围内波动。所以只需求出 $t_{理}$ 后便可以计算出实际燃烧温度 $t_{实}$ 来。

$$t_{实} = \eta_炉 \, t_{理} = \frac{\eta_炉 (Q_{DW}^y + Q_空 + Q_燃 - Q_分)}{V_n C_产} \qquad (1.1.25)$$

式中　$\eta_炉$——炉温系数，可参考表 1.1.10 选取。

表 1.1.10　η 的经验数值

连续加热炉	炉温系数 η
炉底强度 200~300kg/（m² · h）	0.75~0.85
炉底强度 500~600kg/（m² · h）	0.65~0.75

应当指出，通常说的"炉温"的概念与上述的实际燃烧温度是不同的。"炉温"实质上是燃烧产物、被加热物和炉壁三者温度的中间值，而不是代表燃烧产物的温度。但是在实践中常把炉温当成 $t_{实}$，并把 $t_{实}$ 与理论燃烧温度的比值用 $\eta_炉$ 表示，称为炉温系数。

（四）提高燃烧温度的途径

在生产实际中提高燃烧温度是强化加热炉生产的重要手段之一，从实际燃烧温度的公式

$$t_{实} = \frac{\eta_炉 (Q_{DW}^y + Q_空 + Q_燃 - Q_分)}{V_n C_产}$$

可看出提高燃烧温度的主要途径如下。

1. 提高炉温系数 $\eta_炉$

对于连续加热炉其炉温系数由表 1.1.10 中知道为 0.70~0.85。在《工业炉设计手册》中指出，当炉子生产率 $P = 500 \sim 600 \mathrm{kg/m^3}$ 时，其 $\eta_炉 = 0.70 \sim 0.75$，而当 $P = 200 \sim 300 \mathrm{kg/m^3}$ 时，$\eta_炉 = 0.70 \sim 0.85$。这说明 $\eta_炉$ 是随炉子生产率 P 的增高而降低的。在炉子热负荷增加时，炉温系数 $\eta_炉$ 升高；另外，加快燃烧速度，尽量保证完全燃烧和提高火焰辐射能力，以及加强对炉子的绝热密封等措施都能使炉温系数 $\eta_炉$ 升高，从而导致燃烧温度提高。

2. 预热空气和燃料

预热空气和燃料对提高燃烧温度的效果最为明显。特别是预热空气效果更为突出，因为空气量大，预热温度又不受限制。而燃料的预热温度要受到碳氢化合物分解温度、安全和燃料的燃点及重油闪点的限制。目前全国各地加热炉大多安装了空气换热器来提高空气温度，从而达到提高燃烧温度的目的。

3. 选用高发热量燃料

燃料发热量越高，则燃烧温度越高。因此，要求燃烧温度高时，应选用发热高的优质

燃料。但发热量与燃烧温度的关系不是线性关系。

4. 尽量减少烟气量 V_n

在保证完全燃烧的基础上，尽量降低实际烟气量 V_n 是提高理论燃烧温度的有效措施。具体来说就是：选用空气消耗系数 n 小的无焰烧嘴或改进烧嘴结构，加强热工测试，安装检测仪表对炉温炉压和燃烧过程进行自动调节等都能使 V_n 降低而提高 $t_{实}$，从而达到降低燃耗的目的。此外采用富氧空气助燃也可大大降低从空气中带入的 N_2 而使 V_n 值大幅降低。富氧空气助燃对于强化炉子热工过程的效果是很突出的，如平炉吹氧后熔炼时间大为缩短，轧钢加热炉国外也有采用富氧的。但一般都不采用富氧，一方面是没有条件，另一方面还要特别防止金属氧化烧损增加。

（五）理论燃烧温度的确定

实际燃烧温度都是通过计算出 $t_{理}$ 后，再乘以炉温系数 η 而求得的，故这里只讨论理论燃烧温度的计算方法。

理论燃烧温度的表达式

$$t_{理} = \frac{Q_{低} + Q_{空} + Q_{燃} - Q_{分}}{V_n \cdot C_{产}}$$

式中，$Q_{低}$、$Q_{空}$、$Q_{燃}$ 各项都较易计算，问题在于如何计算因高温下热分解而损失的热量，和高温热分解而引起的燃烧产物生成量和成分的变化。在高温下燃烧产物的气体分解程度与体系的温度及压力有关。在一般工业炉的压力水平下，可以认为热分解只与温度有关，且只有在较高温度下（高于2000℃）才在工程计算上予以估计。为简化计算，热分解仅取下列反应：

$$CO_2 \Longleftrightarrow CO + \frac{1}{2}O_2 - 12770$$

$$H_2O \Longleftrightarrow H_2 + \frac{1}{2}O_2 - 10800$$

即燃烧产物中的 CO_2 及 H_2O 分解为 CO、H_2 和 O_2，这将吸收一部分热量，并引起产物体积和成分变化，热容量也随之变化。即使如此，因为分解程度与温度有关，所以认为热分解时，燃烧产物的组成和生成量都是温度的函数。而这个温度正是需要求解的未知数，这样计算将是十分繁杂的，必须借助计算机来完成。对于一般的工业炉热工计算可采用近似方法，例如可以利用现成的图表求理论燃烧温度，其中应用比较广泛的是罗津和费林格编制的 i-t 图（见图1.1.1）。

i-t 图的纵坐标是燃烧产物的总热含量 i（单位是 kJ/m^3），横坐标是理论燃烧温度 t（℃），它的用法如下：

（1）求出燃烧产物的总热含量 i：所谓燃烧产物的总热含量，指的是 $1m^3$ 燃烧产物所含有的热量，它可按下式求出：

$$i = \frac{Q_{低}}{V_n} + \frac{Q_{空}}{V_n} + \frac{Q_{燃}}{V_n}$$

式中，$Q_{低}$ 为燃料低发热量；$Q_{空} = L_n C_{空} t_{空}$，空气预热温度 $t_{空}$ 由燃烧条件确定，空气比热由 $t_{空}$ 按线性内差法查表1.1.11确定；$Q_{燃} = C_{燃} t_{燃}$，煤气预热温度 $t_{燃}$ 由燃烧条件确定，煤

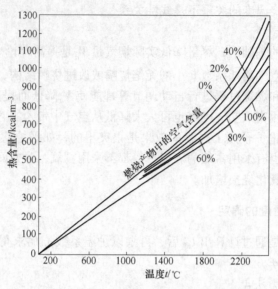

图 1.1.1　求理论燃烧温度的 i-t 图

气比热由 $t_{燃}$ 按线性内差法查表 1.1.11 确定。

（2）求燃烧产物中过剩空气的体积分数 V_L：图 1.1.1 考虑了空气消耗系数对燃烧产物热容量的影响，给出了一组曲线，每条曲线表示不同的燃烧产物中空气含量 V_L，该值可按下式计算：

$$V_L = \frac{L_n - L_0}{V_n} \times 100\%$$

根据已知的 i 和 V_L，可由图 1.1.1 中查出理论燃烧温度。

理论燃烧温度还可采用线性内插法计算，计算方法如下：

1）求出燃烧产物的总热含量 i：

$$i = \frac{Q_{低}}{V_n} + \frac{Q_{空}}{V_n} + \frac{Q_{燃}}{V_n}$$

2）按 i 查表 1.1.11 估计理论燃烧温度区间：$t_1 < t_{理} < t_2$。

3）按 t_1、t_2 和燃烧产物的成分查表 1.1.11 计算产物的比热 C_1、C_2。

4）按 t_1、t_2 和燃烧产物的比热计算产物的热焓 i_1、i_2。

按线性内差法计算理论燃烧温度：

$$t = t_1 + (t_2 - t_1)(i - i_1)/(i_2 - i_1) \tag{1.1.26}$$

表 1.1.11　常见气体的平均比热容

温度/℃	CO	H_2	CH_4	C_2H_4	H_2S	H_2O	CO_2	N_2	O_2	SO_2	空气	烟气
0	1.2979	1.2770	1.5491	1.8255	1.5157	1.4947	1.5994	1.2937	1.3063	1.7233	1.2979	1.4235
100	1.3021	1.2895	1.6412	2.0641	1.5408	1.5073	1.7082	1.2979	1.3188	1.8129	1.3021	
200	1.3063	1.2979	1.7585	2.2818	1.5743	1.5240	1.7878	1.3021	1.3356	1.8883	1.3063	1.4235
300	1.3147	1.3000	1.8883	2.4953	1.6078	1.5407	1.8631	1.3063	1.3565	1.9552	1.3147	
400	1.3272	1.3021	2.0139	2.6879	1.6454	1.5659	1.9301	1.3147	1.3775	2.0180	1.3272	1.4570

温度/℃	CO	H₂	CH₄	C₂H₄	H₂S	H₂O	CO₂	N₂	O₂	SO₂	空气	烟气
500	1.3440	1.3063	2.1395	2.8638	1.6831	1.5910	1.9887	1.3272	1.3984	2.0683	1.3440	
600	1.3565	1.3105	2.2609	3.0271	1.7208	1.6161	2.0432	1.3398	1.4151	2.1143	1.3565	1.4905
700	1.3733	1.3147	2.3781	3.1694	1.7585	1.6412	2.0850	1.3523	1.4361	2.1520	1.3691	
800	1.3858	1.3188	2.4953	3.3076	1.7962	1.6664	2.1311	1.3649	1.4486	2.1813	1.3816	1.5189
900	1.3984	1.3230	2.6000	3.4322	1.8297	1.6957	2.1688	1.3775	1.4654	2.2148	1.3948	
1000	1.4151	1.3314	2.7005	3.5462	1.8632	1.7250	2.2023	1.3900	1.4779	2.2358	1.4110	1.5449
1100	1.4235	1.3356	2.7884	3.6551	1.8925	1.7501	2.2358	1.4026	1.4905	2.2609	1.4235	
1200	1.4361	1.3340	2.8638	3.7514	1.9218	1.7752	2.2651	1.4151	1.5031	2.2776	1.4319	1.5659
1300	1.4486	1.3523	2.8889		1.9469	1.8045	2.2902	1.4235	1.5114	2.2986	1.4445	
1400	1.4570	1.3606	2.9601		1.9720	1.8296	2.3143	1.4361	1.5198	2.3195	1.4528	1.5910
1500	1.4654	1.3691	3.0312		1.9846	1.8548	2.3362	1.4445	1.5282	2.3404	1.4696	
1600	1.4738	1.3733				1.8784	2.3572	1.4528	1.5366	2.3614	1.4779	1.6161
1700	1.4831	1.3816				1.9008	2.3739	1.4612	1.5449	2.3823	1.4863	
1800	1.4905	1.3900				1.9217	2.3907	1.4696	1.5533	2.3907	1.4947	1.6412
1900	1.4989	1.3984				1.9427	2.4074	1.4738	1.5617	2.4074	1.4989	
2000	1.5031	1.4068				1.9636	2.4242	1.4831	1.5709	2.4242	1.5073	1.6663

四、燃料燃烧过程与燃烧方法

（一）气体燃料

1. 煤气的燃烧过程

煤气的燃烧过程在一般条件下都包括三个阶段，即煤气与空气混合、混合后的可燃气体的加热和着火、完成燃烧反应。

A　煤气和空气的混合

燃料燃烧是一种剧烈的氧化反应，因此，只有当煤气中的可燃气体与空气中的氧气发生接触时，才有可能进行燃烧。为了使可燃气体与氧发生接触，必须使煤气和空气均匀混合。因此，煤气和空气的混合是气体燃料燃烧的首要条件，混合速度的快慢，将会直接影响煤气的燃烧速度及火焰的长度。

B　煤气与空气的混合物的加热和着火

将煤气和空气的混合物加热到着火温度，点火使其燃烧。正常燃烧时，主要依靠前面燃烧着的燃料把热量传递给后继的混合物，使后继的混合物达到着火温度，这一过程的快慢称为"火焰传播速度"。火焰传播速度对保证燃料的正常燃烧十分重要，如果燃料从烧嘴喷出的速度比火焰传播速度过大，就会使火焰跳动不稳，甚至熄灭；反之则发生回火现象。

C　完成燃烧反应

燃料着火后，燃烧反应是瞬间完成的。煤气中各可燃成分燃烧的化学反应方程式只表示最初和最终状态，而没有表示反应的中间过程。实际上，煤气中可燃成分的燃烧反应是经过许多中间过程才实现的，通常称为链式反应。

根据以上分析，煤气燃烧过程中起决定作用的是煤气与空气的混合，混合均匀的煤气与空气，在高温下着火和燃烧都进行得十分迅速。因此，混合充分与否是整个燃烧过程快慢的关键。创造条件促使煤气和空气充分混合，就成为煤气燃烧技术中的主要问题。

2. 煤气的燃烧方法

根据煤气与空气在燃烧前的混合过程不同，煤气的燃烧方法大体分为两种：有焰燃烧和无焰燃烧。相应的两种燃烧装置叫有焰烧嘴和无焰烧嘴。

A　有焰燃烧

有焰燃烧是煤气与空气在烧嘴中不预先混合或只有部分混合，而在离开烧嘴进入炉内以后才一边混合一边燃烧，这时可以看出明显的火焰轮廓，所以叫有焰燃烧。有焰燃烧的特点如下：

（1）煤气与空气在炉内边混合边燃烧，所以燃烧速度较慢，燃烧速度主要取决于煤气与空气的混合速度。

（2）要求空气过剩系数较大，一般情况下 $n = 1.15 \sim 1.25$。

（3）因为燃烧速度较慢，火焰较长，所以沿火焰长度上温度分布比较均匀。

（4）由于边混合边燃烧，煤气中的碳氢化合物容易热解，析出碳粒，有利于提高火焰的黑度，加强火焰的辐射传热。

（5）由于煤气与空气是在炉内混合，所以煤气与空气的预热温度不受限制，有利于提高燃烧温度与节约燃料。

（6）不需要很高的煤气压力，一般情况下，要求煤气压力为 $490 \sim 2943 Pa$，但需要设置通风机及冷风管道系统，以供给燃烧用空气。

（7）有焰烧嘴的燃烧能力大，结构紧凑，容易在大炉子上布置。

B　无焰燃烧

无焰燃烧是煤气与空气在进入炉内以前就已经混合均匀，整个燃烧过程在烧嘴砖内就可以结束，火焰很短，甚至几乎看不到火焰，所以叫无焰燃烧。无焰燃烧的特点如下：

（1）因煤气与空气是预先混合，所以燃烧速度快。

（2）空气过剩系数小，一般情况下 $n = 1.05 \sim 1.10$，所以燃烧温度高，高温区比较集中。

（3）由于燃烧速度快，煤气中的碳氢化合物来不及分解，火焰中游离炭粒比较少，所以火焰的黑度比有焰燃烧时小。

（4）因为煤气与空气预先混合，所以煤气、空气的预热温度受到限制，即不得超过混合气体的着火温度。

（5）为实现煤气和空气的预先混合，采用喷射器时喷射介质要有一定的压力，在管道上混合时要用混合加压机。

（6）采用煤气喷射，从大气中吸入空气，可以维持煤气和空气的一定比例，因此自动控制系统比较简单，但煤气的发热量和压力都必须稳定。

此外，也有介于有焰燃烧和无焰燃烧之间的所谓半无焰燃烧，其相应的烧嘴叫半无焰烧嘴。

综上所述，各种燃烧方法各有其优缺点，选用燃烧方法时要结合燃料种类、炉型、车间各煤气用户情况及加热工艺要求进行具体分析。煤气的燃烧装置目前常用的有焰烧嘴有套管式、涡流式、扁缝涡流式、环缝涡流式、平焰式、火焰长度可调式、高速烧嘴及自身预热式烧嘴等。

（二）液体燃料

1. 重油的燃烧过程

A　重油的雾化

和煤气一样，燃烧必须具备使液体燃料质点能和空气中的氧接触的条件。为此，重油燃烧前必须先进行雾化，以增大其和空气接触的面积。重油雾化是借某种外力的作用，克服油本身的表面张力和黏性力，使油破碎成很细的雾滴。这些雾滴颗粒的直径大小不等，在 $10 \sim 200 \mu m$ 左右，为了保证良好的燃烧，小于 $50 \mu m$ 的油雾颗粒应占 85% 以上。实验结果表明，油雾颗粒燃烧所需的时间与颗粒直径的平方成正比。颗粒太大，燃烧时产生大量黑烟，燃烧不完全。油雾颗粒的平均直径是评价雾化质量的主要指标。

常用的雾化方法有三种：低压空气雾化、高压空气（蒸汽）雾化、油压雾化。

影响雾化效果的因素有以下几点：

（1）重油温度。提高重油温度可以显著降低油的黏度，表面张力也有所减小，可以改善油的雾化质量。要保证重油在油烧嘴前的黏度不高于 $5 \sim 12°E$。

（2）雾化剂的压力和流量。低压油烧嘴和高压油烧嘴都是用气体作雾化剂的，雾化剂以较大的速度和质量喷出，依靠气流对油表面的冲击和摩擦作用进行雾化。当外力大于油的黏性力和表面张力时，油就被击碎成细的颗粒；此时的外力如果仍大于油颗粒的内力，油颗粒将继续碎裂成更细的微粒，直到油颗粒表面上的外力和内力达到平衡为止。

雾化剂的相对速度（即雾化剂流速与重油流速之差）和雾化剂的单位消耗量对雾化质量的影响比较明显。实践表明，雾化剂的相对速度与油颗粒直径成反比。当油烧嘴出口断面一定时，增大雾化剂压力，意味着雾化剂的流量增加，流速加大，使雾化质量得到改善，但单位油量耗用的雾化剂究竟以多少为宜要具体分析，当雾化剂用量达到一定量后，再增加流量对雾化质量的作用就不大了。如果用高压气体作雾化剂，成本较高，耗量过多，更没有必要。

乳化油燃烧的关键是乳化的质量，如不能得到均匀的乳化液，则不能达到改进燃烧过程的目的。制造乳化液的方法主要有三种，即机械搅拌法、气体搅拌法和超声波搅拌法。

（3）油压。采用气体雾化剂，油压不宜过高，否则雾化剂来不及对油流股起作用使之雾化。低压油烧嘴的油压在 $10^5 Pa$ 以下，高压油烧嘴可到 $5 \times 10^5 Pa$ 左右。但机械雾化油烧嘴是靠油本身以高速喷出，造成油流股的强烈脉动而雾化的，所以要求有较高的油压，约 $(10 \sim 20) \times 10^5 Pa$ 之间。

（4）油烧嘴结构。常采用适当增大雾化剂和油流股的交角，缩小雾化剂和油的出口断面（使断面成为可调的），使雾化剂造成流股和旋转流动等措施，来改善雾化质量。

B　加热与蒸发

重油的沸点只有 $200 \sim 300°C$，而着火温度在 $600°C$ 以上，因此油在燃烧前先变为油蒸汽，蒸汽比液滴容易着火，为了加速重油燃烧，应使油更快地蒸发。

C　热解与裂化

油和油蒸汽在高温下与氧接触，达到着火温度就可以立即燃烧。但如果在高温下没有与氧接触，组成重油的碳氢化合物就会受热分解，生成碳粒，即 $C_nH_m \rightarrow nC+(m/2)H_2$。

重油燃烧不好时，往往见到冒出大量黑烟，就是因为在火焰中含有大量固体碳粒。

没有来得及蒸发的油颗粒，如果在高温下没有与氧接触，会发生裂化。结果一方面产生一些分子量较小的气态碳氢化合物，另一方面剩下一些固态的较重的分子。这种现象严重时，会在油烧嘴中发生结焦现象。为了避免这种现象的发生，应当尽力提高雾化质量。

D　油雾和空气的混合

与气体燃料相同，油雾与空气的混合也是决定燃烧速度与质量的重要条件。在雾化与蒸发都良好的情况下，混合就起更重要的作用。但油与空气的混合比煤气与空气的混合更困难，因而不像煤气燃烧那样容易得到短火焰和完全燃烧。如混合不好火焰将拉得很长，或者造成不完全燃烧，加热炉大量冒黑烟，而炉温升不上去。

油雾与空气混合的规律与煤气相仿。例如使油雾与空气流股成一定交角，使空气产生旋转流动，增大空气流股的相对速度等。实际上影响混合最关键的因素还是雾化的质量。

对于低压油烧嘴，雾化剂本身又是助燃用的空气，所以雾化与混合两个过程是同时进行的。凡是影响雾化质量的因素也会影响混合的进程。在实际生产中，控制重油的燃烧过程，就是通过调节雾化与混合条件来实现。

E　着火燃烧

油蒸汽及热解、裂化产生的气态碳氢化合物，与氧接触并达到着火温度时，便激烈地完成燃烧反应。这种气态产物的燃烧属于均相反应，是主要的；其次，固态的碳粒、石油焦在这种条件下也开始燃烧，属于非均相反应。作为一个油颗粒来说，受热以后油蒸汽从油滴内部向外扩散，外面的氧向内扩散，两者混合达到适当比例（$n=1.0$）时，被加热到着火温度便着火燃烧。在火焰的前沿面上温度最高，热量不断传给邻近的油颗粒，使火焰扩散开来。

由于重油燃烧时不可避免地热解与裂化，火焰中游离着大量碳粒，使火焰呈橙色或黄色，这种火焰比不发亮光的火焰辐射能力强。为了提高火焰的亮度和辐射能力，可以向不含碳氢化合物的燃料中加入重油作为人工增碳剂，这种方法叫火焰增碳。

燃烧的各环节是互相联系又互相制约的，一个过程不完善，重油就不能顺利燃烧，一个过程不能实现，火焰就会熄灭。例如当调节油烧嘴时突然将油量加大，而未及时调节雾化剂和空气量，则由于大量油喷入炉内得不到很好雾化与混合，因而不能立即着火，这时火焰就会脱离油烧嘴，出现脱火现象。这些喷入的油大量蒸发，油蒸汽逐渐与空气混合到着火的浓度极限，温度又达不到着火温度时，会发生突然着火，像爆炸一样。

2. 重油的乳化燃烧

重油掺水乳化燃烧是国内外都很重视的重油燃烧技术。实践中发现含水 10%~15% 的重油对燃烧效果没有什么影响，而当油和水充分搅拌形成油水乳化液后，反而有利于改善油的雾化质量。因为均匀稳定的油水乳化液中，油颗粒表面上附着一些小于 $4\mu m$ 的水颗粒，在高温下这些水变成蒸汽，蒸汽压力将油颗粒击碎成更细的油雾，即第二次雾化。由于雾化的改善，用较小的空气消耗系数便能得到完全燃烧。国内经验表明，采用乳化油燃烧后，化学性不完全燃烧可以降低 1.5%~2.2%，火焰温度不仅没有下降，反而提高了

20℃左右，由于过剩空气量减少，使燃烧烟气中的 N_xO_y 含量降低，减少了大气污染。

制造乳化液的方法主要有三种：机械搅拌法、气体搅拌法、超声波搅拌法。

重油燃烧装置的形式很多。按雾化方法的不同，加热炉常用的油烧嘴有三类：低压油烧嘴、高压油烧嘴、机械油烧嘴，各类油烧嘴都应具有以下基本要求：有较大的调节范围；在调节范围内保证良好的雾化质量和混合条件，燃烧稳定；火焰长度和火焰张角能适应炉子生产的要求；结构简单、轻便、容易安装和维修；调节方便。

(三) 固体燃料

1. 块煤的层状燃烧

块煤的层状燃烧过程与发生炉内煤的气化过程相仿。当煤加入燃烧室以后，受到热气流的作用，在预热带析出水分和挥发分，干馏的残余物（焦炭）向下进入还原带。空气从炉栅下面鼓入，在氧化层和碳发生燃烧反应，生成 H_2O、CO_2 和少量 CO。CO_2 及 H_2O 在通过还原带时被碳还原，生成的 CO、H_2 及干馏产生的挥发物继续在煤层上面燃烧。

当煤层很薄时，实际上不存在还原带，煤完全燃烧生成 CO_2 和 H_2O。只有当煤层较厚时，氧化带上面才有一个还原带，使燃烧生成的一部分 CO_2 被还原成 CO 及 H_2O，即在煤层上面存在较多的不完全燃烧产物，在炉膛内可以继续燃烧。这就是薄煤层与厚煤层燃烧的不同。厚煤层燃烧又称半煤气燃烧法。

在要求高温的炉膛中，宜采用厚煤层燃烧法。燃料在燃烧室内是不完全燃烧，此时助燃的空气只是一部分从燃烧室下部送入，称为一次空气。烟气中还有许多可燃性气体及挥发物，为了使这部分可燃物在炉膛内燃烧，需要在煤层上部再送入一部分助燃的空气，称为二次空气。

2. 煤粉燃烧

鉴于块煤的层状燃烧存在着许多缺点，采用煤粉燃烧法引起了重视。煤粉燃烧是把煤磨到一定的细度（一般为 $0.05 \sim 0.07$ mm），用空气输送，喷入炉膛内进行燃烧的方法。

煤粉的制备系统视规模大小分为两种类型。对于大厂，炉子多，规模较大，采用集中的煤粉制备系统，并有一套干燥、分离、输送系统。如果规模不大，又比较分散，最好采用分散式的磨煤系统，一套磨煤机只供一座加热炉使用，从磨煤机出来的煤粉直接由空气输送到炉内燃烧。在加热炉上所用的分散式煤粉机主要是锤击式煤粉机和风扇磨。

输送煤粉的空气叫一次空气，其余助燃的空气称为二次空气。一次空气量一般只燃烧所需空气量的 $20\% \sim 30\%$。大型炉子上有时为了得到长火焰，助燃空气全部作为一次空气供给。煤粉火焰的长度取决于燃烧时间，而燃烧时间与煤粉的细度及挥发分含量有关。

煤粉与空气混合物的喷出速度又取决于火焰传播速度，为了防止回火，喷出速度必须大于火焰传播速度。一般情况下煤粉与空气混合物的喷出速度为 $10 \sim 45$ m/s。

煤粉与空气的混合物有发生爆炸的可能性，所以在煤粉的制备、输送、储存和燃烧时，都要考虑安全技术问题。煤的粒度越细、挥发分含量越高，与空气的混合物的温度就越高，爆炸的危险性越大。应严格控制煤粉与空气混合物的温度，一般应小于70℃。其次要避免与火种接近，在输送管道上应安置防爆门。

加热炉燃烧煤粉时，排渣和排烟吸尘是两个重要问题，煤灰若大量落入炉内，将污染产品；排入大气，会污染环境。根据煤渣灰分熔点和排渣区域的温度，落入炉内的煤灰可以选择固态出渣或液态出渣方式。灰分熔点低，可采用液态出渣；加热段温度高，可采用固态出渣；也可采用液态出渣；而预热段采取固态出渣，并可装置链式活动炉底，以便出渣。

就燃烧过程而论，煤粉燃烧法优于层状燃烧法，主要的优点是：燃料与空气混合接触的条件好，可以在较小的空气消耗系数下，实现完全燃烧；可以利用各种劣质煤；二次空气可以预热到较高的温度；燃烧过程容易控制和调节；劳动条件也好。其缺点是：在加热炉上使用煤粉，煤灰落在金属表面上，轧制时容易造成表面的缺陷；粉尘多，会造成环境的污染。

【任务实施】

一、实训内容

混合煤气燃烧计算实训。

（1）燃料种类及燃烧条件：

1）燃料：混合煤气，要求低发热量为 $(6800 + 50K_1) \text{kJ/Nm}^3$。

表 1.1.12　焦炉煤气干成分　　　　　　　　　（%）

CO^g	H_2^g	CH_4^g	$C_2H_4^g$	$C_mH_n^g$	H_2S^g	CO_2^g	N_2^g	O_2^g	SO_2^g
8.5	56.5	23.5	2.2	0	0.5	3.9	4.5	0.4	0

表 1.1.13　高炉煤气干成分　　　　　　　　　（%）

CO^g	H_2^g	CH_4^g	$C_2H_4^g$	$C_mH_n^g$	H_2S^g	CO_2^g	N_2^g	O_2^g	SO_2^g
26	3.2	0.6	0	0	0	13.9	56	0.3	0

2）燃料预热温度：200℃。

3）空气预热温度：300℃。

4）燃烧时空气消耗系数：$n = 1.05$。

（2）环境温度：$(20 + K_2)$℃。

注：K_1 为学号数值；K_2 为学号末位数。

（3）计算项目：混合比、空气量、产物量、产物成分、产物密度、燃烧温度。

二、实训目的

培养学生认真、仔细的工作作风，能正确运用燃烧计算系列公式，为课程综合训练打下基础。

三、实训相关知识

燃烧计算数据量多，运用的计算公式多，计算繁杂，一定要按下列步骤认真、仔细地进行：

（1）煤气成分转换；

（2）煤气发热量 Q_{Dw}^y 计算；

（3）煤气混合比计算（小数点后保留三位有效数值）；

（4）混合煤气成分计算（小数点后保留两位有效数值）；

（5）燃烧所需空气量计算（L_0、L_n、L_n^y）；

（6）燃烧产物量计算（V_0、V_n、V_n^y）；

（7）理论、实际燃烧产物成分计算（小数点后保留两位有效数值）；

（8）理论、实际燃烧产物密度计算（ρ_0）（小数点后保留四位有效数值）；

（9）燃烧温度计算（$t_实$）。

【任务总结】

燃烧计算数据量多，运用的计算公式多，计算繁杂，一定要按步骤认真、仔细地进行，否则一步错后续步步错。每位学生的计算数据不一样，必须独立完成自己的实训任务。认真、仔细、踏实的工作作风是顺利完成实训任务的基础。

【任务评价】

表 1.1.14　任务评价表

任务实施名称			混合煤气燃烧计算实训		
开始时间		结束时间	学生签字		
			教师签字		
评价项目	技术要求			分值	得分
操　作	（1）方法得当； （2）计算过程规范； （3）正确使用公式； （4）团队合作				
任务实施报告单	（1）书写规范整齐，内容翔实具体； （2）实训结果和数据记录准确、全面，并能正确分析； （3）回答问题正确、完整； （4）团队精神考核。				

思考与练习题

1. 燃料的定义，燃料是如何分类的。作为燃料的物质应具备哪些条件？

2. 简述固体燃料、液体燃料、气体燃料的成分组成及各种成分的作用。

3. 燃料发热量的定义和单位是什么？

4. 什么是燃料的高发热量和低发热量；它们之间有何区别？

5. 简述煤的种类及它们的特点和用途。

6. 重油的主要性质是什么？

7. 燃烧的定义是什么？燃料燃烧应具备哪些条件？

8. 什么叫完全燃烧？怎样才能保证燃料完全燃烧？

9. 什么叫不完全燃烧？造成不完全燃烧的原因是什么？不完全燃烧会带来什么后果？

10. 常用的气体燃料有哪几种？它们的主要成分和特点是什么？

11. 什么叫有焰燃料和无焰燃烧？

12. 什么叫理论空气量？

13. 什么叫空气过剩系数？各种燃料燃烧的空气过剩系数是如何确定的？

14. 过剩空气量过大或空气量不足对燃烧效果有什么影响？如何判别燃烧过程的空气量是过多过少？

15. 从实际的燃烧温度公式阐明提高炉膛温度的措施有哪些？

16. 已知发生炉煤气的成分 $CO^y = 30.5\%$、$H_2^y = 16.4\%$、$CH_4^y = 4.1\%$、$C_2H_4^y = 6.5\%$、$O_2^y = 0.3\%$、$N_2^y = 42.2\%$。试计算：（1）煤气的低发热量；（2）理论空气量；（3）理论燃烧产物量。

17. 已知重油的成分：$C^y = 85.0\%$、$H^y = 12.1\%$、$O^y = 0.7\%$、$N^y = 0.4\%$、$S^y = 0.2\%$、$A^y = 0.1\%$、$W^y = 1.5\%$，试计算：（1）重油的低发热量；（2）理论空气量；（3）理论燃烧产物量。

18. 简述气体燃料的燃烧过程与燃烧方法。

19. 简述重油的燃烧过程。

20. 简述固体燃料的燃烧方法。

任务二　流体力学基础

【任务描述】

　　热工技术中的供热、供风、排烟、燃烧装置和换热器的设计，以及组织炉内气体的流动等都和流体力学密切相关。本任务重点讨论流体力学的基本理论和基本知识及其在热工领域的应用。

【能力目标】

　　（1）能识读供气、排烟系统流程图；
　　（2）能正确组织炉内流体的流动；
　　（3）能完成管道设计计算并正确布置管路；
　　（4）能完成烟囱直径与高度设计计算；
　　（5）能按要求正确控制炉压。

【知识目标】

　　（1）熟悉流体力学的基本概念和基本定律；
　　（2）掌握流体静力学基本方程；
　　（3）掌握流体流动的流动性质、连续性方程、伯努利方程；
　　（4）掌握流体流动阻力的计算；
　　（5）掌握离心式泵和离心式鼓风机工作原理、结构、选用与操作基础知识；
　　（6）掌握烟囱排烟原理与设计计算。

【相关资讯】

一、流体力学的基本概念和基本定律

　　物质有固体、液体和气体三种状态。固体分子间距较小，分子吸引力大，具有整形性；液体分子间距较固体大又小于气体，只能在一定程度上控制其表面，在重力作用下表现为自由液面；气体分子间距较大，分子吸引力小，具有充满性。

　　液体和气体统称为流体。一般认为：液体和固体体积不受温度和压力变化的影响，而气体的体积受温度和压力变化的影响。为此研究流体力学时，首先应了解密度、温度、压力、体积等参数的物理意义及其影响因素。

（一）基本概念和基本定律

1. 密度

密度是指单位体积物体的质量，用符号 ρ（单位为 kg/m^3）表示。即

$$\rho = \frac{m}{V}$$

式中　ρ——密度，kg/m^3；

　　　m——质量，kg；

　　　V——体积，m^3。

常见气体标准状态下的密度见表 1.2.1。

表 1.2.1　常见气体标准状态下的密度 ρ_0

气　体	$\rho_0 /kg \cdot m^{-3}$	气　体	$\rho_0 /kg \cdot m^{-3}$
CO	1.250	H_2O	0.804
H_2	0.090	SO_2	2.858
CH_4	0.716	N_2	1.250
H_2S	1.521	O_2	1.429
CO_2	1.963	空气	1.293

2. 温度

温度是表征物体冷热程度的物理量。工程上表示温度的方法一种是摄氏温度，用符号 t 表示，单位是℃；另一种是绝对温度，用符号 T 表示，单位是 K，两者的关系为：

$$T = 273 + t$$

令 $\beta = \frac{1}{273}$，称为气体温度膨胀系数。

3. 压力

作用在物体单位面积上的力称为压力，即物理学中的压强，工程上称为压力，用符号 p（单位 Pa）表示。即

$$p = \frac{F}{A}$$

式中　p——压力，Pa；

　　　F——作用力，N；

　　　A——作用面积，m^2。

气体的压力因所取基准不同有绝对压力和相对压力两种表示方法，绝对压力（$p_绝$ 或 p）是以绝对真空为基准算起的压力，相对压力（$p_表$ 或 p_g）是以大气压力（$p_{大气}$ 或 p'）为基准算起的压力，又称为表压。绝对压力和表压之间相差一个大气压，两者的关系为：

$$p_表 = p_绝 - p_{大气}$$

式中　$p_表$——表压力；

　　　$p_绝$——绝对压力；

　　　$p_{大气}$——同高度的实际大气压。

绝对压力大于大气压时表压为正压，绝对压力小于大气压时表压为负压，此时大气压与绝对压力的差值称为真空度。绝对压力等于大气压时表压为零称为零压，具有零压的线（面）称为零压线（面）。

（二）气体的状态方程

气体的状态方程表明了一定质量气体的状态参数温度、压力、体积之间的关系，其数学表达式为：

$$\frac{pV}{T} = nR$$

式中　p——气体绝对压力；

　　　　V——气体体积；

　　　　T——气体绝对温度；

　　　　n——气体摩尔数；

　　　　R——通用气体常数，$R = 8.9314(\text{N} \cdot \text{m})/(\text{mol} \cdot \text{K})$。

1. 盖·吕萨克定律

一定质量的气体，在恒压条件下，由气体状态方程可知气体的体积与温度成正比，即

$$\frac{V_t}{T_t} = \frac{V_0}{T_0} = \cdots = \frac{V}{T}$$

则有

$$V_t = V_0 \cdot \frac{T_t}{T_0} = V_0\left(\frac{273 + t}{273}\right) = V_0(1 + \beta t) \tag{1.2.1}$$

式中　V_t——标准大气压，温度为 t 时的气体体积，m^3；

　　　　V_0——标准大气压，0℃时（标准状态）气体体积，m^3。

显然，当压力不变时，气体体积随温度升高而增大，反之则减小。

又因一定质量的气体在恒压条件下，密度和体积成反比。故有：

$$\rho_t = \frac{\rho_0}{1 + \beta t} \tag{1.2.2}$$

式中　ρ_t——温度为 t 时的气体密度，kg/m^3；

　　　　ρ_0——气体在标准状态下的密度，kg/m^3。

显然，气体密度随温度升高而减小，反之则增大。

2. 查理定律

一定质量的气体，在恒容条件下，由气体状态方程可知气体的压力与温度成正比，即

$$\frac{p_t}{T_t} = \frac{p_0}{T_0} = \cdots = \frac{p}{T}$$

则有

$$p_t = p_0(1 + \beta t)$$

式中　p_t，p_0——分别为温度为 t 和 0℃时气体压力。

显然，当体积不变时，气体压力随温度升高而增大，反之则降低。

3. 波义耳定律

一定质量的气体，在恒温条件下，由气体状态方程知气体压力与体积成反比，即

$$p_t V_t = p_0 V_0 = \cdots = pV$$

（三）阿基米德原理

阿基米德原理的内容表述为：浸没在流体中的物体所受到的浮力等于它所排开的同体积的流体的重量。

设有一容积为 V 的倒置容器，其内盛满密度为 ρ 的热气体，其外是密度为 ρ' 的冷空气。由阿基米德原理知，热气体受到冷空气的浮力 $G_浮 = \rho'gV$，而热气体的重量 $G_重 = \rho gV$。因 $\rho' > \rho$ 则 $G_浮 > G_重$。所以，热气体在冷空气中要自动上升，上升力 $F_升 = G_浮 - G_重 = (\rho' - \rho)gV$。冶金炉中热气体的自然上浮即为此理。

【**例 1.2.1**】　标准状态下煤气密度为 $p_0 = 1.20\text{kg/m}^3$，体积为 500m^3，若将煤气预热至 546℃，求此时煤气的密度和体积。

解：根据式（1.2.2）得：

$$\rho = \frac{\rho_0}{1 + \beta t} = \frac{1.20}{1 + \dfrac{546}{273}} = 0.40\text{kg/m}^3$$

根据式（1.2.1）得：

$$V = V_0(1 + \beta t) = 500\left(1 + \frac{546}{273}\right) = 1500\text{m}^3$$

二、流体静力学基础

（一）流体静力学方程

流体静力学方程是研究静止流体在重力和压力作用下的平衡规律的平衡方程式（静止流体内部绝对压力的变化规律）。

如图 1.2.1 所示，在静止流体中截取一底面积为 $F(\text{m}^2)$，高为 $H(\text{m})$ 的长方体流体柱，流体柱处于静止状态，则流体柱的水平方向和垂直方向的力应分别保持平衡。流体柱在水平方向受到大小相等、方向相反的压力。这些相互抵消的压力使得流体柱在水平方向上保持力的平衡，垂直方向上流体柱受 3 个力的作用，即

（1）方向向上，作用在 Ⅰ 面处的作用力 p_1F；

（2）方向向下，作用在 Ⅱ 面处的大气总压力 p_2F；

（3）方向向下的流体柱重量 ρgHF。

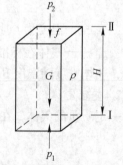

图 1.2.1　流体绝对压力分布

流体柱静止时，这些力应保持平衡，即：

$$p_1F = p_2F + \rho gHF$$

所以　　　　　　　　　　　　　　$p_1 = p_2 + \rho gH$

或　　　　　　　　　　　　　　　$p_1 - p_2 = \rho gH$　　　　　　　　　　（1.2.3）

式中　p_1——流体柱下部的绝对压力，N/m^2；

　　　p_2——流体柱上部的绝对压力，N/m^2；

　　　H——Ⅰ 面和 Ⅱ 面的高度差，m；

ρ——流体柱的密度，kg/m^3。

式（1.2.3）就是流体静力学方程。它说明流体绝对压力沿高度的变化规律：下部流体绝对压力始终大于上部流体的绝对压力，上下两水平面间绝对压力之差等于流体的密度与重力加速度和两平面间的距离的乘积。高山之顶压力较小即为此理。

（二）热气体表压的变化规律

在工业炉内或烟道、烟囱中是密度较小的热气体，外面是密度较大的冷空气，研究冷热气体并存的静力平衡规律，分析其表压的变化规律，更能说明问题的实质。

如图 1.2.2 所示，炉内是密度为 ρ 的热气体，炉外是密度为 ρ' 的大气，炉气在各截面的绝对压力分别为 p_1、p_2、p_0，相应的表压分别为 $p_{表1}$、$p_{表2}$、$p_{表0}$，大气在各截面的绝对压力分别为 p_1'、p_2'、p_0'，现在分析炉气沿炉高方向表压的变化规律。

由表压的定义式知，炉气在 I 面和 II 面处的表压分别为：

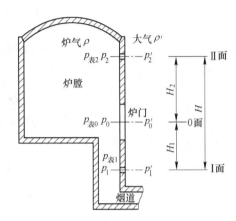

图 1.2.2　气体表压分布

$$p_{表1} = p_1 - p_1' \tag{1.2.4a}$$
$$p_{表2} = p_2 - p_2' \tag{1.2.4b}$$

则 I 面与 II 面表压差为：式（1.2.4b）－式（1.2.4a）

$$p_{表2} - p_{表1} = (p_1' - p_2') - (p_1 - p_2) \tag{1.2.4c}$$

根据绝对压力的变化规律式（1.2.3）知：

对炉气：
$$p_1 - p_2 = \rho g H \tag{1.2.4d}$$

对大气：
$$p_1' - p_2' = \rho' g H \tag{1.2.4e}$$

将式（1.2.4d）、式（1.2.4e）两式代入式（1.2.4c）得：

$$p_{表2} - p_{表1} = \rho' g H - \rho g H = (\rho' - \rho) g H$$

或
$$p_{表2} = p_{表1} + (\rho' - \rho) g H \tag{1.2.4}$$

式中　$p_{表2}$，$p_{表1}$——分别为上部和下部炉气的表压，Pa；

ρ'，ρ——分别为炉气和大气的密度，kg/m^3；

H——I 面与 II 面的高度差，m。

式（1.2.4）为热气体表压沿高度变化的平衡方程式，它说明：上部热气体的表压始终大于下部气体的表压，上下两面间的表压差等于 $(\rho' - \rho) g H$。

若炉门中心线处炉气表压力控制为零压，则由式（1.2.4）知：

$$p_{表2} = p_0 + (\rho' - \rho) g H_2 = (\rho' - \rho) g H_2 > 0$$
$$p_{表1} = p_0 + (\rho' - \rho) g H_1 = -(\rho' - \rho) g H_1 > 0$$

故零压面之上表压为正，该处有孔洞时会产生溢气现象；零压面之下表压为负，该处有孔洞时会产生吸冷风现象。炉墙缝隙处溢气、烟道和烟囱的缝隙吸冷风就是其具体表现。

【例1.2.2】　已知冶金炉炉气标准状态下密度 $\rho = 1.2 kg/m^3$，炉气温度 $t = 1050℃$，

大气温度 $t' = 30℃$，若炉底为零压面，且炉气绝对压力为 100000Pa。求距门 2m 高处炉气的绝对压力和表压力。

解：根据式（1.2.3）得：

$$p_1 - p_2 = \rho g H$$

$$p_2 = p_1 - \rho g H$$

$$= p_1 - \frac{\rho_0}{1 + \beta t} g H$$

$$= 100000 - \frac{1.2}{1 + \dfrac{1050}{273}} \times 9.8 \times 2$$

$$= 100000 - 4.85$$

$$= 9995.15 \text{Pa}$$

根据式（1.2.4）得：

$$p_{表2} = p_{表1} + (\rho' - \rho) g H$$

$$= p_{表1} + \left(\frac{\rho_0}{1 + \beta t'} - \frac{\rho_0}{1 + \beta t} \right) g H$$

$$= 0 + \left(\frac{1.293}{1 + \dfrac{30}{273}} - \frac{1.293}{1 + \dfrac{1050}{273}} \right) \times 9.8 \times 2$$

$$= 18 \text{Pa}$$

三、流体动力学基础

（一）流体流动的性质

1. 流体的黏性

在流体运动过程中，由于其质点间的运动速度不同，会产生摩擦力。当流体在管道中流动时，由于流体与管壁之间发生摩擦（外摩擦），靠近管道的流体质点因其与管壁的附着力使其运动速度小，而离管壁愈远则运动速度愈大，从而引起各流层速度不同。又由于分子的热运动，流体分子会由一层运动到另一层，于是速度不同的两流层间发生动量交换，快者显示出一种拉力，带动较慢的相邻流层向前移动；慢者则显示出一种方向相反的阻力，阻止较快的相邻流层向前移动。与此同时，分子间的吸引力对相邻两流层也起着带动或阻止作用，这种作用力称为内摩擦力。所以流体分子热运动和分子间的吸引力是使两流层间产生内摩擦力的根源。流体做相对运动时产生内摩擦力的性质称为流体的黏性。

液体分子间距较小，分子吸引力较大，故液体黏性力主要是由分子吸引力产生的；所以当温度升高时，液体分子间距增大，分子吸引力减小，黏性力下降。气体分子间距较大，分子吸引力较小，故气体黏性力主要是由分子热运动产生的；所以当温度升高时，气体分子热运动加剧，黏性力增大。为分析问题的方便，我们把具有黏性的流体称为实际流体，把忽略了黏性的流体称为理想流体。

2. 稳定流动和不稳定流动

流动的流体任意点上的各个物理参数均不随时间而变化的流动称为稳定流动。反之为不稳定流动。提出稳定流动这一概念，主要是应用上的方便，虽然实际生产中大多数流动属于不稳定流动，但多数不稳定流动的物理量随时间变化不大，可以视为是稳定的，只有当工作条件突然变化时才出现不稳定流动。但这种不稳定也只是暂时的，很快便会趋于相对稳定。不稳定流动的规律十分复杂，本书只讨论稳定流动的问题，以后就不另加说明之。

3. 层流和紊流

A　层流和紊流的概念

流体流动的状态分为层流和紊流两种类型。当流体质点在流动方向上呈现出有规律的层状平行流动时称为层流，一般只有在管道直径较小、流速较小时才呈现层流状态。当管径较大或速度增大到一定程度时流体质点便呈现出不规则的紊流运动。此时，流体质点不仅在主流方向向前运动，在径向也产生脉动，这种不规则的紊乱运动称为紊流。层流和紊流示意图如图 1.2.3 所示。

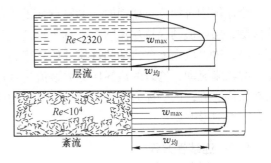

图 1.2.3　层流和紊流示意图

B　雷诺准数和层流与紊流的判别

1883 年英国物理学家雷诺对流动性进行了大量研究和实验证明，由研究得知：流体在管道中的流动性质可用雷诺准数来判别，即

$$Re = \frac{\rho w d}{\mu} = \frac{w d}{\nu}$$

式中　　Re ——雷诺准数；

　　　　ρ ——流体密度，kg/m^3；

　　　　w ——流体平均速度，m/s；

　　　　d ——管道直径，m；非圆管 $d_当 = \dfrac{4F}{L}$（F 为管道横截面面积，L 为管道横截面周长）；

　　　　μ ——动力黏度，$N \cdot s/m^2$；

　　　　ν ——运动黏度，$\nu = \dfrac{\mu}{\rho}$，m^2/s。

雷诺准数越大，越易形成紊流，实验测得：$Re < 2300$ 时，流体作层流流动；$2300 < Re < 10000$ 时为过渡流动状态；$Re > 10000$ 时，流体作紊流流动。在冶金生产中多数为紊流状态，层流只在极少数情况下才会遇到。工业炉内常把 $Re > 2300$ 时的状态作为紊流状态处理，且称此时的 Re 值为临界雷诺准数 Re，用 $Re_临$ 表示之。

4. 边界层

当流体流经固体壁面时，由于流体黏性作用而使流体内部在靠近壁面的位置产生一个速度变化区域，这个速度变化区域称为边界层，又叫附面层，如图1.2.4所示。

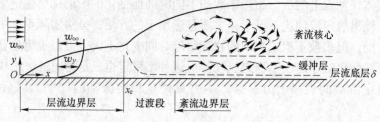

图1.2.4 边界层示意图

当流体刚开始流过壁面时，紧贴壁面的速度为零，在接近壁面处有一层速度急剧降低的薄层，层内流动保持层流状态，称为层流边界层；流体继续沿壁面向前流动，边界层逐渐加厚，边界层内流体流动的性质开始转变为紊流，在此区域紊流程度不断增强，发展成完全的紊流流动，这时的边界层称为紊流边界层。但在紊流边界层紧靠壁面的薄层中流动依然保持层流，该层称为层流底层。边界层的厚度虽然很小，但对流体的流动以及传热过程有很大的影响。

（二）连续性方程

连续性方程是研究流体在连续稳定流动过程中，流速、流量和流通截面之间关系的方程。

1. 流速

单位时间内流体流过的距离称为流速，用符号 W 表示，单位为 m/s。由于管道中流速沿径向是变化的，故流速一般指截面平均流速。

气体的流速也随压力和温度而变化，当压力变化不大时，气体流速随温度变化的关系是：

$$W_t = W_0(1 + \beta t)$$

式中　W_t ——温度为 t 时气体的流速，m/s；

　　　W_0 ——标准状态下气体流速，m/s；

　　　t ——气体温度，℃；

　　　β ——气体温度膨胀系数，$\beta = \dfrac{1}{273}$。

可见，低压流动气体流速随温度升高而增加。

2. 流量

单位时间内流体流过某截面的数量称为流体的流量，根据数量的计量方法不同有体积流量和质量流量两种。

（1）体积流量：单位时间内流体流过某截面的体积为 V，单位为 m³/s。当流体流过的截面积为 F、流速为 W 时，流体的流量为：

$$V = WF \tag{1.2.5}$$

若气体在标准状态下的流速为 W_0，则气体在标准状态下的体积流量 V_0 为：

$$V_0 = W_0F$$

同样在气体压力变化不大时，气体体积流量随温度变化关系为：

$$V_t = V_0(1 + \beta t)$$

或
$$V_t = W_0 F(1 + \beta t)$$

或
$$V_t = W_t F$$

由上式可知，低压流动气体体积流量随温度的升高而增加。

（2）质量流量：单位时间内流体流过某截面的质量为 M，单位为 kg/s。质量流量和体积流量的关系为

$$M = \rho V$$

式中　M——流体质量流量，kg/s；

　　　ρ——流体密度，kg/m^3；

　　　V——流体体积流量，m^3/s。

对气体而言，由式 $M = \rho V$ 推知：

$$M = \rho V = \frac{\rho_0}{1 + \beta t}V_0(1 + \beta t) = \rho_0 V_0 = M_0$$

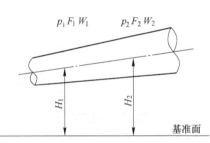

可见，气体质量流量不受温度影响，研究压力的影响后也可得出质量流量不受压力影响的结论。液体也是如此。

3. 连续性方程

连续性方程是物质不灭定律在流体体力学中的具体运用。所以当流体作连续稳定流动时，流体流过各个截面的质量流量必相等，如图 1.2.5 所示。

图 1.2.5　流体连续稳定流动时
截面积和流速的关系

流体在管道内由 Ⅰ—Ⅰ 截面向 Ⅱ—Ⅱ 截面作连续稳定流动时，则必有两个截面上的质量流量相等，即：

$$M_1 = M_2 \tag{1.2.6a}$$
$$\rho_1 V_1 = \rho_2 V_2 \tag{1.2.6b}$$
$$\rho_1 W_1 F_1 = \rho_2 W_2 F_2 \tag{1.2.6c}$$

也可改写为：

$$\rho_1 W_1 F_1 = \rho_2 W_2 F_2 = \cdots = M（常数）$$

式（1.2.6a）、式（1.2.6b）及式（1.2.6c）即为流体连续稳定流动的连续性方程，它适合做稳定流动的任意状态的流体。

如果流体在连续稳定流动中密度 ρ 保持不变，则有：

$$V_1 = V_2 \tag{1.2.7a}$$
$$W_1 F_1 = W_2 F_2 \tag{1.2.7b}$$

式（1.2.7a）和式（1.2.7b）是连续性方程的另一表达形式，适于密度不变、稳定流动的流体。它表明：当体积流量一定时，流速和流通面积成反比。而在流通截面积一定时，体积流量和流速成正比。

连续性方程在实际生产过程中应用非常广泛。管道尺寸计算、烧嘴尺寸确定以及烟囱和烟道尺寸计算都和连续性方程密切相关。

【例 1.2.3】　气体在变截面管道中流动，气体在 Ⅰ—Ⅰ 和 Ⅱ—Ⅱ 截面流速分别为

$W_1 = 10\text{m/s}$，$W_2 = 40\text{m/s}$，Ⅰ—Ⅰ截面直径 $d_1 = 0.2\text{m}$。求Ⅱ—Ⅱ截面直径。

解：根据式（1.2.7b）得：

$$W_1 F_1 = W_2 F_2$$

$$W_1 \frac{\pi}{4} d_1^2 = W_2 \frac{\pi}{4} d_2^2$$

$$d_2 = \sqrt{\frac{W_1}{W_2} \times d_1} = \sqrt{\frac{10}{40}} \times 0.2 = 0.1 \text{ m}$$

【例 1.2.4】　已知空气体积流量 $V = 3\text{m}^3/\text{s}$，流经截面积分别为 $F_1 = 0.15\text{m}^2$，$F_2 = 0.30\text{m}^2$ 的Ⅰ、Ⅱ截面管道。求空气在Ⅰ、Ⅱ截面处的流速。

解：根据式（1.2.5）得：

$$V = WF$$

$$W = \frac{V}{F}$$

$$W_1 = \frac{V}{F_1} = \frac{3}{0.15} = 20 \text{ m/s}$$

$$W_2 = \frac{V}{F_2} = \frac{3}{0.3} = 10 \text{ m/s}$$

（三）流体流动时的能量

1. 流体流动时的能量形式

（1）位能：流体受重力作用在不同高度处所具有的能量称为位能。

计算位能时应先规定一个基准水平面，如 0—0′面。将质量为 $m(\text{kg})$ 的流体自基准水平面 0—0′升举到 H 处所做的功，即为位能。

$$位能 = mgH$$

（2）静压能：静流体在压力 p 下所具有的能量，即流体因被压缩而能向外膨胀做功的能力，即为静压能。

$$静压能 = pV = \frac{mp}{\rho}$$

（3）动能：流体以一定速度流动，便具有动能。

$$动能 = \frac{1}{2} m W^2$$

位能、动能及静压能三种能量均为流体在截面处所具有的机械能，三者之和称为某截面上的总机械能。

2. 气体的压头

研究气体的运动时需要计算气体的能量。地面上任何地方都要受到大气的作用力，将考察对象气体的能量减去周围大气的能量所剩下的相对能量作为输送气体的实际能量，这种相对能量称为气体的压头。在气体力学中将单位体积气体的相对位能、相对静压能和相对动能称为位压头、静压头和动压头。

A 位压头

对于单位体积气体质量为 ρ 的物体，当其距基准面距离为 H 时，其位能为 $\rho g H$。显然，同一高度上大气位能为 $\rho' g H$，则气体位压头为：

$$h_{位} = \rho g H - \rho' g H = (\rho - \rho') g H$$

式中 $h_{位}$——位压头，Pa。

气体位压头是单位体积气体所具有的相对位能，它等于气体与大气的密度差 $(\rho - \rho')$ 与该处距基准面的高度差 H 和重力加速度 g 之乘积。位压头的正负和大小与基准面的选取有关，只能计算而不能测量。

B 静压头

由于单位体积气体 $V = 1$，故其静压能 $= p$，又同一高度上大气的静压能为 p'，则气体静压头为：

$$h_{静} = p - p' = p_g$$

式中 $h_{静}$——静压头，Pa。

静压头是单位体积气体所具有的相对静压能，在数字上等于表压，故可用压力表测得。

C 动压头

对于单位体积气体质量为 ρ 的物体，其动能为 $\frac{1}{2}\rho W^2$，显然，同一高度上大气动能为 $\frac{1}{2}\rho W'^2$。由于一般情况下大气流速 W' 视为零，则气体动压头为：

$$h_{动} = \frac{1}{2}\rho W^2 - \frac{1}{2}\rho W'^2 = \frac{1}{2}\rho W^2 - 0 = \frac{1}{2}\rho W^2$$

式中 $h_{动}$——动压头，Pa。

动压头是单位体积气体所具有的相对动压能，可以用动压管测得。必须注意，只有运动的气体才具有动压头。

（四）伯努利方程

伯努利方程式是流体流动中机械能守恒和转化原理的具体运用，它说明流体在流动中各种能量间的关系。伯努利方程在理论和实践都是十分重要的基本方程式。

1. 单流体伯努利方程

单流体伯努利方程是研究运动过程中流体本身绝对能量（压能）变化规律的方程式。

A 理想流体伯努利方程

由于理想流体 $\mu = 0$，流动过程中没有摩擦力，因而流动过程中没有能量损失。流体在管道中任一截面处的各种能量之和保持不变，如图 1.2.6 所示，可写出伯努利方程式为：

$$mgH_1 + p_1 V + \frac{1}{2}mW_1^2 = mgH_2 + p_2 V + \frac{1}{2}mW_2^2$$

$$(1.2.8a)$$

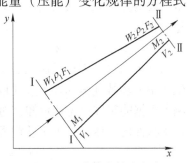

图 1.2.6 流体在管内流动

两边除以 m 得：

$$gH_1 + \frac{p_1}{\rho} + \frac{1}{2}W_1^2 = gH_2 + \frac{p_2}{\rho} + \frac{1}{2}W_2^2 \qquad (1.2.8b)$$

若两边除以 mg 得：

$$H_1 + \frac{p_1}{\rho g} + \frac{1}{2g}W_1^2 = H_2 + \frac{p_2}{\rho g} + \frac{1}{2g}W_2^2 \qquad (1.2.8c)$$

若两边除以 V 得：

$$\rho gH_1 + p_1 + \frac{1}{2}\rho W_1^2 = \rho gH_2 + p_2 + \frac{1}{2}\rho W_2^2 \qquad (1.2.8d)$$

式（1.2.8a）~式（1.2.8d）均为密度不变时理想流体伯努利方程的不同表达式。式（1.2.8a）各项单位为 J，式（1.2.8b）各项单位为 J/kg，式（1.2.8c）各项单位为 J/N，式（1.2.8d）各项单位为 Pa。左端为截面Ⅰ处三种能量之和，右端为截面Ⅱ处三种能量之和。该式表明：密度不变的理性流体在稳定流动时，各截面上的位能、静压能和动压能之和都相等。对于密度变化不大的稳定流动用平均密度作密度也可采用此式。

    B　实际气体伯努利方程

由于实际流体 $\mu \neq 0$，流动过程中存在内摩擦力，因而实际流体在稳定流动过程中有能量损失。令 $h_\text{失}$ 表示实际流体由任意截面Ⅰ处流到任意截面Ⅱ处其间的能量损失，根据能量守恒定律，截面Ⅰ处的气体总能量等于截面Ⅱ处的总能量加上Ⅰ~Ⅱ截面间的能量损失 $h_\text{失}$ 之和。实际流体在流动中难于保持密度不变，但当压力变化不大时，密度可以采用两面间的平均密度代替，同时相应的流速也代之以平均流速，于是实际气体伯努利方程可以表达如下：

$$mgH_1 + p_1V + \frac{1}{2}mW_1^2 = mgH_2 + p_2V + \frac{1}{2}mW_2^2 + h_\text{失} \qquad (1.2.9a)$$

$$gH_1 + \frac{p_1}{\rho} + \frac{1}{2}W_1^2 = gH_2 + \frac{p_2}{\rho} + \frac{1}{2}W_2^2 + h_\text{失} \qquad (1.2.9b)$$

$$H_1 + \frac{p_1}{\rho g} + \frac{1}{2g}W_1^2 = H_2 + \frac{p_2}{\rho g} + \frac{1}{2g}W_2^2 + h_\text{失} \qquad (1.2.9c)$$

$$\rho gH_1 + p_1 + \frac{1}{2}\rho W_1^2 = \rho gH_2 + p_2 + \frac{1}{2}\rho W_2^2 + h_\text{失} \qquad (1.2.9d)$$

式（1.2.9a）~式（1.2.9d）表明：实际流体稳定流动中，前一截面总能量恒等于后一截面总能量与能量损失之和，而各种能量间可以相互转换，并且都可以直接或间接产生能量的损失。

    2. 双流体伯努利方程

双流体伯努利方程是研究运动过程中气体相对能量（压头）变化规律的方程式。实际生产中大多数气体都处于大气包围之中，这样，大气必然对气体产生影响。考虑到这些影响，根据能量守恒定律可知：对稳定流动的非压缩性低压实际气体由截面Ⅰ流向截面Ⅱ时，Ⅰ截面的总压头应等于Ⅱ截面总压头加上Ⅰ截面到Ⅱ截面间的能量损失，即

$$h_{位1} + h_{静1} + h_{动1} = h_{位2} + h_{静2} + h_{动2} + h_{失} \qquad (1.2.10a)$$

将具体关系式代入后则为：

$$(\rho - \rho')gH_1 + (p_1 - p_1') + \frac{1}{2}\rho W_1^2 = (\rho - \rho')gH_2 + (p_2 - p_2') + \frac{1}{2}\rho W_2^2 + h_{失}$$

$$(1.2.10b)$$

即
$$(\rho - \rho')gH_1 + p_{g1} + \frac{1}{2}\rho W_1^2 = (\rho - \rho')gH_2 + p_{g2} + \frac{1}{2}\rho W_2^2 + h_{失} \quad (1.2.10c)$$

式（1.2.10c）为大气作用下实际气体伯努利方程，简称双流体伯努利方程，表明气体流动过程中各压头间可以相互转换，各压头都可直接或间接地消耗于能量损失，压头损失作为克服流动过程中的阻力而转变为热能，不可逆地损失掉，它不同于压头转换。

【例 1.2.5】 某厂冶金炉烟囱高 60m，生产时有关数据为：烟气温度 $t = 527℃$，烟气密度（标态）$\rho_0 = 1.32 kg/m^3$，大气温度 $t' = 20℃$，烟囱底部烟气流速为 3m/s，出口流速为 5m/s，烟囱中总压头损失 $h_{失} = 40 N/m^2$。求烟囱底部静压头。

解： 以 Ⅱ 面（烟囱顶部）为基准面，列出 Ⅰ 面（烟囱底部）—Ⅱ 面间的伯努利方程：

$$(\rho - \rho')gH_1 + p_{g1} + \frac{1}{2}\rho W_1^2 = (\rho - \rho')gH_2 + p_{g2} + \frac{1}{2}\rho W_2^2 + h_{失}$$

Ⅱ 面选为基准面，$H_2 = 0$，$H_1 = -60m$
又烟囱顶部和大气相通，$p_{g2} = 0$
则伯努利方程简化为

$$p_{g1} = -(\rho - \rho')gH + \frac{1}{2}\rho(W_2^2 - W_1^2) + h_{失}$$

$$= -\left(\frac{\rho_0}{1 + \beta t} - \frac{\rho_0'}{1 + \beta t'}\right)gH + \frac{1}{2}\frac{\rho_0}{1 + \rho t}(W_2^2 - W_1^2) + h_{失}$$

$$= -\left(\frac{1.32}{1 + \dfrac{527}{273}} - \frac{1.293}{1 + \dfrac{20}{273}}\right) \times 9.8 \times (-60) + \frac{1}{2} \times \frac{1.32}{1 + \dfrac{527}{273}} \times (5^2 - 3^2) + 40$$

$$= -400 Pa$$

四、流体的压头损失

（一）压头损失

由于实际流体 $\mu \neq 0$，流动过程中会损失能量，以克服流动中的阻力。能量损失又称为压头损失，也称为阻力损失，用符号 $h_{失}$ 表示，单位为 Pa。按其产生的原因不同，压头损失包括摩擦阻力损失和局部阻力损失两类不同性质的损失，压头损失产生于流体流动过程中并与动压头成正比，即

$$h_{失} = K \cdot \frac{1}{2}\rho W^2$$

式中 K——阻力损失系数，它和流动性质、管道形状、表面情况等许多因素有关。
大部分情况下 K 值由实验确定。

1. 摩擦阻力损失
为克服摩擦阻力所造成的压头损失称为摩擦阻力损失，用 $h_{摩}$ 表示，一般由下式计算：

$$h_{摩} = \lambda \cdot \frac{l}{d_{当}} \cdot \frac{1}{2}\rho W^2$$

式中　λ ——摩擦阻力系数；

　　　l ——管道长度，m。

摩擦阻力系数 λ 与气体流动性质有关，实验得出：

层流时：

$$\lambda = \frac{64}{Re}$$

紊流时：

$$\lambda = \frac{A}{Re^n}$$

大多数气体是紊流，其摩擦阻力系数按表 1.2.2 取值。

表 1.2.2　不同情况下的 A、n 和 λ 值

名　称	光滑金属管道	粗糙金属管道	砖砌管道
A	0.32	0.129	0.175
n	0.25	0.12	0.12
λ	0.025	0.045	0.05

实际生产中，流体流动的管道是由不同参数的多段管道组成，此时管道的总摩擦阻力损失应为各段摩擦阻力损失之和，即：

$$\Sigma h_{摩} = h_{摩1} + h_{摩2} + \cdots + h_{摩n}$$

2. 局部阻力损失

流体在管道中流动时，由于管道形状改变和方向改变，从而引起气体质点与管壁的冲击或由于流速的改变而引起气体质点之间的冲击所造成的能量损失称为局部阻力损失，一般由下式计算：

$$h_{局} = K \cdot \frac{1}{2}\rho W^2$$

式中　K ——局部阻力损失系数。

突然扩张、逐渐扩张、突然收缩、逐渐收缩和气流改变方向等各种情况下的局部阻力损失系数 K 值可以参考《工业炉设计手册》。

3. 气体通过散料层的压头损失

散料层是指块状或粒状固体物料堆积组成的物料层。在散料层中，料块之间形成不规则形状的空隙，气体通过散料层时产生摩擦和碰撞作用，因而消耗能量造成压头损失。由于气体在散料层中流动比较复杂，计算其压头损失时须考虑很多因素。工业上为了便于计算常采用下面的实验公式：

$$h_{失} = \frac{\alpha}{\varepsilon^2} \cdot \frac{1}{2}\rho W^2 \cdot \frac{H}{d}$$

式中　α ——随物料和气体流动性质而变的系数，见表 1.2.3；

　　　ε ——料层平均孔隙度，一般为 0.4~0.5；

　　　H ——料层厚度，m；

　　　d ——料块平均直径，mm。

另外，气体流经蓄热室格子砖、换热器以及除尘设备等，也将产生压头损失。这些压头损失的计算公式由实验确定，可以查阅有关的参考资料。

表 1.2.3　系数 α 的实验值

Re	系数 α		
	焦　炭	矿　石	烧结块
1000	14.5	20	24.2
2000	12.0	16.5	20.5
3000	11.0	14.0	18.5
4000	10.3	12.3	16.8
5000	9.8	11.3	约 15.5
>6000	9.5	10.5	约 15.0

（二）减少阻力损失的措施

压头损失越大，则动力消耗越多，故减少阻力损失对生产具有重要意义。欲减少阻力损失，大致有以下措施：

（1）力求缩短管道长度。减少管道长度可以减少 $h_{摩}$。

（2）采用经验流速。流速越大，$h_{动}$ 越大，阻力损失显然越大，流速减少，管道断面尺寸越大，管道材料消耗多，所占空间大，因此流速应选得合适。空气、煤气和烟气经验流速见表 1.2.4。

表 1.2.4　空气、煤气和烟气经验流速 W_0

序号	流体种类	特　点	允许流速 $W_0/\mathrm{m} \cdot \mathrm{s}^{-1}$	备　注
1	冷空气	压力>5000Pa	9~12	
		压力<5000Pa	6~8	
2	热空气	压力>5000Pa	5~7	
		压力<5000Pa	3~5	
		压力<1500Pa	1~3	
3	高压净煤气	不预热	8~12	
		预热	6~8	
4	低压净煤气	不预热	5~8	
		预热	3~5	
5	未清洗发生炉煤气		1~3	
6	粉煤与空气混合	水平管	25~30	
		循环管	35~45	
		直吹管	>18	
7	烟　气	300~400℃	2.0~3.0	烟囱排烟
		300~400℃	8.0~12.0	有排烟机

（3）减少设备的局部变化减少 $h_局$。在满足生产需要条件下，应尽力避免设备的局部变化。

（4）以缓变代直变减少 $h_局$。如以逐渐扩张代替突然扩张，以逐渐收缩代替突然收缩，以圆滑转弯代替直角转弯。

（5）非生产需要时不宜过大关闭闸板和阀门。

除此之外，使管壁光滑，使用减阻剂和采用柔性壁面等也能减少阻力损失。

五、流体输送

为流体提供能量的机械称为流体输送机械。输送液体的机械通称为泵，输送气体的机械通称为风机或压缩机。

生产中输送的流体种类繁多，流体的温度、压力、流量也有较大的差别。为了适应不同情况下输送流体的要求，需要不同结构和特性的流体输送机械。

（一）液体输送

常用的液体输送机械，按其工作原理可分为四类：离心式、往复式、旋转式及流体动力式，下面以离心泵为例加以简介。

1. 离心泵的工作原理

如图 1.2.7 所示的离心泵简图，叶轮安装在泵壳 2 内，并紧固在泵轴 3 上，泵轴由电动机直接带动。泵壳中央有一液体吸入口 4 与吸入管 5 连接。液体经底阀 6 和吸入管进入泵内。泵壳上的液体排出口 8 与排出管 9 连接。

在泵启动前，泵壳内灌满被输送的液体；启动后，叶轮由轴带动高速转动，叶片间的液体也必须随着转动。在离心力的作用下，液体从叶轮中心被抛向外缘并获得能量，以高速离开叶轮外缘进入蜗形泵壳。在蜗壳中，液体由于流道的逐渐扩大而减速，又将部分动能转变为静压能，最后以较高的压力流入排出管道，送至需要场所。液体由叶轮中心流向外缘时，在叶轮中心形成了一定的真空，由于储槽液面上方的压力大于泵入口处的压力，液体便被连续压入叶轮中。可见，只要叶轮不断地转动，液体便会不断地被吸入和排出。

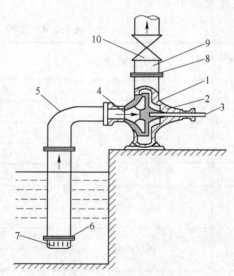

图 1.2.7　离心泵简图

1—叶轮；2—泵壳；3—泵轴；4—吸入口；
5—吸入管；6—单项底阀；7—滤网；8—排出口；
9—排出管；10—调节阀

2. 离心泵的主要部件

A　叶轮

叶轮的作用是将原动机的机械能直接传给液体，以增加液体的静压能和动能（主要增加静压能）。

叶轮一般有 6~12 片后弯叶片。叶轮有开式、半闭式和闭式三种，如图 1.2.8 所示。开式叶轮在叶片两侧无盖板，制造简单、清洗方便，适用于输送含有较大量悬浮物的

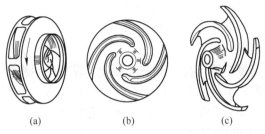

图 1.2.8　离心泵的叶轮

（a）闭式；（b）半闭式；（c）开式

物料，效率较低，输送的液体压力不高；半闭式叶轮在吸入口一侧无盖板，而在另一侧有盖板，适用于输送易沉淀或含有颗粒的物料，效率也较低；闭式叶轮在叶片两侧有前后盖板，效率高，适用于输送不含杂质的清洁液体，一般的离心泵叶轮多为此类。

B　泵壳

泵壳的作用是将叶轮封闭在一定的空间，以便通过叶轮的作用吸入和压出液体。泵壳多做成蜗壳形，故又称蜗壳。由于流道截面积逐渐扩大，故从叶轮四周甩出的高速液体逐渐降低流速，使部分动能有效地转换为静压能。泵壳不仅汇集由叶轮甩出的液体，同时又是一个能量转换装置。

C　轴封装置

轴封装置的作用是防止泵壳内液体沿轴漏出或外界空气漏入泵壳内。

常用轴封装置有填料密封和机械密封两种。

填料一般用浸油或涂有石墨的石棉绳。机械密封主要靠装在轴上的动环与固定在泵壳上的静环之间端面做相对运动而达到密封的目的。

3. 离心泵的主要性能参数

A　流量

离心泵的流量即为离心泵的送液能力，是指单位时间内泵所输送的液体体积。

泵的流量取决于泵的结构尺寸（主要为叶轮的直径与叶片的宽度）和转速等。泵实际所能输送的液体量还与管路阻力及所需压力有关。

B　扬程

离心泵的扬程又称为泵的压头，是指单体重量流体经泵所获得的能量。

泵的扬程大小取决于泵的结构（如叶轮直径的大小、叶片的弯曲情况等）、转速。目前对泵的压头尚不能从理论上作出精确的计算，一般用实验方法测定。

C　效率

泵在输送液体过程中，轴功率大于排送到管道中的液体从叶轮处获得的功率，因为容积损失、水力损失、机械损失都要消耗掉一部分功率，而离心泵的效率即反映泵对外加能量的利用程度。

泵的效率 η 与泵的类型、大小、结构、制造精度和输送液体的性质有关。大型泵效率值高些，小型泵效率值低些。

D　轴功率

泵的轴功率即泵轴所需功率。其值可依泵的有效功率 N_e 和效率 η 计算，即：

$$N = \frac{N_e}{\eta}$$

4. 离心泵的安装和运转

（1）离心泵的安装高度应低于允许的安装高度，以免产生汽蚀现象。

（2）为减少吸入管段的流体阻力，吸入管径不应小于泵入口直径，吸入管应短而直，不装阀门，但当泵的吸入口高于液面时应加一止逆底阀。

（3）离心泵启动前应灌满液体，以免产生气缚现象；关闭出口阀门，以减小启动功率。

（4）离心泵停泵前应先关闭出口阀门。

（5）离心泵运转时，应定期检查轴封有无泄漏，轴承、填料环等发热情况，轴承应注意润滑。

5. 离心泵的选用

（1）根据被输送液体的性质及生产条件确定类型。

（2）根据流量及计算管路中所需压头，确定泵的型号（从样本或产品目录中选取）。

（3）若被输送液体的黏度和密度与水相差较大时，应核算泵的特性参数：流量、压头和轴功率。

（二）气体输送

常用的气体输送机械包括通风机、鼓风机、压缩机等。供气系统的作用是由供气设备（鼓风机、压缩机等）经供气管道将设备所需气体输送到设备处，以满足设备对气体的流量和压力要求。供气系统一般由供气管道和供气设备组成。

1. 供气管道

供气管道起连接供气设备和炉前气体流出设备（如喷嘴、氧枪等）的作用，通常供气管道上还安装有对所供气体的压力、流量等参数进行检测和调节的装置。

A　供气管道布置原则

供气管道内气体流动为强制流动，因而管道布置中应注意以下原则：

（1）为减少管道中的压头损失，在满足生产需要前提下，力求减少管道长度，以短直为佳，以减少摩擦阻力损失。力求减少管道的局部变化，必要时以缓变代替直变，以减少局部阻力损失。

（2）为了不使管道内有较大静压头降低，在满足生产需要前提下，应使管道中动压头增量小，为此分支管道流速不应大于总管内气体流速，同时，做到热气体自下而上流动。

（3）为保证分支管道中流量分配均匀，分支管道宜对称布置，并在管道上设置阀门等调节装置。

B　管道尺寸的确定

管道尺寸的确定是根据连续性方程来确定管道的断面积 F 或直径 d，其中流量由供气设备的气体排出量 V_0 确定，考虑到备用问题，气体流量需增加 $20\% \sim 30\%$，则管道中气体总流量 $V = (1.2 \sim 1.3)V_0$（m^3/h），流速选用经验流速，流速过大会造成较大压头损失，增加供气设备的能量要求；流速过小会增加管道尺寸，造成材料浪费。管道设计时经

验流速 W_0（m/s）按表 1.2.4 选取。当流量和流速确定后，供气管道尺寸为：

$$F_总 = \frac{(1.2 \sim 1.3)V_0}{3600 W_0}$$

或

$$d = \sqrt{\frac{4 \times (1.2 \sim 1.3)V_0}{3600\pi W_0}}$$

如果总管道有 n 个支管道，并且每个支管道流量相同时，则支管尺寸为：

$$F_支 = \frac{F_总}{n}$$

或

$$d = \sqrt{\frac{4F_总}{n\pi}}$$

2. 供气设备

冶金炉供气设备有风机、压气机等，其中风机的基本作用是使具有一定风量和风压的空气，经供气管道供入炉前的气体喷出设备，以保证炉子对空气的要求，当然风机也可以向炉子供应其他气体，也可以作为抽烟机来排烟。

A 风机的工作原理

离心式风机的工作原理与前面讨论过的离心泵相同。

图 1.2.9 是离心式风机的结构示意图。从图中可以看出，风机主要由转动轴 3、叶片轮 1 和机壳 2 组成。当电动机带动转动轴 3 转动时，固定在转动轴 3 上的叶片轮 2 也随之转动，而叶片轮 1 转动造成吸风口为负压，从而将空气不断从吸风口吸入并使之具有一定动压头，与此同时，被吸入的空气由于离心力作用又被叶片轮 1 甩向叶片轮 1 与机壳 2 的空间，并在机壳 2 的扩张形空间进行动压头向静压头的转变，从而获得具有一定风量和风压的风。由风机出口出去的空气

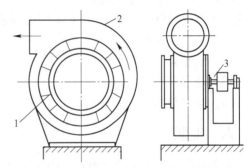

图 1.2.9 离心式风机的结构示意图
1—叶片轮；2—机壳；3—转动轴

量为风机风量，由风机出口出去的静压头与动压头之和为风机的全风压，简称风压。

B 风机的选择

风机的选择是根据所需要的风量和风压来决定风机的型号及其功率，所选择的风机必须满足生产上风量和风压的要求并使风机高效率工作。在已知所需要的风量和风压之后，即可根据各种风机的产品目录进行选择。由于风机性能表或名牌上标注的风量 V_1 和风压 h_1 是在进风口空气温度为 20℃、压力为 101325Pa（1 个大气压）条件下提出的数据，因此选择风机时还必须将计算所得的标准状态下的风量 V 和实际大气压下的风压 h 进行换算，换算关系如下：

$$V_1 = V \cdot \frac{101325}{p} \times \frac{273 + t}{273}$$

$$h_1 = h \cdot \frac{101325}{p} \times \frac{273 + t}{273 + 20}$$

式中　　V——风机性能表中的风量，m^3/h；

　　　　V_1——计算所需风量，m^3/h；

　　　　h——风机性能表中的风压，Pa；

　　　　h_1——计算所需风压，Pa；

　　　　p——实际大气压，Pa；

　　　　t——空气实际温度，℃。

显然，由计算所得风量和风压可求得性能表的风量和风压，从而可按风机性能表选择合适风机。

C　风机的串联与并联

实际生产中常常遇到风量不足的情况，这时可以将几台同型号的风机并联起来供风，并联后的总风量接近各台风机风量的总和，而风压接近于一台风机的风压，即风机并联：风压不变、风量增加。

如果实际生产中遇到风压不足的情况，这时可以将几台同型号的风机串联起来供风，串联后的总风压接近各台风机风压的总和，而风量接近于一台风机的风量，即风机串联：风量不变、风压增加。

D　风机工作调整

实际生产中也会遇到风机能力大于所需能力的情况，这时就要求对风机的工作状态进行调整（改变风量、风压），简单常用的调整方法如下：

（1）风机变频调速；

（2）调整调节阀开度；

（3）遮盖风机吸风口；

（4）空气放散（冷、热）。

六、排烟装置

工业生产中为了保持炉内正常的气体流动和热交换过程，必须不断将炉内烟气排出。目前采用的排烟方法有两种，一是用抽烟机或喷射器进行人工排烟；二是用烟囱进行自然排烟。因烟囱工作可靠不宜发生故障，同时也不消耗动力，还可将烟气排入高空中以减少环境污染，故工业上都用烟囱排烟。只有当排烟系统阻力过大，烟囱实际抽力不足时才辅之以人工排烟，因而此处仅介绍烟囱排烟。

（一）烟囱工作原理

烟囱排烟可以用虹吸原理加以定性说明。当从虹吸管下端抽吸一下，使水充满管内后，水就能不断从虹吸管流出，且虹吸管愈低水流出就愈快，因为水较空气重，故水在空气中有自然下降的趋势。所以烟囱相当于一个"倒置的虹吸管"，即烟囱具有虹吸管的特点。显然，烟囱越高排烟能量越强，也必须烘一下使烟气充满烟囱后才能正常排烟。

图 1.2.10 为排烟系统示意图，要使高温烟气从炉内排出，必须克服排烟系统中的一系列阻力，这是因为烟囱能在底部形成抽力（负压），而炉尾烟气压力较烟囱底部烟气压力大，于是在静压差的推动下促使烟气由炉尾经过烟道流至烟囱底部，并经烟囱排入大气。烟囱抽力是由烟囱中烟气的位压头造成的，但烟囱中烟气位压头并不能完全形成有效

抽力，其中一部分要克服烟囱对烟气的摩擦阻力，另一部分要克服烟囱中烟气动压头的增量，因此烟囱的有效抽力为：

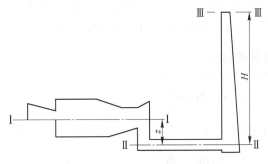

$$h_{抽} = h_{位} - \Delta h_{动} - h_{摩}$$

$$= (\rho - \rho')gH - \left(\frac{1}{2}\rho W_3^2 - \frac{1}{2}\rho W_1^2\right)$$

$$- \lambda \frac{H}{d_{均}} \cdot \frac{1}{2}\rho W_{均}^2 \qquad (1.2.11)$$

式（1.2.11）也可由 Ⅰ—Ⅰ 和 Ⅲ—Ⅲ 面间的伯努利方程得到。由该式

图 1.2.10　排烟系统示意图

得知：烟囱的抽力是由烟囱内高温烟气的位压头产生的，其抽力的大小取决于烟囱的高度和烟气与空气的密度差。烟囱越高，烟囱抽力越大，烟气温度越高，抽力越大；大气温度越高，抽力越小。

（二）烟囱尺寸

烟囱尺寸主要是烟囱直径和烟囱高度，其公式如下。

1. 顶部出口直径（$d_{顶}$）

顶部出口直径应保证烟气出口具有一定动压头，以免烟气出口速度太小而外面的空气倒流进烟囱，妨碍烟囱工作。其直径根据连续性方程确定，即：

$$d_{顶} = \sqrt{\frac{4V_0}{\pi W_{0顶}}}$$

式中　$d_{顶}$——烟囱顶部出口直径，m；

　　　V_0——0℃时的烟气流量，m^3/s，由燃烧计算和物料平衡决定；

　　　$W_{0顶}$——0℃时烟囱顶部出口烟气流速，m/s，一般取 3～5m/s。

2. 底部直径（$d_{底}$）

对于金属烟囱，做成直筒形较方便，对于砖砌和混凝土烟囱，为了稳定和坚固，都做成下大上小，底部直径一般按下式选取：

$$d_{底} = (1.3 \sim 1.5)d_{顶}$$

也可按烟囱的锥度来确定 $d_{底}$，即：

$$d_{底} = 0.02H + d_{顶}$$

式中　H——烟囱高度，m。

3. 烟囱高度（H）

根据式（1.2.11）有

$$h_{抽} = h_{位} - \Delta h_{动} - h_{摩} = (\rho - \rho')gH - \Delta h_{动} - h_{摩}$$

则

$$H = \frac{h_{抽} + \Delta h_{动} + h_{摩}}{(\rho - \rho')g} \qquad (1.2.12)$$

实际计算中应首先假设烟囱高度为已知值，才能计算出 $h_{抽}$、$h_{动}$ 和 $h_{摩}$，然后代入式（1.2.12）计算烟囱高度。计算值和假设值必须接近，否则应重新假设和计算，直至计算值和假设值相接近为止，即用工程上所谓的"试算逼进法"进行计算。

需要指出的是，工业烟囱已标准系列化，为了砌筑方便，烟囱尺寸应按标准系列尺寸选用，具体可以参考《工业炉设计手册》进行查找。

【任务实施】

一、实训内容

雷诺实验。

二、实训目的

（1）观察液体在不同流动状态下质点的运动规律；
（2）观察液体由层流转变为紊流与紊流转变为层流的过渡过程；
（3）验证用雷诺准数判断流体流动性质的正确性。

三、实训相关知识

（一）实验仪器

（1）雷诺实验装置：1台。
（2）秒表：1块。
（3）温度计：1支。
（4）容器、水管、红墨水等。

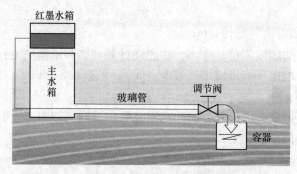

图 1.2.11　雷诺实验装置示意图

（二）实验原理

雷诺准数

$$Re = \frac{Wd}{\nu}$$

式中　W ——流体流速；m/s；

　　　d ——管道直径或当量直径；m；

　　　ν ——流体运动黏度，m^2/s。

（三）实验方法

（1）连接上水管、回水管、安装容器（计量水箱）。

（2）打开上水阀，将主水箱注满水，直到回水箱有水溢出。

（3）调节上水阀，使水箱有少量水溢出，并保持主水箱水位不变。

（4）用温度计测量水温。

（5）观察流动状态：打开颜料水控制阀和流量控制阀，调节流量控制，使颜料水成一条清晰线流，此时管内流动为层流，增加控制阀开启度，使管内流动为层流，同时观察两种流动状态。

（6）测定每一状态下的体积流量，并求出相应的雷诺准数。

（四）数据记录及讨论

管径 $d=$ m；水温 $t=$ ℃；容器规格： L/格

表 1.2.5 实验记录表

流动性质	ΔV/格	τ/s	v/m³·s⁻¹	W/m·s⁻¹	Re
层 流					
紊 流					

（五）讨论

流体流动性质判断标准：

Reck（上）   Reck（下）

------------------2300--------------------10000--------------------

层流   过渡状态   紊流

（1）测量结果与理论是否一致；

（2）如不一致分析讨论产生的原因。

（六）完成实验报告

【任务总结】

树立务实工作作风，分析参数与流动状态的关系，对合理组织流体流动，减少阻力损失，强化传热起指导作用。

【任务评价】

表 1.2.6 任务评价表

任务实施名称			雷诺实验		
开始时间		结束时间	学生签字		
			教师签字		
评价项目		技 术 要 求		分值	得分
操 作		（1）方法得当； （2）操作规范； （3）正确使用工具、仪器、设备； （4）团队合作			

| 任务实施报告单 | (1) 书写规范整齐，内容翔实具体；
(2) 实训结果和数据记录准确、全面，并能正确分析；
(3) 回答问题正确、完整；
(4) 团队精神考核 | | |

思考与练习题

1. 标准状态下空气密度为 $\rho_0' = 1.293\text{kg/m}^3$，试求空气在 25℃时的密度。

2. 某低压煤气温度 $t = 527℃$，表压为 $p_{表} = 100\text{Pa}$，标准状态下密度 $\rho_0 = 1.34\text{kg/m}^3$。试求：煤气的绝对温度；当外界大气压为 100000Pa 时，煤气的绝对压力；实际状况下的煤气密度。

3. 定压下蓄热室中空气自 20℃加热至 800℃，求空气体积增大为原来的多少倍。

4. 设有一热气柱高为 100m，密度为 0.5kg/m³，气柱顶部所受绝对压力为 $9.8×10^4\text{Pa}$，求气柱底部所受的绝对压力。

5. 某冶金炉炉内烟气温度为 $t = 1300℃$，烟气标准状态下的密度 $\rho_0 = 1.3\text{kg/m}^3$，炉外大气温度 $t' = 20℃$，炉底到炉顶高度 $H = 2\text{m}$，若炉底控制为零压面，求炉顶处炉气的表压。如果将炉顶控制为零压面，求炉底处炉气表压。

6. 温度升高时，气体和液体的黏度如何变化？为什么？

7. 什么是层流和紊流？其速度分布如何？

8. 有一液体和气体分别在管道中流动，当其雷诺准数恰好为临界值时，如果同时增加流量，问液体和气体分别为什么流动？如果同时增加温度，问液体和气体分别为什么流动？

9. 某冶金炉燃料燃烧所需风量（标态）为 10000m³/h，全部用风机供入换热器，预热至 250℃以后再由总风管道送往炉头。若热风在总风管道经验流速为 12m/s，求热风总管道内径应为多大？

10. 已知抽气机出口直径 $d_1 = 0.8\text{m}$，出口平均流速 $W_1 = 13.5\text{m/s}$，若管道直径 $d_2 = 1.0\text{m}$，求气体在管道中的平均流速 W_2。

11. 某厂烟囱生产时有关数据如下：烟气温度 $t = 546℃$，烟气标准状态下密度 $\rho_0 = 1.32\text{kg/m}^3$，烟气流速 $W_1 = W_2$，大气温度 $t = 30℃$，烟气在烟囱中总压头损失为 $h_{失} = 35\text{N/m}^2$。求烟囱底部静压头 Δp_1。

12. 如何减少阻力损失？

13. 烟囱的工作原理是什么？

14. 管道布置有哪些原则？

15. 如何确定管道尺寸？

16. 某冶金炉系统空气需要量（标态）为 9800m³/h，需全风压为 2943N/m²，当地大气压为 8570Pa，夏季最高平均温度为 35℃。试选择一台能满足要求的风机。

任务三 传热学基础

【任务描述】

热量的传递是一种极为普遍的现象。凡有温差的地方，就有热量的传递，热量自发地从高温向低温传递。传热学就是研究热量传递规律的一门科学。

生产上要解决的传热问题可分为两大类：一类是力求强化传热过程；另一类是力求减弱传热过程。

要解决这些问题，就需要学习传热学方面的基础知识。通过学习，掌握传热过程的基本规律和传热量的计算方法，以便找出提高热工设备热效率和节能降耗的途径。

【能力目标】

(1) 能完成炉体绝热结构设计；

(2) 能正确分析炉内热交换过程；

(3) 能正确解决工程实际中强化传热和削弱传热的具体问题。

【知识目标】

(1) 熟悉传热基本概念；

(2) 掌握稳定态导热基本计算方法；

(3) 掌握对流传热基本计算方法；

(4) 掌握辐射传热基本计算方法；

(5) 掌握综合传热基本计算方法。

【相关资讯】

一、传热基本概念

(一) 热量传递的基本方式

按物理本质的不同，可将热量传递分为三种基本的传热形式——传导传热（简称传导或导热）、对流传热（简称对流）、辐射传热（简称辐射）。

1. 传导传热

传导传热是指依靠分子、原子、自由电子等微观粒子传递热量的现象。

导热的特点是物体各部分之间不发生宏观的相对位移，也没有能量形式的转换。

在气体中，导热是气体分子不规则热运动时相互碰撞的结果；金属导体中的导热主要靠自由电子的运动来完成；而非导电的固体中的导热是通过晶格结构的振动来实现的；在液体中的导热既靠分子间的碰撞，又靠晶格结构的振动。液体和气体在发生导热的同时往往伴随有对流、辐射现象，因此，单纯的导热只能发生在比较密实的固体中。

2. 对流传热

对流传热是指流体各部分之间发生相对位移时所引起的热量传递现象。

在流体对流传热过程中，流体各部分以及流体与固体表面之间，必然存在着传导传热，这种综合的热量传递过程称为"对流换热"或"对流给热"。

对流的特点是物体各部分之间发生了宏观的相对位移，也没有能量形式的转换。

3. 辐射传热

辐射传热是指以电磁波的形式进行热量传递的现象。

物体因热的原因引起物体内部的分子、原子、离子振动，电子激动以电磁波的形式向四面八方传播辐射能，自然界中所有物体都在不停地向四周发射热辐射能。

辐射传热与导热和对流给热不同，它不需要传热物体的直接接触，也不需要任何传热介质，而且在热量传递的同时，还发生两次能量形式的转化（电磁波→热力学能→电磁波）。

在实际的传热过程中，很难存在某种单一的传热方式，往往是上述两种或三种基本传热方式同时存在，组成的传热过程称为综合传热。

（二）温度场与热态

1. 温度场

传热体系内，温度在空间和时间上的分布规律称为温度场。

在研究传热问题时必须弄清一定范围内的温度分布状态。一般而言，温度场是空间位置的坐标 x、y、z 和时间 τ 的函数，在直角坐标系中，温度场的抽象数学表达式为：

$$t=f\ (x,\ y,\ z,\ \tau)$$

上式表示的是三维不稳定温度场。在工程中为了使问题简化，常常忽略次要方向上的温度变化，而着重研究主要传热方向上的温度分布。这样就得到了二维或一维温度场，即：

$$t=f(x,\ y,\ \tau)\quad 或\quad t=f(x,\ \tau)$$

2. 热态

（1）稳定态。传热体系内温度分布不随时间变化的传热状态。在稳定态情况下传热称为"稳定态传热"。

（2）不稳定态。传热体系内温度分布随时间变化的传热状态。在不稳定态情况下的传热称为"不稳定态传热"。

在工程实际中绝对的稳定态是找不到的，但为了使问题简化，便于研究，对一些连续作用的热过程，即使存在温度波动，仍可取其平均值而近似地当作稳定热态处理。对周期性热过程或物料的加热、冷却过程才视为不稳定热态。

（三）等温线与等温面

在同一时刻，温度场中温度相同的点连成的线或面称为等温线或等温面。

等温面与等温线的主要特征如下：

同一时刻，物体中温度不同的等温面或等温线不能相交；在连续介质中，等温面

（或等温线）或者在物体中构成封闭的曲面（或曲线），或者终止于物体的边界，不可能在物体内部中断；热量传递必须透过等温线（面）。

（四）温度梯度

温度梯度是指等温面法线方向的温度变化率（矢量）。温度梯度是矢量，指向温度增加的方向，如图 1.3.1 所示。

在直角坐标系中，温度梯度可表示为：

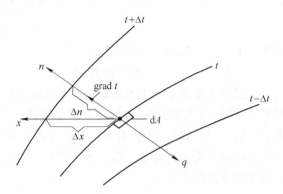

图 1.3.1　温度梯度示意图

$$\mathrm{grad}\, t = \frac{\partial t}{\partial x}\boldsymbol{i} + \frac{\partial t}{\partial y}\boldsymbol{j} + \frac{\partial t}{\partial z}\boldsymbol{k}$$

式中，$\dfrac{\partial t}{\partial x}$、$\dfrac{\partial t}{\partial y}$、$\dfrac{\partial t}{\partial z}$ 分别为 x、y、z 方向的偏导数；$\boldsymbol{i}$、$\boldsymbol{j}$、$\boldsymbol{k}$ 分别为 x、y、z 方向的单位矢量。

对于直角坐标系中的一维温度场，温度梯度可表示为：

$$\mathrm{grad}\, t = \frac{\mathrm{d}t}{\mathrm{d}x}$$

（五）热流、热流密度、传热系数、热阻

（1）热流：单位时间内通过某一截面的热量。用符号 Q 表示，其单位为 $\mathrm{W/m^2}$。

（2）热流密度：单位时间通过某一指定截面单位面积上的热量。用符号 q 来示，其单位为 W。

$$q = \frac{Q}{F}$$

一切传热方式均有其共同性并服从一般的计算公式。其热交换量都与温度差（Δt）、传热面积（F）及传热时间（τ）成正比。即：

$$Q_{总} = K(t_1 - t_2)F\tau \tag{1.3.1}$$

式中　　$Q_{总}$——传递的总热量，J；

K——传热系数，表示物体间传热温差为 1℃时，单位时间内通过单位面积的传热量，$\mathrm{W/(m^2 \cdot ℃)}$；

$t_1 - t_2$ —— $t_1 - t_2 = \Delta t$，传热温差，又称温压，℃；

F——传热面积，$\mathrm{m^2}$；

τ——传热时间，s。

于是有：

$$Q = K(t_1 - t_2)F$$
$$q = K(t_1 - t_2)$$

将上述两式改写为：

$$Q = \frac{\Delta t}{\frac{1}{KF}} = \frac{\Delta t}{\frac{1}{R_\Sigma}}$$

$$q = \frac{\Delta t}{\frac{1}{K}} = \frac{\Delta t}{\frac{1}{R}}$$

式中　　R_Σ——传热面上的总热阻；

　　　　R——单位传热面上的热阻。

上述两式类似电学中的欧姆定律。热阻类似于电学中的电阻，它是传热时的阻力。传热方式不同，热阻的内容和表现形式也不同，热阻越大，传热量越小。热流（或热流密度）、温压、热阻的三者关系即：热流（或热流密度）= 温压/热阻，可类似于电流强度、电压与电阻三者间的关系，即：电流强度 = 电压/电阻。这样可以利用熟悉的电学知识来方便求解有关传热问题。

二、稳定态导热

所谓稳定态导热指的是在稳定热态情况下的导热。即同一时间内传入物体任一部分的热量与该部分物体传出的热量是相等的。如果传入热量多于传出热量，则该物体将有热量积蓄，物体内温度将升高；反之将出现温度降低，这样物体内的温度将随时间而变，这是"不稳定热态"的范围。

（一）导热的基本定律

1. 傅里叶定律

傅里叶（Fourier）于 1822 年提出了著名的导热基本定律，即傅里叶定律，指出了导热热流密度矢量与温度梯度之间的关系。

对于一维导热问题，傅里叶定律表达式为：

$$Q = -\lambda \frac{\mathrm{d}t}{\mathrm{d}x} F \quad \text{或} \quad q = -\lambda \frac{\mathrm{d}t}{\mathrm{d}x}$$

式中　　Q——热流，W；

　　　　q——热流密度，$\mathrm{W/m}^2$；

　　　　$\frac{\mathrm{d}t}{\mathrm{d}x}$——温度梯度，℃/m；

　　　　λ——导热系数，W/(m·℃)。

"−"表示传热方向与温度梯度方向相反。

2. 导热系数 λ

导热系数 λ 是一个基本的物理参数，它表示物体导热能力的大小。物体内温度变化 1℃/m 时，在单位时间内通过单位面积所传递的热量称为导热系数。导热系数与材料种类、物质结构、体积密度、湿度、温度等因素有关。

由于影响因素很复杂，因此，工程计算中所采用的各种材料的导热系数的数值都是专门实验测定出来的。同一材料的导热系数不是固定的常数，一般都随温度而变化，即：

$$\lambda_t = \lambda_0(1 + bt)$$

式中　λ_t——t℃时的导热系数，$W/(m \cdot ℃)$；

　　　λ_0——0℃时的导热系数，$W/(m \cdot ℃)$；

　　　t——物体的平均温度，℃；

　　　b——温度常数，为实验测定值，随材料而异。

一些常用耐火材料的λ_0和b值列于表1.3.1中。

表1.3.1　常用耐火材料的λ_0和b值

材 料 名 称	$\lambda_0/W \cdot (m \cdot ℃)^{-1}$	b
镁　砖	6.16	−0.00267
硅　砖	0.81	+0.000756
黏土砖	0.70	+0.00064
轻质黏土砖	0.23	+0.000233
硅藻土砖	0.12	+0.000186
高铝砖	1.52	−0.000161
碳　砖	2.34	+0.0349
石　棉	0.157	+0.000186
矿渣棉	0.052	0

（二）平壁的导热

平壁导热问题应用很广，如一般工业炉的炉墙，很多都是平壁。为了使问题简化，忽略壁周边的影响，而认为壁内温度沿平面均匀分布，且各等温面皆与表面平行。就是说，将其视为温度只沿壁的法线方向变化的一维导热问题。

1. 单层平壁

对如图1.3.2所示的单层平壁，假设单层平壁厚度为s，材料的平均导热系数为λ，平面内各点的温度不随时间而变化，且只是在平壁的厚度方向上有导热过程。平壁左右两边表面的温度分别为t_1和t_2，并维持不变，且$t_1 > t_2$，那么热量将通过平壁的导热由高温面传向低温面。

在距离左侧壁面x处取一厚度dx的单元层，其温差为dt，根据傅里叶定律有：

$$q = -\lambda \frac{dt}{dx}$$

分离变量后得

$$dt = -\frac{q}{\lambda}dx$$

问题所给条件为：

$x = 0$ 时　　　　　　　　　　　　　　$t = t_1$

$x = s$ 时　　　　　　　　　　　　　　$t = t_2$

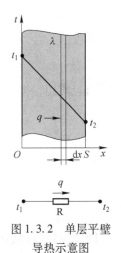

图1.3.2　单层平壁
导热示意图

由于 λ、F 视为常数，稳定态时 q 也为定值，故上式积分得

$$\int_{t_1}^{t_2} \mathrm{d}t = \int_0^s -\frac{q}{\lambda}\mathrm{d}x$$

$$t_1 - t_2 = \frac{q}{\lambda}s$$

经整理后得稳定态单层平壁导热基本公式：

$$q = \frac{t_1 - t_2}{\dfrac{s}{\lambda}} = \frac{\Delta t}{R} \tag{1.3.2a}$$

其中

$$R = \frac{s}{\lambda}$$

或

$$Q = \frac{t_1 - t_2}{\dfrac{s}{\lambda F}} = \frac{\Delta t}{R_\Sigma} \tag{1.3.2b}$$

其中

$$R_\Sigma = \frac{s}{\lambda F}$$

上式 Δt 即为壁两侧的温度差，称为"温压"；(s/λ) 或 $[s/(\lambda F)]$ 称为"热阻"，即热阻与壁厚成正比，与平均导热系数及传热面积成反比。

【例 1.3.1】 试求通过某加热炉炉壁的单位面积向外的散热量（即热流密度 q）。已知炉壁为黏土砖，厚 360mm，壁内外表面温度各为 800℃ 及 50℃。若换用轻质砖作炉壁，其他条件不变，问减少热损失多少？

解： 对黏土砖，查表 1.3.1，得 $\lambda_0 = 0.70$，$b = 0.00064$，所以

$$\lambda = 0.7 + 0.00064\left(\frac{800 + 50}{2}\right) = 0.972\mathrm{W/(m \cdot ℃)}$$

则

$$q_1 = \frac{t_1 - t_2}{\dfrac{s}{\lambda}} = \frac{800 - 50}{\dfrac{0.36}{0.972}} = 2025\mathrm{W/m^2}$$

对轻质砖，查表 1.3.1，得 $\lambda = 0.23$，$b = 0.000233$，所以

$$\lambda = 0.23 + 0.000233\left(\frac{800 + 50}{2}\right) = 0.329\mathrm{W/(m \cdot ℃)}$$

则

$$q_2 = \frac{t_1 - t_2}{\dfrac{s}{\lambda}} = \frac{800 - 50}{\dfrac{0.36}{0.329}} = 685\ \mathrm{W/m^2}$$

$$q_1 - q_2 = 2025 - 685 = 1340\mathrm{W/m^2}$$

即使用轻质砖后可减少热损失 1340W/m²。

2. 多层平壁

所谓多层平壁就是由几层不同材料叠在一起组成的复合壁。例如，有些工业炉或锅炉的炉墙，采用耐火砖层、保温砖层、钢板等叠合在一起，就是一种多层壁。为了分析的方

便，以图 1.3.3 所示的一个三层的多层壁为研究对象，下面讨论的原则对任意多层壁也同样适用。

已知各层的厚度分别为 S_1、S_2、S_3，各层的平均导热系数为 λ_1、λ_2、λ_3，并且已知三层壁两表面温度 t_1 和 t_4，假定中间温度为 t_2 和 t_3。利用前面导出的单层平壁导热量的计算公式，可以分别写出通过各层的热流密度：

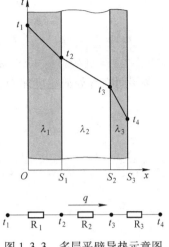

第一层：
$$q_1 = \frac{t_1 - t_2}{\dfrac{S_1}{\lambda_1}}$$

第二层：
$$q_2 = \frac{t_2 - t_3}{\dfrac{S_2}{\lambda_2}}$$

第三层：
$$q_3 = \frac{t_3 - t_4}{\dfrac{S_3}{\lambda_3}}$$

图 1.3.3 多层平壁导热示意图

对于一维稳定态温度场而言，有 $q_1 = q_2 = q_3 = q$，而且保持不变。否则流入某层的热量与流出的热量不等，则必然由于热量的增加或减少而引起该层温度的变化。因此有：

$$q = \frac{t_1 - t_2}{\dfrac{S_1}{\lambda_1}} = \frac{t_2 - t_3}{\dfrac{S_2}{\lambda_2}} = \frac{t_3 - t_4}{\dfrac{S_3}{\lambda_3}}$$

由和比定律可知：

$$q = \frac{t_1 - t_2 + t_2 - t_3 + t_3 - t_4}{\dfrac{S_1}{\lambda_1} + \dfrac{S_2}{\lambda_2} + \dfrac{S_3}{\lambda_3}}$$

$$q = \frac{t_1 - t_4}{\dfrac{S_1}{\lambda_1} + \dfrac{S_2}{\lambda_2} + \dfrac{S_3}{\lambda_3}}$$

其中
$$\frac{S_1}{\lambda_1} + \frac{S_2}{\lambda_2} + \frac{S_3}{\lambda_3} = R_1 + R_2 + R_3 = R$$

即三层平壁导热时的总热阻为各层热阻之和，类似于电阻的串联。

上式传热系数 K 为：

$$K = \frac{1}{R} = \frac{1}{\dfrac{S_1}{\lambda_1} + \dfrac{S_2}{\lambda_2} + \dfrac{S_3}{\lambda_3}}$$

依次类推，n 层平壁导热的计算公式为：

$$q = \frac{t_1 - t_{n+1}}{\dfrac{S_1}{\lambda_1} + \dfrac{S_2}{\lambda_2} + \cdots + \dfrac{S_n}{\lambda_n}} = \frac{t_1 - t_{n+1}}{\sum\limits_{i=1}^{n} \dfrac{S_i}{\lambda_i}} \tag{1.3.3a}$$

或

$$Q = \frac{t_1 - t_{n+1}}{\dfrac{S_1}{\lambda_1 F} + \dfrac{S_2}{\lambda_2 F} + \cdots + \dfrac{S_n}{\lambda_n F}} = \frac{t_1 - t_{n+1}}{\displaystyle\sum_{i=1}^{n} \dfrac{S_i}{\lambda_i F}} \qquad (1.3.3b)$$

各层间交界处的温度即为：

$$t_2 = t_1 - q\frac{S_1}{\lambda_1}$$

$$t_3 = t_2 - q\frac{S_2}{\lambda_2} = t_1 - q\left(\frac{S_1}{\lambda_1} + \frac{S_2}{\lambda_2}\right)$$

$$\vdots$$

$$t_n = t_1 - q\left(\frac{S_1}{\lambda_1} + \frac{S_2}{\lambda_2} + \frac{S_3}{\lambda_3} + \cdots + \frac{S_{n-1}}{\lambda_{n-1}}\right)$$

上述计算中，只有先求出各层间的温度 t_1，t_2、t_3…等后才能求出 q，这在计算上显得很麻烦，一般工程上采取"试算逼近法"，即先假定一个中间层温度，而后求一个相邻层间的平均导热系数，从而求出一个热流密度的试算值 q，然后反代回公式求出各层间的温度验算值。如果验算值与假定的中间温度相差不大（误差<5%），则接受验算值。否则重新假定按上面的计算程序重复进行，直到满足误差要求为止。其实这只需编一个循环程序通过计算机进行迭代计算便可很快得到结果。

【例1.3.2】 有一炉墙其内层为 232mm 厚的黏土砖，外层为 116mm 厚的硅藻土砖，内表面温度为 1250℃，外表温度为 100℃，求通过炉墙的热流密度及中间层温度 t_2。已知 λ_1 和 λ_2 分别为：$\lambda_1 = 0.7 + 0.00064\overline{t}$，$\lambda_2 = 0.12 + 0.000186\overline{t}$。

解： 按试算逼近法，先假定中间层温度 $t_2 = 850℃$，则

$$\lambda_1 = 0.7 + 0.00064\left(\frac{1250 + 850}{2}\right) = 1.372 \text{ W/(m·℃)}$$

$$\lambda_2 = 0.12 + 0.000186\left(\frac{850 + 100}{2}\right) = 0.208 \text{ W/(m·℃)}$$

于是

$$q = \frac{t_1 - t_3}{\dfrac{s_1}{\lambda_1} + \dfrac{s_2}{\lambda_2}} = \frac{1250 - 100}{\dfrac{0.232}{1.372} + \dfrac{0.116}{0.208}} = 1580 \text{ W/m}^2$$

再验算中间温度 t_2，

$$t_2 = t_1 - q\frac{s_1}{\lambda_1} = 1250 - 1580\frac{0.232}{1.372} = 983 \text{ ℃}$$

这与假设的 $t_2 = 850℃$ 相差太大，故第二次假定 $t_2' = 980℃$，重复上面的计算：

即　　　　　$$\lambda_1 = 0.7 + 0.00064\left(\frac{1250 + 980}{2}\right) = 1.414 \text{W/(m·℃)}$$

$$\lambda_2 = 0.12 + 0.000186\left(\frac{980 + 100}{2}\right) = 0.220\,\mathrm{W/(m \cdot ℃)}$$

则　　　　　　　　　　$$q = \frac{1250 - 100}{\dfrac{0.232}{1.414} + \dfrac{0.116}{0.220}} = 1663\ \mathrm{W/m^2}$$

再验算中间层温度 t_2 为：

$$t_2 = 1250 - 1663\,\frac{0.232}{1.414} = 977\ ℃$$

显然，这与第二次假定的值 $t_2' = 980℃$ 十分接近，故通过炉墙平壁的导热流密度为 $1663\,\mathrm{W/m^2}$，中间层温度 $t_2 = 977℃$。

（三）圆筒壁导热

平壁导热的特点是导热面保持不变，而蒸汽管道、高炉热风管道、圆筒形炉壁等的导热为圆筒壁的导热，其特点是沿导热方向导热面积不断变化。

1. 单层圆筒壁

假设单层圆筒壁内外半径分别为 r_1、r_2，其内外表面温度为 t_1 和 t_2，并保持不变，且 $t_1 > t_2$，圆筒壁长为 L，材料的平均导热系数 λ 为常数，如图 1.3.4 所示。

导热基本公式为：

$$Q = \frac{t_1 - t_2}{\dfrac{1}{2\pi\lambda L}\ln\dfrac{r_2}{r_1}} \qquad (1.3.4)$$

其中　　　　　　$$R_\Sigma = \frac{1}{2\pi\lambda L}\ln\frac{r_2}{r_1}$$

由式（1.3.4）可以看出，两侧的温度差愈大，r_2 和 r_1 的差值愈小，即筒壁的厚度愈薄，材料的平均导热系数愈大，筒壁的长度愈大，则导热量愈大。

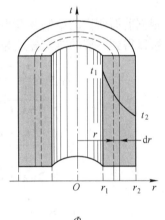

图 1.3.4　单层圆筒壁导热

【例 1.3.3】　已知氧枪外管的外径 $d = 200\mathrm{mm}$，管壁厚 $d = 9\mathrm{mm}$，壁的平均导热系数 $\lambda = 52\,\mathrm{W/(m \cdot ℃)}$，若枪身受长度 $L = 6\mathrm{m}$，并知道通过管壁的导热量 $Q = 2.33\times10^6\,\mathrm{W}$，求氧枪管壁内外表面温度差为多少？

解：已知外径 $d_2 = 200\mathrm{mm}$，管壁厚 $d = 9\mathrm{mm}$，所以，其内径 $d_1 = 200 - 2\times9 = 182\mathrm{mm}$，则 $r_2 = 100\mathrm{mm}$，$r_1 = 91\mathrm{mm}$。

根据单层圆筒壁导热量的计算公式（1.3.4），有

$$Q = \frac{t_1 - t_2}{\dfrac{1}{2\pi\lambda L}\ln\dfrac{r_2}{r_1}}$$

$$t_1 - t_2 = \frac{Q}{2\pi \cdot \lambda L} \ln \frac{r_2}{r_1}$$

$$= \frac{2.33 \times 10^6}{2 \times 3.14 \times 52 \times 6} \times \ln \frac{100}{91}$$

$$= 112℃$$

即氧枪管壁内外表面温度差为112℃。

2. 多层圆筒壁

在生产实际中，有些热工设备往往是由导热系数不同的两种或两种以上的材料组成的多层圆筒壁。下面仍以三层圆筒壁为例，讨论其导热量的计算公式，如图1.3.5所示。

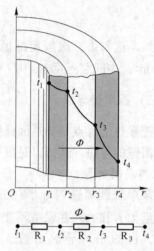

取一段由三层不同材料组成的多层圆筒壁。已知多层壁的长度为 L，内外表面温度为 t_1 和 t_4，层与层之间两接触面的温度设为 t_2 和 t_3，且各层内外半径为 r_1、r_2、r_3、r_4，各层的平均导热系数为 λ_1、λ_2、λ_3。

根据前面所讲的单层圆筒壁导热热流的计算公式，可以得到各层的热流分别为：

$$Q_1 = \frac{t_1 - t_2}{\dfrac{1}{2\pi\lambda_1 L}\ln\dfrac{r_2}{r_1}}$$

$$Q_2 = \frac{t_2 - t_3}{\dfrac{1}{2\pi\lambda_2 L}\ln\dfrac{r_3}{r_2}}$$

图1.3.5　多层圆筒壁导热

$$Q_3 = \frac{t_3 - t_4}{\dfrac{1}{2\pi\lambda_3 L}\ln\dfrac{r_4}{r_3}}$$

由于是稳定态导热，通过各层的热量是相等的，即 $Q_1 = Q_2 = Q_3 = Q$。

利用和比定律，得：

$$Q = \frac{t_1 - t_4}{\dfrac{1}{2\pi \cdot \lambda_1 L}\ln\dfrac{r_2}{r_1} + \dfrac{1}{2\pi \cdot \lambda_2 L}\ln\dfrac{r_3}{r_2} + \dfrac{1}{2\pi \cdot \lambda_3 L}\ln\dfrac{r_4}{r_3}}$$

或

$$Q = \frac{2\pi L(t_1 - t_4)}{\dfrac{1}{\lambda_1}\ln\dfrac{r_2}{r_1} + \dfrac{1}{\lambda_2}\ln\dfrac{r_3}{r_2} + \dfrac{1}{\lambda_3}\ln\dfrac{r_4}{r_3}}$$

其中　　　$R_\Sigma = \dfrac{1}{2\pi \cdot \lambda_1 L}\ln\dfrac{r_2}{r_1} + \dfrac{1}{2\pi \cdot \lambda_2 L}\ln\dfrac{r_3}{r_2} + \dfrac{1}{2\pi \cdot \lambda_3 L}\ln\dfrac{r_4}{r_3} = R_1 + R_2 + R_3$

此时，传热系数 K 为：

$$K = \frac{1}{R_\Sigma} = \frac{2\pi L}{\frac{1}{\lambda_1}\ln\frac{r_2}{r_1} + \frac{1}{\lambda_2}\ln\frac{r_3}{r_2} + \frac{1}{\lambda_3}\ln\frac{r_4}{r_3}}$$

依次类推，n 层多层圆筒壁的计算公式为：

$$Q = \frac{2\pi L(t_1 - t_{n+1})}{\frac{1}{\lambda_1}\ln\frac{r_2}{r_1} + \frac{1}{\lambda_2}\ln\frac{r_3}{r_2} + \cdots + \frac{1}{\lambda_n}\ln\frac{r_{n+1}}{r_n}} = \frac{2\pi L(t_1 - t_{n+1})}{\sum_{i=1}^{n}\frac{1}{\lambda_i}\ln\frac{r_{i+1}}{r_i}} \quad (1.3.5)$$

各层交界面的温度即为：

$$t_2 = t_1 - \frac{Q}{2\pi L}\frac{1}{\lambda_1}\ln\frac{r_2}{r_1}$$

$$t_3 = t_2 - \frac{Q}{2\pi L}\frac{1}{\lambda_2}\ln\frac{r_3}{r_2} = t_1 - \frac{Q}{2\pi L}\left(\frac{1}{\lambda_1}\ln\frac{r_2}{r_1} + \frac{1}{\lambda_2}\ln\frac{r_3}{r_2}\right)$$

$$\vdots$$

$$t_n = t_1 - \frac{Q}{2\pi L}\left(\frac{1}{\lambda_1}\ln\frac{r_2}{r_1} + \frac{1}{\lambda_2}\ln\frac{r_3}{r_2} + \cdots + \frac{1}{\lambda_{n-1}}\ln\frac{r_n}{r_{n-1}}\right)$$

在运用以上公式计算多层圆筒壁的导热时，仍须采用"试算逼近法"试算出 Q，然后验算各中间温度，以后步骤同前所述。

【例1.3.4】 蒸汽管内外直径各为 160mm 及 170mm，管壁外包扎两层隔热材料，第一层隔热材料厚 30mm，第二层厚 50mm。因温度不高，可视各层材料的导热系数为不变的平均值，数值如下：管壁 $\lambda_1 = 58\text{W}/(\text{m}\cdot\text{℃})$，第一层隔热层 $\lambda_2 = 0.175\text{W}/(\text{m}\cdot\text{℃})$，第二层隔热层 $\lambda_3 = 0.093\text{W}/(\text{m}\cdot\text{℃})$，若已知蒸汽管内表面温度 $t_1 = 300\text{℃}$，最外表面温度 $t_4 = 50\text{℃}$，试求每米长管段的热损失和各层界面温度。

解： 根据题意，可知：$r_1 = 80\text{mm}$，$r_2 = 85\text{mm}$，$r_3 = 85 + 30 = 115\text{mm}$，$r_4 = 115 + 50 = 165\text{mm}$。

利用多层圆筒壁导热热流的计算公式（1.3.5），有

$$\begin{aligned}
Q &= \frac{2\pi L(t_1 - t_4)}{\frac{1}{\lambda_1}\ln\frac{r_2}{r_1} + \frac{1}{\lambda_2}\ln\frac{r_3}{r_2} + \frac{1}{\lambda_3}\ln\frac{r_4}{r_3}} \\
&= \frac{2\times3.14\times1\times(300-50)}{\frac{1}{58}\ln\frac{85}{80} + \frac{1}{0.175}\ln\frac{115}{85} + \frac{1}{0.093}\ln\frac{165}{115}} \\
&= 279.85\text{W/m}^2
\end{aligned}$$

$$\begin{aligned}
t_2 &= t_1 - \frac{Q}{2\pi\cdot\lambda_1 L}\ln\frac{r_2}{r_1} \\
&= 300 - \frac{279.85}{2\times3.14\times1\times58}\ln\frac{85}{80}
\end{aligned}$$

$$= 299.95 \approx 300\text{℃}$$

$$t_3 = t_2 - \frac{Q}{2\pi \cdot \lambda_2 L} \ln \frac{r_3}{r_2}$$

$$= 300 - \frac{279.85}{2 \times 3.14 \times 1 \times 0.175} \times \ln \frac{115}{85}$$

$$= 223\text{℃}$$

三、对流给热

如前所述，对流给热是运动的流体与固体表面之间通过对流传热和导热作用所进行的热交换过程。前已述及，流动着的流体与固体表面接触时，由于流层与壁面的摩擦作用会在固体表面附近形成速度变化的区域，这种带有速度变化区域的流层称为边界层。当流体的紊乱程度较大时，边界层内的一部分流体由层流变成紊流，只是靠近固体壁面处，才仍保持一个小的做层流流动的薄膜层，即"层流底层"。边界层虽然很薄，但它的热阻却相当大，即高温表面向低温流体，或高温流体向低温表面进行对流换热时，热阻主要发生在边界层内。层流边界层内，由于流体分子无径向位移和掺混现象，因而通过该层的换热只能靠导热来实现，紊流边界层内，混合作用明显增强，对流换热过程仅在层流底层才有导热特征。因而对流换热在紊流程度提高时得到明显的强化。

从上面的分析可以看出，对流换热过程极为复杂，影响对流换热的因素很多，归纳起来有流体流动动力、流体流动状态、流体的物理性质和换热面形状及其放置方式等。

（一）影响对流换热的因素

1. 流体的流动动力和速度

根据流体产生流动动力的不同，流动可分为两类：一类是流体在外力如泵或风机的驱动下发生的流动，称为"强制对流"；一类是由于流体各部分温度不同造成的密度差异而产生的上升力所引起的流动，称为"自然对流"。

一般地说，自然对流的流速较低，因此自然对流换热通常要比强制对流换热弱，表面传热系数要小。

2. 流体流动的形态

流体的流动状态与雷诺数 Re 的大小有关。当 $Re < 2300$ 时，流动是层流；当 $Re > 10^4$ 时，流动是紊流，Re 越大紊流越强。当 $2300 < Re < 10^4$ 时是过渡状态，$Re = 2300$ 称为管内流动时的"临界雷诺数"。

由于对流换热的热量是沿壁面法线的方向传递，流动状态不同，这种转移的规律也不同。层流时的热量转移只能靠导热，而流体的导热系数很小，导热热阻很大，从而使层流时的对流换热热阻很大。紊流时，在层流底层仍依靠导热，热阻主要存在于导流底层，因层流底层较薄，热阻很小，紊流时的对流换热热阻很小，紊流的换热较层流强烈。

3. 流体的种类与物理性质

不同种类流体其物理性质不同，影响对流换热的流体物理性质主要是密度 ρ，动力黏度 μ（或运动黏度 ν）、导热系数 λ、平均热容量 c_p 等物理参数。ρ 大和 μ 小的流体，在一定的 w 和 d 下 Re 较大，容易形成紊流或紊流较旺，对流换热较强。λ 值小的流体、层流底层的热阻较大，对流换热较弱。c_p 大的流体，由于对流传递的热量较大，换热也较强。

4. 换热表面的几何因素和放置方式

换热表面的尺寸（l）、几何形状（Ψ）、表面粗糙度（β）以及相对位置（θ）等几何因素会影响流体的流动状态，因此影响流体的速度分布和温度分布，对对流换热产生影响。

换热表面放置方式的不同会影响换热过程。例如，自然对流的热壁面竖放就较向下平放时的放热强，这是由于后一种放置方式使流体的流动受到抑制。受迫流动时流体在管内流动和在管外横向冲刷管壁的流动情况不同，换热情况也就不一样。

（二）对流给热的基本公式（牛顿公式）

将影响对流给热的诸多因素归结为一个对流热系数 $\alpha_{对}$，那么对流给热可以用牛顿公式来计算，即：

$$Q = \alpha_{对} \, \Delta t F \qquad\qquad (1.3.6a)$$

或

$$Q = \alpha_{对} \, \Delta t \qquad\qquad (1.3.6b)$$

式中，$\alpha_{对}$ 为对流给热系数，$W/(m^2 \cdot \text{℃})$，其物理意义是：当流体与壁面温差为 1℃ 时，单位面积单位时间内的对流给热量。

$$\Delta t = t_f - t_w \quad （流体被冷却时）$$
$$\Delta t = t_w - t_f \quad （流体被加热时）$$

式中　t_w——壁面温度，℃；

　　　t_f——流体温度，℃。

牛顿公式中主要是如何确定 $\alpha_{对}$，$\alpha_{对}$ 求出后，则对流给热的问题就简单了。

同样也可以把对流换热量写成欧姆定律的形式，即：

$$Q = \cfrac{\Delta t}{\cfrac{1}{\alpha_{对} F}}$$

定义

$$R_\Sigma = \cfrac{1}{\alpha_{对} F}$$

或

$$q = \cfrac{\Delta t}{\cfrac{1}{\alpha_{对}}}$$

定义

$$R = \cfrac{1}{\alpha_{对}}$$

（三）对流给热系数的若干实验公式

由于影响 $\alpha_{对}$ 的因素很多，要确定其准确的数学表达式非常困难，目前 $\alpha_{对}$ 的确定主要是通过实验进行。下面介绍几种常用的经验公式。

1. 强制对流

（1）流体在管内呈层流流动时的给热系数：

$$\alpha_{对} = 5.99 \frac{\lambda}{d}$$

式中表明，层流时 $\alpha_{对}$ 与流速无关，因为这时边界层很厚，整个换热过程都是在边界层内进行，即主要是导热方式，故 $\alpha_{对}$ 在管径一定时，取决于导热系数的大小，而与管壁的粗糙程度无关。

（2）流体在管内作紊流运动时的给热系数：

$$\alpha_{对} = A \frac{w_0^{0.8}}{d^{0.2}}$$

式中　w_0——0℃时流体在管内的流速，m/s；

　　　d——管子内径或内当量直径，m；

　　　A——因流体种类与流体温度而异的系数。具体内容请参阅有关资料。

显然，对一定温度下的一定流体而言，流速愈大，直径愈小，则对流给热系数愈大。

（3）气体在蓄热室砖格子内的给热系数：气体在热风炉或蓄热室的砖格子内呈强制紊流流动。气体与格子砖间的对流给热系数的实验公式为：

$$\alpha_{对} = 0.74 \frac{w_0^{0.8}}{d^{0.33}} T^{0.25}$$

式中　w_0——0℃时气体在砖格子内的流速，m/s；

　　　d——格子孔的当量直径，m；

　　　T——气体的绝对温度，K。

显然，格子孔的尺寸愈小，气体在格子孔内的流速愈大，气体的温度愈高，则气体与砖格子间的对流给热系数愈大。

（4）气体沿平面流动时的给热系数：

$$\alpha_{对} = C w_{20}^n + K$$

式中　w_{20}——换算为20℃时的流速，m/s；

　　　K,C,n——实验常数，具体内容请参阅有关资料。

（5）水对管壁的换热系数：

$$\alpha_{对} = 3373 w^{0.85}(1 + 0.01 t_{水})$$

式中　w——水的流速，m/s；

　　　$t_{水}$——水的平均温度，℃。

（6）火焰炉内强制对流换热时的给热系数：

$$\alpha_{对} = 5.7(1 + 0.55\rho w)$$

式中　ρ——炉气密度，kg/m^3；

　　　w——炉气流速，m/s。

2. 自然对流

在冶金炉中常见的自然对流现象是炉墙、炉顶、炉底外表与周围大气之间的自然对流换热。这时给热系数主要取决于固体表面与在大气间的温度差 Δt，确定换热面不同位置时对流给热系数的经验公式如下。

（1）垂直放置时的给热系数：

$$\alpha_{对} = 2.56\sqrt[4]{\Delta t}$$

（2）水平面向上（热平面向上）时的给热系数：

$$\alpha_{对} = 3.26\sqrt[4]{\Delta t}$$

（3）水平面向下（热平面向上）时的给热系数：

$$\alpha_{对} = 1.98\sqrt[4]{\Delta t}$$

显然，当受热面位置一定时，温差越大，对流给热系数越大；在相同温差时，热面向上的 $\alpha_{对}$ 大于垂直放置的，更大于热面向下的 $\alpha_{对}$。

四、辐射传热

（一）热辐射的基本概念

1. 热辐射的概念和特点

如前所述，由于物体自身温度的激发作用，物体将自身的一部分热能转化为辐射能向外辐射，这就是热辐射，所产生的辐射线叫热射线。

从理论上讲，物体热辐射的电磁波波长可以包括电磁波的整个波谱范围，即波长从 $0 \to \infty$。但在日常生活和工业上常见的温度范围内，热辐射的波长主要在 $0.1 \sim 100\mu m$ 之间，包括部分紫外线、全部可见光和部分红外线三个波段。

热辐射与导热和对流换热相比，它具有以下三个特点。

（1）热辐射不需要中间介质，可以在真空中传播。用太阳对地球的辐射最容易说明这一点。太阳和地球之间相隔约 $1.50 \times 10^8 km$，但是太阳能源源不断地把巨大的辐射能量送到地球上来。据计算，地球一年从太阳获得的能量相当于人类现有各种能源在同期内所提供的能量的上万倍。

（2）热辐射有能量的转移，而且有能量形式的转变。在导热和对流中没有能量形式的转换，而热辐射过程中，有两次能量形式的转化，第一次是物体的一部分热力学能转化为电磁波发射出去，第二次是当此电磁波射到另一物体表面时被吸收，电磁波就转化为物体的热力学能。

（3）热辐射是物体的固有特性（相互辐射）。一切物体只要温度大于 0K，不论温度高低，都在不停地发射电磁波，温度愈高，发射热辐射的能力愈强。从微观角度看，热射线是不连续的离散的量子传播能量的过程，每个量子都是有一定的质量和能量。

2. 物体对热射线的吸收，反射和透过

由于热射线和可见光均为电磁波，本质相同，故热射线落到物体上时也和可见光一样有反射、吸收和透过现象。如图 1.3.6 所示，以 Q 代表投射到某物体表面的总能量，Q_A、Q_R 和 Q_D 分别代表被物体吸收、反射和透过的部分，于是根据能量守恒定律有：

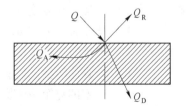

图 1.3.6　热射线的吸收，反射和透过

$$Q_A + Q_R + Q_D = Q$$

两边同除以 Q，得：

$$\frac{Q_A}{Q} + \frac{Q_R}{Q} + \frac{Q_D}{Q} = 1$$

式中　$\dfrac{Q_A}{Q}$——称为物体的"吸收率"，用"A"表示；

　　　$\dfrac{Q_R}{Q}$——称为物体的"反射率"，用"R"表示；

　　　$\dfrac{Q_D}{Q}$——称为物体的"透过率"，用"D"表示。

于是，上式可改写为：

$$A + R + D = 1$$

若 $A=1$，即 $R=0$，$D=0$，表明物体对热辐射全部吸收，既不反射也不透过，则该物体称为"黑体"。

若 $R=1$，即 $A=0$，$D=0$，表明物体对热辐射全部反射，既不吸收也不透过，则该物体称为"白体"。

若 $D=1$，即 $A=0$，$D=0$，表明物体对热辐射全部透过，既不吸收也不反射，则该物体称为"透热体"。

应当指出，在自然界中，黑体、白体和透热体是不存在的，这三种情况只是为了研究问题方便而进行的假设。实际物体的 A、R、D 之值在 $0~1$ 之间，一般工程上的固体不透过，即 $D=0$，$A+R=1$；常见的气体多属于不反射，即 $R=0$，$A+D=1$。需要指出的是，传热学上的"黑体"、"白体"、"透热体"的概念，与光学上的"黑色物体"、"白色物体"和"透明物体"的概念是不同的。前者是对于热射线而言；后者是对于可见光而言。

（二）热辐射的基本定律

1. 普朗克定律

普朗克定律描述了黑体单色辐射能力（即对某一波长的辐射）与波长和绝对温度之间的函数关系，即：$E_{b\lambda} = f(\lambda, T)$。

普朗克根据量子理论确定了绝对黑体的单色辐射能与绝对温度和波长 λ 之间的关系为：

$$E_{b\lambda} = \dfrac{C_1 \lambda^{-5}}{\mathrm{e}^{\frac{c_2}{\lambda T}} - 1}$$

式中　$E_{b\lambda}$——黑体在温度为 T，波长为 λ 的单一波长的辐射能力，W/m^3；

　　　λ——波长，m 或 μm；

　　　T——绝对温度，K；

　　　e——自然对数的底；

　　　C_1——普朗克第一常数，$C_1 = 3.743 \times 10^{-16} W \cdot m^2$；

　　　C_2——普朗克第二常数，$C_2 = 1.439 \times 10^{-2} m \cdot K$。

将上式绘成图 1.3.7。由图中可以看出：

（1）$\lambda \to 0$ 和 $\lambda \to \infty$ 时，$E_{b\lambda} \to 0$；

（2）温度愈高，同一波长下的单色辐射力愈大；

（3）在一定的温度下，黑体的单色辐射力在某一波长下具有最大值；

（4）随着温度的升高，$E_{b\lambda}$取得最大值的波长λ_{max}越来越小，即在λ坐标中的位置向短波方向移动。利用这个特点，可以判断辐射体的温度。低温时，中长波射线所占比例较大，颜色发红；温度升高后，辐射光谱中可见光的含量增加，颜色越来越明亮。

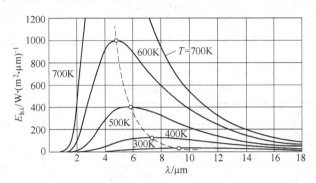

图1.3.7 绝对黑体的辐射能与波长和温度的关系

上述随着温度的升高，$E_{b\lambda}$取得最大值的波长λ_{max}越来越小，即在λ坐标中的位置向短波方向移动，这就是由普朗克定律导出的维恩定律，它可以表示为：

$$\lambda_{max} \cdot T = 2.8976 \times 10^{-3} m \cdot K$$

2. 斯忒藩-玻耳兹曼定律

该定律说明物体表面单位面积在单位时间内发射出各种波长辐射能的总和与绝对温度的关系。数学表达式为：

$$E_b = \int_0^\infty E_{b\lambda} d\lambda = \int_0^\infty \frac{c_1 \lambda^{-5}}{e^{\frac{c_2}{\lambda T}} - 1} d\lambda$$

$$E_b = \sigma_b T^4 = C_b \left(\frac{T}{100}\right)^4$$

式中　σ_b——黑体的辐射常数，取$5.67 \times 10^{-8} W/(m^2 \cdot K^4)$；

C_b——黑体的辐射系数，取$5.67 W/(m^2 \cdot K^4)$。

从该定律可知，绝对黑体的辐射能力与其绝对温度的四次方成正比，故人们将上述定律也称为四次方定律。随着温度的升高。辐射能力增加得非常迅速。例如，绝对温度增加10%，则辐射能力将增加46.41%。这就说明了提高辐射物体的温度是强化辐射传热最有效的措施。

3. 灰体的辐射

严格地说，斯忒藩-玻耳兹曼定律只有对黑体才是正确的，但经实验证明，这一定律也可应用于灰体。灰体指的是实际物体，它能部分地吸收各种波长的辐射能。灰体的辐射能为：

$$E = \varepsilon C_b \left(\frac{T}{100}\right)^4 = C \left(\frac{T}{100}\right)^4$$

式中　C——灰体的辐射系数，$0 < C < C_b$。

灰体的辐射能力E与同温度黑体的辐射能力E_b之比值称为物体的黑度（发射率），用ε表示。即：

$$\varepsilon = \frac{E}{E_b} = \frac{C\left(\dfrac{T}{100}\right)^4}{C_b\left(\dfrac{T}{100}\right)^4} = \frac{C}{C_b}$$

实际物体发射率数值大小取决于材料的种类、温度和表面状况，通常由实验测定。常见的物体的黑度见表 1.3.2。

表 1.3.2　一些材料的黑度

材 料 名 称	温度/℃	ε
表面磨光的铁	425~1020	0.144~0.377
表面氧化的铁	100	0.735
表面磨光的钢	770~1040	0.52~0.56
表面氧化的钢	940~1100	0.8
红　砖	20	0.93
硅　砖	100	0.8
黏土砖	高温	0.8~0.9
镁　砖	高温	0.8
碳化硅	580~800	0.95~0.88
钢　水	≥1600	0.65

所以，实际物体的辐射能力为：

$$E = \varepsilon E_0 = \varepsilon C_b \left(\frac{T}{100}\right)^4 = 5.67\varepsilon\left(\frac{T}{100}\right)^4$$

4. 基尔霍夫定律

该定律揭示了物体吸收辐射能的能力与发射辐射能的能力之间的关系，其表达式为：

$$A = \varepsilon$$

严格来讲，这一定律仅在热平衡条件下才能精确地成立。但是，在通常的物体之间进行辐射热交换的过程中，可以认为近似成立，在热工分析计算中，可以认为是相同的。由上述结论还可以得出：吸收辐射能能力愈强的物体其发射辐射能能力也愈强。在温度相同的物体中，黑体吸收辐射能的能力最强，发射辐射能的能力也最强。

（三）两物体间的辐射热交换

一个物体通过辐射把热量传递给另一物体的辐射热交换，其热交换量的大小不仅与辐射能力有关，而且还与两物体的表面形状及表面在空间所处的相对位置有关。

1. 角度系数的概念

从某一表面发射出去落到另一表面的辐射能与其发射出去的总辐射能的比值，称为角系数，用符号 φ_{AB} 表示。

设 F_1 面单位时间辐射出去的总能量为 Q_1，若其中投射到 F_2 面上的辐射能为 Q_{12}，则根据以上定义，F_1 面对 F_2 面的角度系数 φ_{12} 为：

$$\varphi_{12} = \frac{Q_{12}}{Q_2}$$

同样，可求出 F_2 面对 F_1 面的角度系数 φ_{21} 为：

$$\varphi_{21} = \frac{Q_{21}}{Q_1}$$

角度系数是一个综合的几何参数，只与两表面的大小、形状、距离和相互位置有关，而不受表面温度和表面黑度的影响。

要想用数学分析方法求出两物体间的角度系数，是比较复杂的。实际应用中通常利用角度系数的特性，列出表达换热系数中不同角度系数间的相互关系的一些代数方程，从而简化其计算。

2. **角度系数的性质**

A 非自见面性

平面、凸面上所辐射的辐射能，都不能直接辐射到该表面，这样的表面称非自见面。既然非自见面射向自身的辐射能等于零，那么，根据角度系数的定义可知，非自见自身对自身的角度系数等于零，即：

$$\varphi_{ii} = 0$$

B 相对性

F_x 面对 F_y 面的角度系数 φ_{xy} 乘以 F_x 等于 F_y 面对 F_x 面的角度系数 φ_{yx} 乘以 F_y，这就是角度系数的相对性。即：

$$\varphi_{xy} \cdot F_x = \varphi_{yx} \cdot F_y$$

可见，任意两表面之间的角度系数不是独立的，它们受上面等式制约。

C 完整性

封闭系统是指由换热面所组成的封闭空间。假设由 n 个任意面组成一个封闭系统，那么，其中任意一面 F_i 向系统中所有面辐射的辐射能的代数和应等于从该面射出去的辐射能。即：

$$Q_{i1} + Q_{i2} + \cdots + Q_{in} = Q_i$$

两边同除以 Q_i，得：

$$\frac{Q_{11}}{Q_1} + \frac{Q_{12}}{Q_1} + \cdots + \frac{Q_{1n}}{Q_1} = 1$$

即

$$\varphi_{11} + \varphi_{12} + \cdots + \varphi_{1n} = 1$$

封闭系统中任意一面对系统中所有面，包括自身的角度系数之和等于1，这就是封闭系统角度系数的完整性。

3. **封闭体系内两表面间的辐射热交换**

设有两个任意表面 F_1 和 F_2 构成的封闭体系，其中 F_1 面的温度均匀分布为 T_1，黑度为 ε_1，F_1 面对 F_2 面的角度系数为 φ_{12}；F_2 面的温度均匀分布为 T_2，黑度为 ε_2，F_2 面对 F_1 面的角度系数为 φ_{21}。若 $T_1 > T_2$，则两表面间的辐射换热量为：

$$Q = \frac{5.67}{\left(\frac{1}{\varepsilon_1} - 1\right)\varphi_{12} + 1 + \left(\frac{1}{\varepsilon_2} - 1\right)\varphi_{21}}\left[\left(\frac{T_1}{100}\right)^4 - \left(\frac{T_2}{100}\right)^4\right]F_1\varphi_{12}$$

$$= C_{12}\left[\left(\frac{T_1}{100}\right)^4 - \left(\frac{T_2}{100}\right)^4\right] F_1\varphi_{12} \tag{1.3.7}$$

$$C_{12} = \frac{5.67}{\left(\dfrac{1}{\varepsilon_1} - 1\right)\varphi_{12} + 1 + \left(\dfrac{1}{\varepsilon_2} - 1\right)\varphi_{21}}$$

式中，C_{12} 称为综合辐射系数或导热辐射系数，$W/(m^2 \cdot K^4)$。若两表面全为黑体，则$\varepsilon_1 = \varepsilon_2 = 1$，得 $C_{12} = 5.67$。

（四）气体与固体间的辐射热交换

1. 气体辐射和吸收的特点

（1）各种气体都不能反射，即气体的反射率等于零。有 $A+D=1$。

（2）不同的气体，其辐射和吸收辐射能的能力不同。

对分子结构对称的双原子气体来说，在工程上常遇到在高温范围内实际上并没有发射和吸收辐射能的能力，可以认为是透热体。如氢、氧、氮及空气等都属于这类介质。但是，像二氧化碳、水蒸汽及甲烷等三原子、多原子气体及结构不对称的双原子气体，一般都具有较大的辐射及吸收能力。

（3）气体的辐射和吸收，对波长具有选择性。通常固体表面辐射和吸收的光谱是连续的，而气体则是间断的。一种气体只在某些波长范围内有辐射能力，相应地只在同样波长范围内具有吸收能力。

（4）气体辐射属于体积辐射。固体的辐射及吸收是在很薄的表面层进行的。气体的辐射及吸收则是在整个容积内进行的。当热射线穿过气体层时，沿途被气体所吸收而使强度逐渐减弱。这种强度的减弱程度取决于沿途所遇到的气体的分子数目，即所遇到的分子数目越多，被吸收的热射线也就越多，热射线的减弱程度也就越大。另外，还与气体所经过路程有关，气体所经过的路程，即热射线穿过的路程，称为射线行程或辐射层厚度。当然还与温度有关，因为温度越高，单位体积内可辐射气体的分子数相对越少。

其中气体的射线行程用 S 表示，它可用下式计算：

$$S = 0.9\frac{4V}{F} = 3.6\frac{V}{F}$$

式中　V——气体所占容积，m^3；

　　　F——包围气体的固体壁面面积，m^2。

2. 气体的黑度

由物体黑度的定义式可知气体的黑度 ε_g 为：

$$\varepsilon_g = \frac{E_g}{E_b}$$

上式表明，气体的黑度就是气体的辐射力与同温度下黑体的辐射 E_b 之比。根据对常见的三原子气体（CO_2、H_2O 和 SO_2）的辐射能力 E_g 和温度、分压力及射线行程的研究，从大量数据的整理综合总结中提出了近似公式，近似公式表明气体的黑度 ε_g 与气体的温度 T、射线行程与分压力的乘积 $P \cdot S$ 有关。在实用中最常用的不是公式，而是由实验提供的线图。具体内容请参阅有关资料。

3. 气体与固体表面之间的辐射热交换

冶金炉内充满高温辐射气体时，气体与炉壁间或气体与被加热物料间进行辐射热交换。设炉膛内气体成分均匀，且均匀分布，炉气温度均匀为 T_g，气体的黑度和吸收率分别为 ε_g 和 A_g，固体壁面（炉壁或被加热物料表面）温度均匀为 T_w，黑度为 ε_w，壁面受热面积为 F，则炉气向固体壁面的辐射传热量为：

$$Q = \frac{C_b}{\dfrac{1}{A_g} + \dfrac{1}{\varepsilon_w} - 1}\left[\frac{\varepsilon_g}{A_g}\left(\frac{T_g}{100}\right)^4 - \left(\frac{T_w}{100}\right)^4\right]F \qquad (1.3.8)$$

当 T_g 和 T_w 相近时，可认为气体的 $\varepsilon_g = A_g$，则式（1.3.8）可简化为：

$$Q = \frac{5.67}{\dfrac{1}{\varepsilon_g} + \dfrac{1}{\varepsilon_w} - 1}\left[\left(\frac{T_g}{100}\right)^4 - \left(\frac{T_w}{100}\right)^4\right]F$$

如果 T_g 与 T_w 相差很大，则不能应用简化公式。

五、稳定态综合传热

在实际传热过程中，往往同时包含着传导、对流和辐射几种基本传热方式。两种或两种以上传热方式同时存在的传热过程称为综合传热。温度场不随时间改变的综合传热，即为稳定态综合传热。

（一）流体与固体表面间的热交换

流体与固体表面间的热交换通常是辐射和对流作用同时存在。在这种情况下，总的传热量应是辐射传热量与对流传热量之和，即：

$$Q = Q_{对} + Q_{辐}$$

其中

$$Q_{对} = \alpha_{对}(t_1 - t_2)F$$

$$Q_{辐} = C_{12}\left[\left(\frac{T_1}{100}\right)^4 - \left(\frac{T_2}{100}\right)^4\right]F$$

为了方便起见，可将两个传热量都用对流给热形式表示。

令 $\alpha_{辐} = \dfrac{C_{12}\left[\left(\dfrac{T_1}{100}\right)^4 - \left(\dfrac{T_2}{100}\right)^4\right]}{t_1 - t_2}$，称为辐射给热系数，则

$$Q = \alpha_{对}(t_1 - t_2)F + \alpha_{辐}(t_1 - t_2)F = (\alpha_{对} + \alpha_{辐})(t_1 - t_2)F$$

令 $\alpha_\Sigma = \alpha_{对} + \alpha_{辐}$，称为综合给热系数，则有：

$$Q = \alpha_\Sigma(t_1 - t_2)F \qquad (1.3.9)$$

显然，物体间的温度差、换热面积和综合给热系数是影响辐射和对流同时存在的综合传热的三个基本因素。综合换热热阻 $R_\Sigma = \dfrac{1}{\alpha_\Sigma F}$。

（二）流体通过固体壁面对另一流体的综合传热

热管道内的高温流体通过管壁向大气空间的传热，炉内气体通过炉墙向大气空间的传

热，换热器内高温流体通过管壁向低温流体的传热等都属于这种综合传热。

图 1.3.8 为这种综合传热的示意图。由图中可以看出，壁的一侧为高温流体，另一侧为低温流体。因此，这种综合传热包括三个传热过程：

（1）高温流体对高温壁面的辐射和对流传热过程。

（2）高温壁面对低温壁面的传导传热过程。

（3）低温壁面对低温流体的辐射和对流传热过程。

下面依据固体壁面的类型，分别讨论其传热关系式。

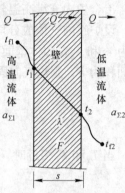

图 1.3.8　流体通过固体壁对另一流体的传热

1. 通过平壁的综合传热

A　壁面为单层平壁

假设 t_{f1}、t_{f2} 分别为高、低温流体温度，t_1、t_2 分别为高、低温壁面温度，$\alpha_{\Sigma1}$、$\alpha_{\Sigma2}$ 分别为高温流体对高温壁面、低温壁面对低温流体的综合给热系数，平壁厚度为 s、导热系数为 λ、面积为 F。则三个传热过程的关系式分别为：

$$Q_1 = \alpha_{\Sigma1}(t_{f1} - t_1)F$$

$$Q_2 = \frac{\lambda}{s}(t_1 - t_2)F$$

$$Q_3 = \alpha_{\Sigma2}(t_2 - t_{f2})F$$

由于是稳定态传热，所以 $Q_1 = Q_2 = Q_3 = Q$，利用和比定律得：

$$Q = \frac{t_{f1} - t_{f2}}{\dfrac{1}{\alpha_{\Sigma1}F} + \dfrac{s}{\lambda F} + \dfrac{1}{\alpha_{\Sigma2}F}} \tag{1.3.10a}$$

或

$$q = \frac{t_{f1} - t_{f2}}{\dfrac{1}{\alpha_{\Sigma1}} + \dfrac{s}{\lambda} + \dfrac{1}{\alpha_{\Sigma2}}} \tag{1.3.10b}$$

式中　t_{f1}，t_{f2} ——高、低温流体温度，℃；

$\quad\quad\quad\alpha_{\Sigma1}$——高温流体对壁的高温表面的综合给热系数，$W/(m^2 \cdot ℃)$；

$\quad\quad\quad\alpha_{\Sigma2}$——壁的低温表面对低温流体的综合给热系数，$W/(m^2 \cdot ℃)$；

$\quad\quad\quad s$ ——平壁厚度，m；

$\quad\quad\quad\lambda$ ——平壁的平均导热系数，$W/(m \cdot ℃)$；

$\quad\quad\quad F$ ——平壁的传热面积，m^2。

这是高温流体通过单层平壁向低温流体的综合传热的基本公式。

若令 $K = \dfrac{1}{\dfrac{1}{\alpha_{\Sigma1}} + \dfrac{s}{\lambda} + \dfrac{1}{\alpha_{\Sigma2}}}$，则有：

$$Q = K(t_{f1} - t_{f2})F$$

式中　K——传热系数，K 值越大，说明综合传热的能力越强。

热阻

$$R = \frac{1}{\alpha_{\Sigma 1}} + \frac{s}{\lambda} + \frac{1}{\alpha_{\Sigma 2}}$$

B 壁面为多层平壁

对于多层平壁时，同理可以导出如下公式：

$$Q = \frac{t_{f1} - t_{f2}}{\frac{1}{\alpha_{\Sigma 1} F} + \sum_{i=1}^{n} \frac{s_i}{\lambda_i F} + \frac{1}{\alpha_{\Sigma 2} F}} \tag{1.3.11a}$$

或

$$q = \frac{t_{f1} - t_{f2}}{\frac{1}{\alpha_{\Sigma 1}} + \sum_{i=1}^{n} \frac{s_i}{\lambda_i} + \frac{1}{\alpha_{\Sigma 2}}} \tag{1.3.11b}$$

2. 通过圆筒壁的综合传热

A 壁面为单层圆筒壁

假设 t_{f1}、t_{f2} 分别为高、低温流体温度，t_1、t_2 分别为高、低温壁面温度，$\alpha_{\Sigma 1}$、$\alpha_{\Sigma 2}$ 分别为高温流体对高温壁面、低温壁面对低温流体的综合给热系数，圆筒壁的内半径为 r_1，外半径为 r_2，长为 L，导热系数为 λ。则有：

$$\begin{aligned}
Q &= \frac{t_{f1} - t_{f2}}{\frac{1}{\alpha_{\Sigma 1} r_1} + \frac{1}{\lambda} \ln \frac{r_2}{r_1} + \frac{1}{\alpha_{\Sigma 2} r_2}} 2\pi L \\
&= \frac{t_{f1} - t_{f2}}{\frac{1}{\alpha_{\Sigma 1}} + \frac{r_1}{\lambda} \ln \frac{r_2}{r_1} + \frac{1}{\alpha_{\Sigma 2}} \frac{r_1}{r_2}} 2\pi r_1 L \\
&= K_1 (t_{f1} - t_{f2}) F_1
\end{aligned} \tag{1.3.12}$$

其中

$$K_1 = \frac{1}{\frac{1}{\alpha_{\Sigma 1}} + \frac{r_1}{\lambda} \ln \frac{r_2}{r_1} + \frac{1}{\alpha_{\Sigma 2}} \frac{r_1}{r_2}}$$

$$F_1 = 2\pi r_1 L$$

或

$$\begin{aligned}
Q &= \frac{t_{f1} - t_{f2}}{\frac{1}{\alpha_{\Sigma 1} r_1} + \frac{1}{\lambda} \ln \frac{r_2}{r_1} + \frac{1}{\alpha_{\Sigma 2} r_2}} 2\pi L \\
&= \frac{t_{f1} - t_{f2}}{\frac{1}{\alpha_{\Sigma 1}} \frac{r_2}{r_1} + \frac{r_2}{\lambda} \ln \frac{r_2}{r_1} + \frac{1}{\alpha_{\Sigma 2}}} 2\pi r_2 L \\
&= K_2 (t_{f1} - t_{f2}) F_2
\end{aligned}$$

其中

$$K_2 = \frac{1}{\alpha_{\Sigma 1}} \frac{r_2}{r_1} + \frac{r_2}{\lambda} \ln \frac{r_2}{r_1} + \frac{1}{\alpha_{\Sigma 2}}$$

$$F_2 = 2\pi r_2 L$$

B　壁面为多层圆筒壁

对于多层圆筒壁，同理可以导出如下公式：

$$Q = \frac{t_{f1} - t_{f2}}{\dfrac{1}{\alpha_{\Sigma 1} r_1} + \sum_{i=1}^{n} \dfrac{1}{\lambda_i} \ln \dfrac{r_{i+1}}{r_i} + \dfrac{1}{\alpha_{\Sigma 2} r_{n+1}}} 2\pi L \qquad (1.3.13)$$

【例 1.3.5】　某加热炉炉墙采用 464mm 厚的硅砖砌筑，其导热系数为 2.32W/(m·K)，稳定生产时炉内炉气温度为 1525℃，内壁综合换热系数为 100W/(m²·℃)，环境温度为 25℃，外壁对空气散热的综合换热系数为 25W/(m²·℃)。试计算：（1）通过炉壁散热的热流密度 q；（2）炉壁内表温度 t_1；（3）炉壁外表温度 t_2。

解：（1）根据流体通过固体平壁对另一流体的综合换热公式（1.3.10b），有：

$$q = \frac{t_{f1} - t_{f2}}{\dfrac{1}{\alpha_{\Sigma 1}} + \dfrac{s}{\lambda} + \dfrac{1}{\alpha_{\Sigma 2}}} = \frac{1525 - 25}{\dfrac{1}{100} + \dfrac{0.464}{2.32} + \dfrac{1}{25}} = 6000 \text{W/m}^2$$

（2）因为

$$q = \frac{t_{f1} - t_1}{\dfrac{1}{\alpha_{\Sigma 1}}}$$

所以

$$t_1 = t_{f1} - q \frac{1}{\alpha_{\Sigma 1}} = 1525 - 6000 \times \frac{1}{100} = 1465℃$$

（3）因为

$$q = \frac{t_2 - t_{f2}}{\dfrac{1}{\alpha_{\Sigma 2}}}$$

所以

$$t_2 = t_{f2} + q \frac{1}{\alpha_{\Sigma 2}} = 25 + 6000 \times \frac{1}{25} = 265℃$$

【任务实施】

一、实训内容

导热系数测定。

二、实训目的

（1）巩固和深化稳定导热过程的基本理论，学习用平板法测定材料导热系数的实验方法和技能。

（2）测定实验材料的导热系数。

（3）确定实验材料导热系数与温度的关系。

三、实训相关知识

（一）实验装置及测量仪表

稳态平板法测定材料导热系数的实验装置如图 1.3.9 所示。被实验材料做成两块方形

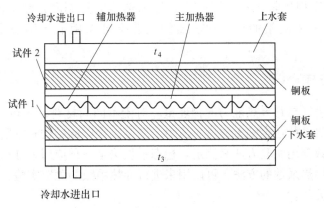

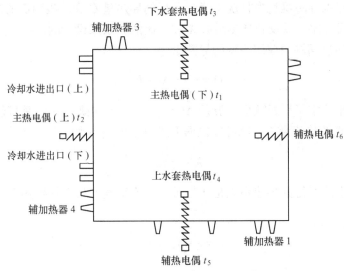

图 1.3.9　实验台主体示意图

薄壁平板试件，面积为 300mm×300mm，实际导热计算面积 F 为 200mm×200mm，板的厚度为 δ（mm）。平板试件分别被夹紧在加热器的上下热面和上下水套的冷面之间。加热器的上下面和水套与试件的接触面都设有铜板，以使温度均匀。利用薄膜式加热片实现对上下试件热面的加热，而上下导热面水套的冷却面是通过循环冷却水（或通以自来水）来实现。在中间 200mm×200mm 部位上安设的加热器为主加热器。为了使主加热器的热量能够全部单向通过上下两个试件，并通过水套的冷水带走，在主加热器四周（即 200mm×200mm 之外的四侧）设有四个辅助加热器（1~4），利用专用的温度跟踪控制器使主加热器以外的四周保持与中间主加热器的温度一致，以免热流量向旁侧散失。主加热器的中心温度 t_1（或 t_2）和水套冷面的中心温度 t_3（或 t_4）用 4 个热电偶（埋没在铜板上）来测量；辅助加热器 1 和辅助加热器 2 的热面也分别设置两个辅热电偶 t_5 和 t_6（埋没在铜板的相应位置上），其中一个辅热电偶 t_5（或 t_6）接到温度跟踪控制器上，与主加热器中心接来的主热电偶 t_2（或 t_1）的温度信号相比较，通过跟踪器使全部辅加热器都跟踪到与主加热器的温度一致。在实验进行时，可以通过热电偶 t_1（或 t_2）和热电偶 t_3（或 t_4）测量出一个试件的两个表面的中心温度；也可以再测量一个辅热电偶的温度，以便与主热电偶的温度相比较，从而了解主、辅加热器的控制和跟踪情况。温度是利用电位差计和转换开关来测量的。主加热器的电功率可以用电功率表或电压表和电流表测量。

（二）实验原理

导热系数是表征材料导热能力的物理量。对于不同的材料，导热系数是各不相同的；对同一材料，导热系数还会随着温度、压力、湿度、物质的结构和密度等因素而变化。各种材料的导热系数都用实验方法来测定。稳态平板法是一种应用一维稳态导热过程的基本原理来测定材料导热系数的方法，可以用来进行导热系数的测定实验，测定材料的导热系数及其和温度的关系。

实验设备是根据在一维稳态情况下通过平板的导热量 Q 和平板两面的温差 Δt 成正比，和平板的厚度 s 成反比，以及和导热系数 λ 成正比的关系来设计的。

一维稳定态导热问题中单层平壁的导热量为

$$Q = \frac{\lambda}{s} \cdot \Delta t \cdot F$$

测试时，如果测定了平板两面的温差 $\Delta t = t_R - t_L$、平板厚度 s、垂直热流方向的导热面积 F 和通过平板的热流量 Q，就可以根据下式得出导热系数：

$$\lambda = \frac{Qs}{\Delta t F}$$

需要指出，上式所得的导热系数是在当时的平均温度下材料的导热系数值，此平均温度为：

$$\overline{t} = \frac{1}{2}(t_R + t_L)$$

在不同的温度和温差条件下测出相应的 λ 值。然后将 λ 值标在 $\lambda - \overline{t}$ 坐标图内，就可以得出 $\lambda = f(\overline{t})$ 的关系曲线。

（三）实验方法和步骤

（1）将两个平板试件仔细地安装在加热器的上下面，试件表面应与铜板严密接触，不应有空隙存在。在试件、加热器和水套等安装入位后，应在上面加压一定的重物，以使它们能紧密接触。

（2）联结和仔细检查各接线电路。将主加热器的两个接线端用导线接至主加热器电源；而 4 个辅助加热器经两两并联后再串联成串联电路（实验台上已联结好），并按图 1.3.9 所示联结到辅加热器电源上和跟踪控制器上。电压表和电流表（或电功率表）应按要求接入电路。

（3）检查冷却水水泵及其通路能否正常工作，各热电偶是否正常完好，校正电位差计的零位。

（4）接通加热器电源，并调节到合适的电压，开始加温，同时开启温度跟踪控制器。在加温过程中，可通过各测温点的测量来控制和了解加热情况。开始时，可先不启动冷水泵，待试件的热面温度达到一定水平后，再启动水泵（或接通自来水），向上下水套通入冷却水。实验经过一段时间后，试件的热面温度和冷面温度开始趋于稳定。在这过程中可以适当调节主加热器电源、辅加热器电源的电压，使其更快或更利于达到稳定状态。待温度基本稳定后，就可以每隔一段时间进行一次电功率 W（或电压 V 和电流 I）读数记录和温度测量，从而得到稳定的测试结果。

（5）一个工况实验后，可以将设备调到另一工况，即调节主加热器功率后，再按上述方法进行测试，得到另一工况的稳定测试结果。调节的电功率不宜过大，一般在 5～10W 为宜。

（6）根据实验要求，进行多次工况的测试（工况以从低温到高温为宜）。

（7）测试结束后，先切断加热器电源，并关闭跟踪器，经过 10min 左右后再关闭水泵（或停放自来水）。

（四）实验结果处理

实验数据取实验进入稳定状态后的连续三次稳定结果的平均值。导热量（即主加热器的电功率）：

$$Q = W(I \cdot V)$$

式中　W——主加热器的电功率值，W；

　　　I——主加热器的电流值，A；

　　　V——主加热器的电压值，V。

由于设备为双试件型，导热量向上下两个试件（试件 1 和试件 2）传导，所以

$$Q_1 = Q_2 = \frac{Q}{2} = \frac{W}{2}(或 = \frac{1}{2}I \cdot V)$$

试件两面的温差：

$$\Delta t = t_R - t_L$$

式中　t_R——试件的热面温度（即 t_1 或 t_2）；

　　　t_L——试件的冷面温度（即 t_3 或 t_4）。

平均温度为：

$$\bar{t} = \frac{t_R + t_L}{2}$$

平均温度为 $\bar{t}$ 时的导热系数：

$$\lambda = \frac{Ws}{2(t_R - t_L)F} \quad \left(或 \quad \frac{IVs}{2(t_R - t_L)F}\right)$$

将不同平均温度下测定的材料导热系数在 $\lambda - \bar{t}$ 坐标中得出 $\lambda - \bar{t}$ 的关系曲线，并求出 $\lambda = f(\bar{t})$ 的关系式。

（五）讨论

导热系数与温度有何关系？

（六）完成实验报告

【任务总结】

通过实验，掌握导热系数测试方法，能在生产实际中确定导热系数，为加热制度提供依据。

【任务评价】

表 1.3.3　任务评价表

任务实施名称			导热系数测定			
开始时间		结束时间		学生签字		
				教师签字		
评价项目		技术要求			分值	得分
操　作		（1）方法得当； （2）操作规范； （3）正确使用工具、仪器、设备； （4）团队合作				
任务实施报告单		（1）书写规范整齐，内容翔实具体； （2）实训结果和数据记录准确、全面，并能正确分析； （3）回答问题正确、完整； （4）团队精神考核				

思考与练习题

1. 热量传递的三种基本方式是什么？

2. 什么叫温度场？什么叫稳定态传热？

3. 什么叫热流和热流密度？两者关系怎样？

4. 什么叫导热？它有什么特点？

5. 试计算单层炉墙的每平方米面积上的导热热流。已知墙厚 300mm，两侧表面温度为 800℃ 与 50℃，砖的导热系数 $\lambda = 0.465 + 0.00051t\ [W/(m \cdot ℃)]$。

6. 某炉墙由两层耐火材料砌成，内层为硅砖，厚 460mm，外层为轻质黏土砖，厚 230mm，现测得内外表面温度分别为 1600℃ 和 150℃，求热流密度。

7. 已知氧枪外管的外径 $d = 200mm$，管壁厚 $\delta = 9mm$，壁的导热系数 $\lambda = 52W/(m \cdot ℃)$，若枪身受热长度 $L = 6m$，并知道通过管壁的导热量 $Q = 2.33 \times 105W$。求氧枪管壁内外表面温度差为多少？

8. 蒸汽管内外直径分别为 190mm 和 200mm。管的外面裹着两层绝热材料，第一层绝热材料的厚度 $S_2 = 40$，第二层绝热材料的厚度 $S_3 = 40mm$。管壁和两层绝热材料的导热系数分别为 $\lambda_1 = 58$，$\lambda_2 = 16$ 和 $\lambda_3 = 0.10W/(m \cdot ℃)$。蒸汽管的内表面温度 $t_1 = 250℃$，第二层绝热材料的外表面 $t_4 = 40℃$，试求蒸汽管每米的热损失和各层之间的界面温度。

9. 什么叫对流给热？影响对流给热的因素有哪些？

10. 什么叫热辐射？它与导热和对流相比有什么特点？

11. 什么叫黑度和吸收率？两者有什么关系？黑色的物体是否是黑体？白色物体是否是白体？为什么？

12. 为什么能够根据火焰的颜色判断炉温高低？如何判断？

13. 什么叫角度系数？它有哪几个特性？

14. 已知某加热炉炉膛尺寸：长 700mm、宽 500mm、高 400mm，炉衬黑度 $\Sigma_2 = 0.7$，被加热物为钢板，其尺寸为长 500mm、宽 400mm，表面温度为 500℃，$\Sigma_2 = 0.8$，炉衬表面温度为 1350℃，试求炉膛内衬辐射给钢的热量。

15. 气体的辐射和吸收有什么特点

16. 某加热炉炉墙采用 464mm 厚的硅砖砌筑，其导热系数为 2.32W/(m·K)，稳定生产时炉内炉气温度为 1275℃，内壁综合换热系数为 80W/(m²·℃)，环境温度为 30℃，外壁对空气散热的综合换热系数为 20W/(m²·℃)。试计算：（1）通过炉壁散热的热流密度 q；（2）炉壁内表温度 t_1、外表温度 t_2。

任务四　耐　火　材　料

【任务描述】

凡建造加热炉所用的材料统称为筑炉材料。加热炉和冶金企业其他高温热工设备都是在高温下工作的，高温部分的砌筑都离不开耐火材料。冶金工业所用的耐火材料占整个耐火材料产量的 60%~70% 以上。耐火材料性能的优劣对冶金产品的质量影响很大，是各类冶金炉的技术经济指标一，尤其对炉子的使用寿命影响很大。

【能力目标】

(1) 认识耐火材料及其性能；

(2) 认识加热炉常用耐火砖、不定型耐火材料与绝热材料；

(3) 能正确选择加热炉各部位耐火材料。

【知识目标】

(1) 耐火材料的概念与分类；

(2) 耐火材料的性能；

(3) 耐火材料一般生产工艺与选用原则；

(4) 加热炉用耐火砖、不定型耐火材料与绝热材料。

【相关资讯】

一、耐火材料的概念、要求及分类

所谓耐火材料是指能抵抗高温以及高温下各种物理化学作用的材料。它是筑炉材料的主体部分。一般对耐火材料的性能有如下要求：

(1) 在高温条件下使用时，不软化、不熔化，即具有一定的耐火度。规定耐火度的低限为 1580℃，低于这个温度即不属于耐火材料。

(2) 能承受结构的建筑荷重和操作中的作用应力，在高温下也不丧失结构强度。

(3) 在高温下体积稳定，不致产生过大的膨胀应力和收缩裂缝。

(4) 在温度急剧变化时，不致崩裂破坏。

(5) 对熔融金属、炉渣、氧化铁皮、炉气的侵蚀有一定抵抗作用，具有良好的化学稳定性。

(6) 具有较好的耐磨性和抗震性能。

(7) 外形整齐，尺寸准确，保证公差不超过一定范围。

以上几个方面是对耐火材料的总体要求，事实上，目前尚无一种耐火材料能同时满足上述要求，在选用耐火材料时，应根据使用条件视哪个要求为主，而其他要求不必过于苛求。随着冶金工业的不断发展，对耐火材料也提出越来越高的要求，新型的耐火材料也不断涌现，限于篇幅，本章只着重介绍加热炉常用耐火材料。

耐火材料的种类很多，分类方法也很多；一般按照其不同特性进行分类。

（1）按耐火材料（制品）的耐火度分：

1）普通耐火材料：耐火度 $1580\sim1770℃$。

2）高级耐火材料：耐火度 $1770\sim2000℃$。

3）特级耐火材料：耐火度高于 $2000℃$。

（2）按耐火材料（制品）的形状分：

1）块状耐火材料（如普通型砖、标准型砖、异型砖和特殊型制品）。

2）散状耐火材料（如耐火混凝土、耐火可塑料、陶瓷纤维等）。

（3）按耐火材料（制品）的化学性质分：

1）酸性耐火材料：如硅砖，黏土砖等。

2）中性耐火材料：如高铝砖，碳质、铬质制品等。

3）碱性耐火材料：如镁砖等。

（4）按耐火材料（制品）的化学矿物组成分：

1）氧化硅质制品：

①硅砖：含 SiO_2 不少于 93%；

②石英玻璃制品：含 SiO_2 在 99% 以上。

2）硅酸铝质制品：以 SiO_2 和 Al_2O_3 含量为分类标准：

①半硅砖：含 SiO_2 大于 65%，Al_2O_3 小于 30%；

②黏土砖：含 Al_2O_3 在 $30\%\sim48\%$；

③高铝砖：含 Al_2O_3 在 48% 以上。

3）镁质制品：

①镁砖：含 MgO 在 85% 以上，CaO 小于 3.5%；

②镁铝砖：含 MgO 大于 80%，Al_2O_3 为 $5\%\sim10\%$；

③镁铬砖：含 MgO 大于 $48\%\sim55\%$，Cr_2O_3 大于 $12\%\sim8\%$；

④白云石砖：含 CaO 大于 40%，MgO 大于 30%；

⑤镁硅砖：含 MgO 大于 82%，SiO_2 不大于 $5\%\sim11\%$，CaO 不大于 2.5%。

4）铬质制品：含 Cr_2O_3 约 30% 的制品。

5）碳质制品及碳化硅质制品。

6）锆质制品：含 ZrO_2 的制品。

7）特殊氧化物制品：如含氧化铍、氧化钍、氧化铈及纯三氧化二铝等。

二、耐火材料的性能

耐火材料的质量取决于耐火材料的物理性能及其工作性能。物理性能如体积密度、气孔率、导热系数、热膨胀系数等往往反映了材料制造工艺的水平，并直接影响耐火材料的工作性能和使用。耐火材料的工作性能如耐火度、高温结构强度、抗渣性等主要取决于耐火材料的化学矿物组成及其制造工艺。耐火材料的性能对炉子的使用寿命、产品质量、产品成本等都有直接影响。了解耐火材料的性能，对于在加热炉上正确选择和使用耐火材料具有极其重要的意义。

（一）耐火材料的物理性能

体积密度、气孔率、真比重、吸水率、透气性等是反映耐火材料组织结构致密程度的指标，也是评定耐火材料质量的重要指标。其中最重要的测定项目是体积密度与气孔率，它们直接影响耐火材料的耐压强度、耐磨性、抗渣性、导热性及热容量等。

1. 体积密度

体积密度也称容积比重（g/cm^3 或 kg/m^3），是耐火制品的每立方厘米外形体积（包括全部气孔在内）的重量，即：

$$体积密度 = \frac{干燥试样的质量}{试样的总体积}$$

2. 气孔率

耐火制品内有许多大小不同、形状不一的气孔。其中一部分气孔的一端与大气相通，称为开口气孔；一部分气孔不与大气相通，称为闭口气孔；还有的可能贯穿整个耐火制品，称为连通气孔。开口气孔与连通气孔又称为显气孔。

气孔的总体积占耐火制品总体积的百分率称为气孔率。

包括开口气孔、闭口气孔和连通气孔在内的全部气孔体积占制品总体积的百分率（%）称为真气孔率。

开口气孔与连通气孔的体积之和占制品总体积的百分率（%）称为显气孔率。显气孔的危害比较大，所以往往用显气孔率来表示制品的致密程度。耐火制品的气孔率越大，其体积密度越小，导热性越差，热容量也越低，耐压强度及抗渣性亦随之降低。

3. 真比重

真比重是耐火制品除去全部气孔后单位体积的质量（g/cm^3）。各种材料的真比重取决于其化学矿物组成，特别是矿物的相结构。例如测定硅质制品的真比重，可以知道 SiO_2 结晶转变的程度，从而判断制品的烧成质量。

4. 吸水率

耐火制品的气孔率的高低对其性能的影响很大，气孔率的实际测定往往通过测定其吸水率来确定。将干燥的试样称重后置于抽真空的容器中抽真空，以排除开口气孔与连通气孔中的空气，然后注入蒸馏水，使水充满气孔后再取出试样称重，重量增加的百分率即为吸水率（ω）。耐火材料的显气孔率越高，其吸水率也越大。

$$\omega = \frac{G_1 - G_0}{G_0} \times 100\%$$

式中　G_0，G_1——分别为试样吸水前后的重量。

5. 透气性

耐火制品透过气体的能力称为透气性，通常用透气系数来表示。即在 $1mmH_2O$（$1mmH_2O = 9.806Pa$）的压差作用下，1h 内通过厚度为 1cm，面积为 $1m^2$ 的耐火制品的空气量（以升计）。透气性取决于制品中气孔的特性、大小及数量、制品结构的均匀性、气体温度与压差。耐火制品的透气性越大，耐火砌体的气密性就越差。

6. 导热性

耐火材料（制品）传导热量的能力称为导热性，用导热系数 λ 表示。影响导热性的主要因素除化学矿物组成和组织结构外，还与温度有关。耐火材料的导热能力一般随气孔率的增大而降低。导热系数越大，传热速度越快；导热系数越小，传热速度越慢，绝热保温效果越显著。导热系数是温度的函数，近似地认为与温度（ t ）成直线关系，几种主要耐火砖导热系数与温度的关系见书后附表。

7. 导电性

耐火制品传导电流的能力称为导电性。耐火制品在常温下是不导电的，是电的绝缘体，常作为绝缘材料使用。但当温度升高到一定值时，则开始导电；特别是当温度升高到 1000℃ 以上时，因耐火材料内部有液相生成，由于电离的关系使其导电能力显著增强。对于电炉而言，应考核其导电性；对于燃料炉可不与考虑。

8. 热膨胀性

耐火材料在受热后发生体积膨胀，冷却后收缩。这种热胀冷缩现象是可逆的，与残存膨胀及收缩截然不同。热膨胀性的大小可以用线膨胀系数（ α ）来表示：

$$\alpha = \frac{L_1 - L_0}{L_0} \times 100\%$$

式中　　 L_0 ， L_t ——分别为温度在 0℃ 及 t 时试样的长度。

热膨胀系数大，则加热时砖内部所引起的温度应力大，温度急剧改变时耐火砖易遭破坏。在确定砌体的砖缝时，应考虑砖的热膨胀性的大小。

9. 常温耐压强度

耐火制品在常温下承受载荷作用的能力称为常温耐压强度，是耐火制品的机械强度指标。它反映制品的成型质量、组织结构的致密性及烧成质量。耐火材料在常温下的耐压强度都较高；但在高温下发生软化，耐压强度一般都不太高。在砌筑炉体时，除砌体自身重量外，炉门、烧嘴、炉筋管及钢料等的附加载荷不允许直接承重在耐火砌体上，应通过钢立柱将这些载荷传给炉基。

10. 热容量

单位体积的耐火砌体温度每升高或降低 1℃ 时所能吸收或放出的热量称为热容量。耐火制品的热容量随气孔率的增大而下降。砌筑炉体的耐火材料的热容量越大，炉子的热惰性也越大，加热时的温升速度与冷却时的降温速度也越慢，炉子的蓄热损失亦越大；反之亦然。

（二）耐火材料的工作性能

1. 耐火度

耐火度是耐火材料抵抗高温作用不熔化、不软化的性能。耐火度不是材料的熔点，熔点是指熔融成液态的平衡温度，如 Al_2O_3 的熔点为 2015℃ ， SiO_2 的熔点为 1713℃ ， MgO 的熔点为 2800℃ 等。一般耐火材料并非纯物质，是由多种矿物组成，其中还含有杂质，没有一个固定的熔点，只有一定的熔融范围。

测定耐火度的方法：将试样制成一个上底边长为 2mm ，下底边长为 8mm ，高为 30mm 的截头等边三角锥，把该三角锥与已知耐火度的标准锥一起放在高温电炉内升温，以规定

速度加热到某一温度时，待测三角锥和某号标
准锥同时弯倒（见图 1.4.1），锥尖正好接触
底盘表面时，这个标准锥的耐火度就是试样的
耐火度。

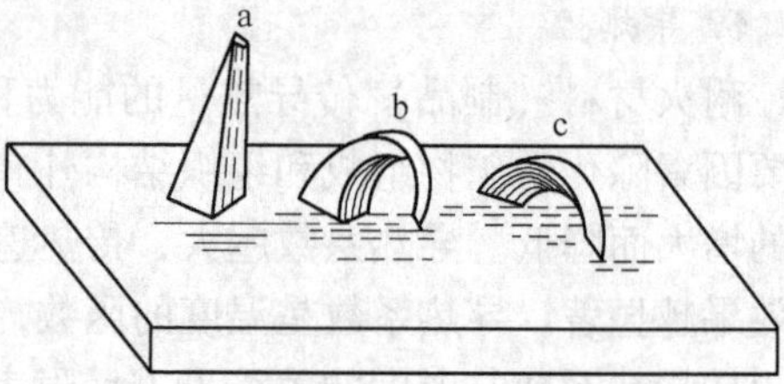

　　耐火度与锥号的关系，在我国采用的是锥
号相当于耐火度 1/10 的数字，例如 175 号标
准锥其耐火度为 1750℃。耐火材料的使用温度
绝对不能超过其耐火度。

图 1.4.1　测温锥的软倒情况
a—软倒以前；b—相当于耐火度下的情况；
c—超过耐火度时的情况

2. 高温结构强度

　　耐火材料在使用中主要是受到压力作用，常温下耐火材料的耐压强度值很高，但在高
温下使用时由于内部的低熔点矿物熔化而出现液相，会使其强度显著降低。

　　耐火材料的高温结构强度指标用荷重软化点表示，即耐火制品在一定静载荷作用下，
以一定的速度加热，直致发生一定程度的变形或坍塌时的温度。测定方法：将直径
36mm、高 50mm 的圆柱体试样，在 $2kg/cm^2$ 的压力下，在高温碳粒电阻炉中以规定的速
度加热，测定试样开始变形、压缩 4% 和压缩 40%（坍塌）时的 3 个温度值。

　　荷重软化温度是耐火材料工作性能中一项重要的指标，有些材料尽管耐火度较高，但
是荷重软化点低，例如镁砖的耐火度超过 2000℃，但它的荷重软化开始温度只有 1500℃，
远远低于它的耐火度；而有些材料尽管耐火度不很高，但荷重软化点温度却较高，以至于
接近其耐火度，如硅质耐火材料，使用中应加以注意。

　　值得提出的是，耐火材料的使用温度有时可高于其荷重软化开始温度，这是由于在加
热炉上耐火材料砌筑的炉墙往往是单面受热，并且所承受的载荷远低于 $2kg/cm^2$ 所致。

3. 抗渣性

　　耐火材料在高温条件下抵抗各种熔融金属、熔渣、熔融炉尘、炉气等的侵蚀作用的能
力叫抗渣性。对于轧钢加热炉而言，经常遇到的主要问题是熔融氧化铁皮对耐火材料的侵
蚀；某些加热炉和热处理炉还要注意炉内气氛对耐火材料的影响。熔渣及炉尘对耐火材料
的侵蚀作用，包括化学侵蚀、物理溶解和机械冲刷三方面作用，有时几种作用兼而有之。
对抗渣能力影响最大的是耐火制品与熔渣的化学成分，耐火制品的化学成分按属性分为三
种，即酸性、碱性和中性；炉渣则分为酸性炉渣和碱性炉渣。酸性耐火制品对酸性渣有较
强的抵抗能力，而碱性渣对其侵蚀大；碱性耐火制品则反之；中性耐火制品则对两种熔渣
都有一定的抵抗能力。其次是炉子的工作温度，温度低于 800~900℃ 时，炉渣对材料的侵
蚀作用不太显著；但温度超过 1200℃ 时，材料的抗渣性就大大降低。另外制品的组织结
构也有较大影响，致密而均匀的耐火材料可以减少熔渣对它的渗入和溶解，有利于提高耐
火材料的抗渣能力。

4. 耐急冷急热性

　　加热炉中的耐火材料经常在温度激烈变化的条件下工作。例如均热炉的炉口部位，炉
盖经常打开，这里的耐火砖受到温度急剧变化的影响，是炉子最易损坏的部位之一。所以
在这类地方要求耐火材料具有良好的耐急冷急热性，或称热稳定性。

　　耐急冷急热性是指耐火制品抵抗温度急剧变化而不遭到破坏或剥落的能力。耐火材料
的耐急冷急热性与材料的热膨胀性、导热性、塑性、机械强度及制品的大小、形状及加

热、冷却速度等因素都有关。测定耐火制品耐急冷急热性的方法：将试样在炉内迅速加热到 850℃，保温一定时间，然后立即浸入流动的冷水（或空气）中，如此反复处理，直到试样的脱落重量达到最初重量的 20% 以上或破裂为止，以耐火制品所承受的水冷（风冷）次数作为衡量耐火制品耐急冷急热性的指标。

5. 高温体积稳定性

耐火材料在高温下长期使用时保持其体积不变的性能称为高温体积稳定性。耐火材料在高温下使用时，其组织结构（相）会继续变化，产生再结晶或进一步烧结等现象，与此同时伴有体积的收缩或膨胀，称为重烧收缩或重烧膨胀。这种胀缩现象不同于前面所讲的热膨胀，热胀冷缩是可逆的暂时性变化，而重烧收缩或重烧膨胀是不可逆的永久性变化。

测定的方法：在砖的使用温度以上约 100℃ 加热 2h，然后取出测定其体积变化的百分率。一般情况下，希望耐火制品的重烧收缩或重烧膨胀的体积变化率不超过 0.5%~1%。

产生较大的重烧收缩或重烧膨胀，主要是制造工艺方面的原因，要减少这种高温下体积的不稳定性，在制砖时要注意配料，提高成型压力，保证烧成温度，延长烧成的保温时间使砖内的重结晶过程进行完善。

（三）　耐火制品的外观检查

耐火制品的外观检查项目有：尺寸公差、缺棱、缺角、扭曲、裂纹、裂缝、熔洞、渣蚀等。这些项目的检查是极其重要的。如尺寸不合格，则在砌筑时会使砖缝过大，超过规定标准，而砌缝是炉子砌体最薄弱部分，会因此造成炉子寿命降低。各种耐火制品的外观检查可参考部颁标准。

为了生产及使用方便起见，将耐火制品按其形状分为普通型砖、标准型砖、异型砖和特殊型制品。最常见的标准型砖的尺寸为 230mm×113mm×65mm，纵楔型或横楔型为 230mm×113mm×65mm×55mm。

三、耐火材料的一般生产工艺及选用原则

（一）　耐火材料的一般生产工艺

1. 原料及其加工

制造不同耐火制品，需要采用不同化学矿物组成的原料。耐火制品的原料组成对制品的产量、质量以及性能有决定意义，只有采用优质的原料才能制造出优质的耐火制品。

耐火制品对原料的要求是：合适的化学矿物组成，原料中的杂质含量要少且均匀分布，便于开采和加工制造，成本要低。原料的加工主要有以下工序：

（1）选矿。原料选择的主要目的是为了获得耐高温、高压和具有良好抗渣性能的矿物。因此，在原料破碎和煅烧前需要对原料进行挑选，以剔除其中的杂质。挑选的方法有机械冲洗、人工挑选和磁选。

（2）原料的干燥和煅烧。由于开采季节和开采方法以及运输等条件的不同，原料中含水量亦不同。对于含水量过高的原料应在破碎前进行干燥处理；此外，为了获得高温体积稳定、热稳定性好的耐火制品，原料配料前应预先在竖窑或回转窑内进行煅烧。

（3）原料的破碎和筛分。为了得到合乎规定的性能和尺寸的耐火制品，须将原料破碎成一定颗粒大小，然后再经粉碎，为以后配料、成型作好原料准备。原料颗粒大小按各种耐火制品的工艺要求确定。为了获得一定致密度的耐火制品，将粉碎后的原料分为粗、中、细三级，制造耐火制品时根据工艺要求，分别加入各种颗粒。其加入量根据堆积试验确定。

三级颗粒大小的原料是通过不同规格的筛子进行筛分而获得的。

2. 配料及混炼

配料包括原料（粗、中、细三种颗粒，生料及熟料）、添加剂（结合剂、矿化剂）和水量的配合。

混炼的目的是使大小不同颗粒的原料和添加物以及水分等混合均匀，避免产生偏析现象。经过混炼后的泥料放置一定时间后再成型，目的是使泥料进一步均匀化；这样会增加泥料的塑性和耐火制品的强度。这项操作过程称为困泥。

3. 成型

成型的目的是为了得到合乎规定的致密度、外形尺寸并具有一定强度的耐火制品。成型方法可分为可塑成型法和半干成型法两种。冶金工业使用的耐火制品多数是用半干成型法，而半干成型又可分为机械成型和手工成型。前者适于砖坯外形简单生产量大的耐火制品，它的主要优点是生产率高、机械化程度高；后者用于生产量小，不易机械化操作的异型产品，缺点是生产率低、劳动强度大。

4. 干燥

成型后的耐火坯料含水量较高，因此在烧成之前预先进行干燥处理。砖坯干燥的目的在于提高机械强度，便于运输和装窑，以及避免在烧成时因升温使水分剧烈排出而造成裂纹。

砖坯的含水量与成型方法有关，一般含水为 3% ~ 20% 左右。可塑成型的砖坯一般含水量较高（通常在 10% ~ 20%），而半干成型含水量较低（一般为 3% ~ 10%）。无论是哪一种坯料在烧成前都要进行干燥。

5. 烧成

烧成是耐火制品制造过程中最后的一个工序，也是最关键的工序。砖坯在烧成过程中要完成一系列物理化学变化，最后得到组织致密、体积稳定、机械强度大和耐火性能良好的制品。因此，耐火材料的各项经济指标在很大程度上取决于烧成。

砖坯的烧成过程可分为下列三个阶段：

（1）加热期。砖坯从常温加热至最高温度（止火点），这时砖坯排除水分（包括残余水和结晶水）及其挥发物，发生物理化学变化，有少量的液相生成，制品产生收缩（或膨胀）。

（2）保温期。保持最高温度（或稍低于最高温度），使其制品内外温度均匀，从而进一步完成各种物理化学变化。保温时间应根据坯料尺寸大小、烧结程度和升温速度来确定。

（3）冷却期。从最高温度（或稍低于最高温度）冷却到出窑温度，使制品内的一切变化巩固下来。

各种耐火制品加热过程中的允许升温速度、保温时间，冷却过程的降温速度以及窑内火焰气氛，主要根据制品内物理化学变化，产生应力大小和烧成设备的能力来决定。制定的烧成制度是否合理，往往需要多次试验总结出来。

常用的耐火制品的烧成设备有隧道窑和倒焰窑。前者窑炉特点是生产能力大、窑温低，因为它受到小车、砂封设备材料的限制，而后者是生产能力低，但是窑温较高，我国普遍应用这两种窑炉。

（二）耐火材料的选用原则

正确地选择耐火材料，对炉子工作具有极其重要的意义。如果选择不当，会使炉子过早地损坏或被迫停产，降低作业时间和产量，增加耐火材料的消耗与生产成本，使生产受到不应有的损失。为此，要正确选择耐火材料，应遵循如下原则。

1. 技术上可行

选择使用耐火材料，必须考虑炉温的高低，温度是否经常波动，高温下所受的压力、机械摩擦或冲击，是否和炉渣接触以及炉渣的性质等。但目前没有一种耐火材料能同时满足炉子热工作过程的各种条件，这就要求在选用时应根据耐火材料的工作性能有针对性地进行选择，满足主要工作条件。

2. 经济上合理

耐火材料的选择是否合理，最终表现在经济效益上。在炉子的不同部位，应根据其温度及侵蚀原因等的不同而选择不同性质的耐火材料，以期达到整体寿命均衡。有许多耐火材料虽然性能十分优良，但因价格太贵而不宜采用；当然经济效益不能仅从耐火材料的价格着眼，还应考虑其使用寿命，从综合经济效益考虑。

3. 合理利用国家资源

应本着就地取材、减少运输、充分合理利用国家经济资源的原则，能用低一级的材料就不用高一级的材料；当地有的就不用外地的；国内有的就不用进口的。这样有利于降低筑炉成本及维护费用。

四、加热炉常用耐火砖

加热炉及热处理炉常用的耐火砖有黏土砖、高铝砖、硅砖、镁砖和碳化硅质制品等。

（一）黏土砖

黏土砖属于硅酸铝质耐火材料，以 Al_2O_3 及 SiO_2 为其基本化学组成，根据 Al_2O_3 及 SiO_2 含量比例的不同，这一类耐火材料分为三种：半硅砖（Al_2O_3 15%～30%），黏土砖（Al_2O_3 30%～48%），高铝砖（Al_2O_3>48%）。黏土砖是其中数量最大、应用最广的一种，其产量占整个耐火材料总产量的 60%～70%左右。

黏土砖的生产原料是耐火黏土，根据 Al_2O_3 及 SiO_2 和杂质含量的不同，耐火黏土又可分为硬质耐火黏土和软质耐火黏土两种，前者 Al_2O_3 含量较高，杂质较少，耐火度高，可塑性较差；后者正好相反。制造硅酸铝质耐火材料时二者要配合使用。煅烧以后 Al_2O_3+ TiO_2 含量不应少于 30%，其碱金属和碱土金属的氧化物以及氧化铁含量应尽可能少些，一般约占 5%～7%。耐火黏土原料经过煅烧、破碎、筛分、配料混炼（加入软质黏土作结合剂）、压制成型、干燥、烧成等工序，即可制得成品砖。

　　黏土砖属于弱酸性耐火材料。由于化学组成的波动范围较大，生产方法不同，烧成温度的差异，使黏土砖的性质变化较大。普通黏土砖根据组成中 Al_2O_3 含量的多寡分为（NZ)-40、(NZ)-35、(NZ)-30 三种牌号。黏土砖的耐火度在 1600℃ 以上，但是荷重软化开始温度很低，只有 1250~1300℃，而且荷重软化开始温度和终了温度（即 40%变形温度）的间隔很大，这个间隔约为 200~250℃，黏土砖这一性质十分重要，它使得黏土砖虽然具有不太高的耐火度，但仍能适用于许多高温热工设备。黏土砖的耐急冷急热性较好，在 850℃ 水冷次数可达 10~25 次。黏土砖能抵抗弱酸性渣侵蚀，对碱性渣的抵抗力稍差，增加 Al_2O_3 的含量，可以提高抗碱性渣的能力。

　　黏土砖的原料丰富，制造工艺简单，成本低，凡无特殊要求的砌体均可采用黏土砖砌筑。被广泛应用于砌筑均热炉的炉墙、炉盖；各种加热炉和热处理炉的炉墙、低温段炉底、炉顶、烟道、烟囱、余热利用装置和烧嘴等。黏土砖尤其适用于炉子温度变化较大的部位。

（二）高铝砖

　　高铝砖是含 Al_2O_3 48%以上的硅酸铝质制品。按照矿物组成的不同，高铝质制品分为刚玉质、莫来石-刚玉质及硅线石质三大类。刚玉质制品的 Al_2O_3 含量在 95%以上，基本矿物为刚玉（Al_2O_3），原料为天然或人造刚玉，也有电熔刚玉的制品。莫来石-刚玉质制品的基本矿物为莫来石（$3Al_2O_3 \cdot 2SiO_2$），其余为刚玉及玻璃相。硅线石质制品原料为硅线石（$Al_2O_3 \cdot SiO_2$），基本矿物质是莫来石及玻璃相。冶金工业大量应用的是莫来石和硅线石质的高铝砖。随着 Al_2O_3 含量的增加和玻璃相的减少，制品的耐火度和耐急冷急热性均提高，抗渣性特别是对酸性渣的抵抗能力增强。

　　高铝砖的主要生产原料是高铝矾土，其中所含矿物以水铝石、波美石、高岭石为主。高铝矾土经过煅烧，各矿物在不同温度先后转变为刚玉及莫来石晶体。并在 1400~1500℃ 温度下，刚玉和石英结合二次莫来石化，晶体发育长大。在高铝熟料中再配入软质生黏土作结合剂。高铝砖的生产工艺与黏土砖基本相同。

　　高铝砖大部分性能都优于黏土砖，只是热稳定性比黏土砖稍低。随着 Al_2O_3 含量的不同，普通高铝砖分为三种牌号：(LZ)-65、(LZ)-55、(LZ)-48。

　　由于高铝砖的主要成分 Al_2O_3 是两性氧化物，对酸性及碱性渣的侵蚀均能抵抗，对氧化铁皮的侵蚀也有一定抵抗能力，故常用来砌筑均热炉炉底、下部炉墙、废气出口处拱顶；在连续加热炉上，炉底、炉墙、烧嘴砖、吊顶都可用高铝砖砌筑。高铝砖也常用来作为格子砖，修砌蓄热室，并用来作为酸性与碱性砖过渡区的筑炉材料。

　　高铝砖在工业先进国家耐火材料总量中所占的比例约为 8%~14%，我国高铝矾土资源丰富，为高铝砖的发展创造了有利条件。

（三）硅砖

　　硅砖是含 SiO_2 在 93%以上的硅质耐火材料。原料是石英岩，加入适量的矿化剂（FeO、CaO 等）及结合剂（石灰乳及纸浆废液等），在 1350~1430℃ 烧成。SiO_2 在加热烧成的过程中发生复杂的晶型转变，并伴有体积的变化。在最后的烧成制品中主要转变成鳞石英和方石英晶体，及少量非晶形的石英玻璃，这些晶型的转变必须有矿化剂并需要较长的时间。残留的 β 石英的量越少越好，因为残留的 β 石英量越多，砖在使用过程中体积越不稳定，产生的重烧膨胀越大。几种不同晶型石英的真比重各不相同，通过测定制品的真比重，可以判断石英晶型转变是否完全。真比重愈小，表明转化愈完全，使用时高温体积稳定性愈好。所以硅砖的质量指标中都包括真比重一项，普通硅砖的真比重应在 2.38~2.4 以下。

硅砖属于酸性耐火材料，对酸性渣的侵蚀抵抗力强，对碱性渣的抵抗力较差，但对氧化铁、氧化钙有一定抵抗能力，不耐 Al_2O_3 及碱金属氧化物的侵蚀。硅砖的荷重软化温度开始于 1620~1660℃，接近于其耐火度（1690~1730℃），因为它有完整的鳞石英的结晶网，而且液相的黏度很大。这是硅砖的主要优点之一，由于这一特点，荷重软化点比其他几种常用砖都高。硅砖的耐急冷急热性不好，在 850℃ 的水冷次数只有 1~2 次，所以硅砖不宜用在温度变化剧烈的地方和间歇工作的炉子上。特别是在 600℃ 以下，由于组织内晶型的转变，体积发生变化，由此影响其热稳定性，如温度的波动在 600℃ 以上，则影响不大。

硅砖在各种耐火砖总量中所占的比例大约为 3%~7%。在连续加热炉上用来砌筑炉子拱顶及炉墙，有时只砌高温的加热段及均热段，预热段仍用黏土砖砌。均热炉上用以砌筑炉墙的中段，因为其耐急冷急热性不好，上部炉口部位因为温度波动剧烈，下部靠近炉底部位易受碱性渣侵蚀，都不适合采用硅砖。硅砖还用来砌筑蓄热室上层的格子砖。

（四）镁砖

镁砖是含 MgO 在 80%~85% 以上，以方镁石为主要矿物组成的耐火材料。镁砖的原料主要是菱镁矿，其基本成分是 $MgCO_3$，经过高温煅烧以后变为烧结镁石，再经破碎到一定粒度后成为烧结镁砂（又称冶金镁砂）。镁砂广泛用作补炉材料、捣打材料，含杂质少的镁砂（CaO<2%~2.5%，SiO_2<3%~3.5%），作为制造镁砖的原料。自然界菱镁矿资源不多，我国储量与产量均居世界前列。许多缺乏菱镁矿的国家依靠由海水制镁砂，成本很高。

镁砖按其生产工艺的不同，分为烧结镁砖和化学结合镁砖两种。烧结镁砖是用经过死烧、颗粒大小配比适当的镁砂，加入卤水（$MgCl_2$ 水溶液）和亚硫酸纸浆废液作结合剂，加压成型，在 1550~1650℃ 的高温下烧成。在烧成过程中，镁石中的杂质和加入物生成液相，把方镁石黏结在一起。而化学结合镁砖是不经过烧成工序的，把烧结镁砂按粒度比例配好以后，加入适量的矿化剂和结合剂，压制成型，经过干燥就是成品。化学结合镁砖的强度较低，性能不如烧结镁砖，但是价格便宜，不及烧结镁砖价格的一半。它用在机械性能要求不太高的部位，如加热炉和均热炉炉底。

镁砖属于碱性耐火材料，对碱性熔渣有较强的抵抗能力，但不能抵抗酸性渣的侵蚀，在 1600℃ 高温下，与硅砖、黏土砖甚至高铝砖接触都能起反应。MgO 的熔点高达 2800℃，镁砖的耐火度在 2000℃ 以上，但其荷重软化点很低，只有 1500~1550℃。这是因为方镁石结晶周围是靠低熔点的钙镁橄榄石（$CaO \cdot MgO \cdot SiO_2$）及玻璃相黏结的，而方镁石没有形成连续的结晶网，荷重变形温度很低，同时开始软化到 40% 变形的温度间隔很小，只有 30~50℃，镁砖的热稳定性也较差，在急冷急热时容易崩裂，这是镁砖损坏的一个重要原因。

在加热炉及均热炉上，镁砖主要用于铺筑炉底表面层及均热炉炉墙下部，它可以抵抗氧化铁皮的侵蚀。属于镁质耐火材料的还有镁铝砖、镁铬砖、镁硅砖等。

为了改善镁砖的热稳定性和高温强度，在配料中加入工业氧化铝细粉，可制成以镁尖晶石结合的镁铝砖，可以成功地用作高温炉顶材料，以及用于炉子有碱性熔渣侵蚀的部位。

烧结镁砂中加入不同量的铬铁矿，可以制成镁铬砖、铬镁砖。加热炉及均热炉上有时用于把镁砖与硅砖或黏土砖隔开，防止这些砖在高温下相互起作用。国外这类砖在钢铁工业中占重要的地位，我国根据资源特点主要发展镁铝砖。

（五）碳化硅质耐火材料

碳化硅（SiC）是人造矿物，原料为硅石和焦炭，在 2000℃ 以上的高温电炉内合成，其反应为：

$$SiO_2 + 3C \Longrightarrow SiC + 2CO$$

碳化硅质耐火材料分为三类：（1）加黏土等氧化物结合的制品；（2）氮化物（如 Si_3N_4、或 Si_2ON_2）结合的制品；（3）利用碳化硅的再结晶作用，加压成型自行结合的制品。其中应用最普遍的是黏土结合制品，我国目前生产和采用的是这一种。

以黏土为结合剂的碳化硅质一级制品中含 SiC 87%，耐火度可达 1800℃，荷重软化点为 1620℃。碳化硅质制品有一些特殊的性能，使它可作某些特殊用途，例如：（1）因为它导热性好，比一般耐火材料高约 10 倍，适合用作导热的器件。如作热处理炉的马弗罩，由于它导热性能好，1200℃ 以下又有很强的抗氧化性，因此寿命比金属罩长。根据同一道理，也可以用作换热器元件。（2）机械强度大，耐磨性能好，耐急冷急热性也好，所以有的辊底炉用它来作容易磨损的辊套，成本比耐热钢低。（3）比电阻大，可以用作电阻炉的电热元件。

五、不定型耐火材料

传统的筑炉方式是以耐火砖作为主体，不定型散状料（如耐火泥）只是用作砌砖的泥浆、砖缝填料或补炉料。但近一二十年国内外不定型散状耐火材料有了很大发展，出现了各种耐火混凝土（浇注料）、耐火可塑料、陶瓷纤维及多种捣打料、喷涂料。目前一些先进工业国家，散状耐火材料的产量已占其耐火材料总产量的 1/3 以上，并且有进一步发展的趋势。

散状耐火材料可用于加热炉、均热炉、热处理炉和蒸汽锅炉。这种材料生产流程简单，施工方便，筑炉劳动生产率可提高 5~10 倍，能适应各种复杂炉体结构的要求。由于使用散状耐火材料，炉子的热工指标也有所改善。例如热处理炉使用陶瓷纤维炉衬，可使炉墙、炉顶热损失大大减少，从而节约能源；连续加热炉炉底水管采用耐火可塑料包扎，可使热损失及水耗量均大幅度降低；炉顶采用耐火混凝土预制吊块，可使施工大为简便，并可减少热损失，延长炉顶寿命。过去 10 年中，世界钢产量增长了 2.5~3 倍，而耐火材料用量反而下降，原因一方面是耐火砖的质量提高，另一方面是采用了各种散状耐火材料。

（一）耐火混凝土

一般硅酸盐水泥混凝土不能承受高温的工作条件。硅酸盐水泥在水化过程中析出氢氧化钙，经高温作用后变成氧化钙，体积不稳定，同时作为骨料的石灰石在高温下受热分解，强度遭到破坏。普通混凝土只能用于炉子的基础和烟囱等 300℃ 以下的低温部位。而耐火混凝土的使用温度在 900℃ 以上，甚至可达 1600~1800℃。

耐火混凝土的组成包括骨料、胶结料和掺和料。根据所用胶结料的不同，耐火混凝土可以分为硅酸盐水泥耐火混凝土、铝酸盐水泥耐火混凝土、水玻璃耐火混凝土、磷酸盐耐火混凝土、镁质耐火混凝土等，此外还有轻质耐火混凝土。

耐火混凝土的最高使用温度主要取决于骨料及胶结料的品种、数量。骨料的来源很广，但它必须具备所需的耐火度，体积稳定性要好。普遍采用的有各种废耐火砖或煅烧熟料，如黏土熟料、焦宝石熟料、烧结镁石等。对耐火度要求更高的混凝土，还用铬英石、铬渣等材料作骨料。骨料需要破碎到一定的粒度，并按粗骨料（5~20mm）和细骨料（0.15~5mm）适当配比配合。骨料在耐火混凝土中约占 65%~80%。

作为掺和料的材料一般是与骨料相同材质的细粉，粒度小于 0.088mm 的应不少于70%。加入掺和料的目的是使泥料更容易混合，有助于提高制品的致密度、荷重软化点和减少重烧收缩。掺和料在耐火混凝土中约占 10%~30%。

胶结料约占耐火混凝土质量的 7%~20%。

为了使硅酸盐水泥成为耐火混凝土的一种胶结料，必须消除其中氧化钙的作用，当加入水泥质量 50%~100% 的细黏土熟料粉作掺和料时，它与氧化钙结合成稳定的硅酸钙和铝酸钙矿物。这种耐火混凝土成本低，可以用在温度较低（1000℃ 以下）、温度波动不大、没有酸碱侵蚀的地方，如设备基础、烟道、烟囱等。

铝酸盐耐火混凝土是以矾土水泥为胶结料，以矾土熟料为骨料及掺和料制成的水硬性混凝土。矾土水泥的主要矿物是铝酸钙，水化速度很快，因此这种混凝土的特点是硬化快、早期强度高。但到 350℃ 开始排除结晶水，体积收缩，强度下降，因此烘炉时必须严格按预定曲线进行。到 1100~1200℃ 以上，矾土水泥耐火混凝土的强度有所提高，因为内部产生了陶瓷结合。这种混凝土材料易得，可用于一般炉子及热工设备。

水玻璃耐火混凝土是以水玻璃为胶结料，并加入适量的氟硅酸钠（Na_2SiF_6）作促凝剂而制成的气硬性混凝土。依靠水玻璃水解产生的硅胶，把骨料、掺和料颗粒连接在一起。在各种耐火混凝土中，它的强度相对是较高的，但耐火度及荷重软化点低。这种混凝土适用于 1000℃ 以下要求有较高强度，耐磨性好、能抗酸腐蚀的部位，但不能用于经常有水或水蒸气作用的地方。

磷酸盐耐火混凝土是以工业磷酸为胶结料，有时加适量矾土水泥作促凝剂制成的热硬性混凝土。这种混凝土的特点是在常温下不硬化固结，为了使其凝固并具有一定强度，在生产预制块时要加促凝剂。经加热到 500℃ 才硬化固结，强度也随温度上升而提高，但到800℃ 附近，中温强度降低，以后强度又随温度继续上升。这种混凝土具有优良的耐火性能、耐磨性、抗渣性和耐急冷急热性，能长期应用在 1400~1600℃ 的条件下。作为胶结料，可以直接用 85% 的工业磷酸加水稀释，也可以用浓度 40% 的工业磷酸加氢氧化铝，按质量比 7∶1 配成磷酸铝溶液。这两种胶结剂都要用价格高的磷酸，因此限制了这种耐火混凝土的发展。为此国内试验成功用硫酸铝溶液作代用品，价格仅为磷酸的 1/10，制成的耐火混凝土主要性能与高铝砖相近。

耐火混凝土可以直接浇灌在热工设备上的模板内，捣固以后经过一定养护期即可。也可以做成混凝土预制块，如拱顶、吊顶、炉墙、炉盖、炉门等。与砌砖相比在施工吊装及更换时都方便得多。与直接浇灌成型相比，使用预制块筑炉的方法应用得更为广泛。

耐火混凝土的产量目前约占耐火材料总量的 5% ~ 10%，预期还会进一步发展，因为耐火混凝土具有一些明显的特点：

（1）耐火混凝土的耐火度与同材质的耐火砖差不多，但由于耐火混凝土未经过烧结，第一次加热时收缩较大，所以荷重软化点比耐火砖略低。尽管如此，从总体上衡量，耐火混凝土的性能优于耐火砖。

（2）耐火混凝土由于低温胶结料的作用，常温耐压强度较高。同时因为砌体的整体性好，没有砌缝或砌缝很少，炉子的气密性好，不易变形，外面的炉壳钢板可以取消，炉子抗机械振动和冲击的性能比砖的砌体好。例如用于均热炉的侧墙上部，该处机械磨损和碰撞都比较厉害，寿命比砖砌的可提高数倍。

（3）耐火混凝土的热稳定性好，骨料大部或全部是熟料，膨胀与胶结料的收缩相抵消，故砌体的热膨胀相对说来比砖小，温度应力也小。而且结构中有各种网状、针状、链状的结晶相，抵抗温度应力的能力强。例如用耐火混凝土浇注均热炉炉口及炉盖，寿命延长到一年半，节约了大量耐火材料。

（4）耐火混凝土生产工艺简单，取消了复杂的制砖工序。耐火混凝土可以制成各种预制块，并能机械化施工，大大加快了筑炉速度，比砌砖效率提高 10 多倍。还可利用废砖等作骨料，变废为利。

（二）耐火可塑料

近十余年兴起的耐火可塑料，在数量和应用范围方面有了很大发展，国内经过几年试用，取得显著成效，现在不仅从最初只用于加热炉炉底水管包扎及均热炉炉口，而且已经出现全部用可塑料的炉子。可以预见，这是极有发展前途的新型耐火材料。

耐火可塑料与耐火混凝土相比，在原料组成方面有类似之处，都包括骨料、胶结剂和添加剂，不同的是可塑料要加入生黏土一类的塑化剂，使材料具有可塑性。根据所用骨料的不同，耐火可塑料可以分为黏土质、高铝质、镁质、硅质等；此外，也可根据胶结剂的不同来分类。国内目前采用的都是以磷酸-硫酸铝为结合剂的黏土质（硅酸铝质）耐火可塑料。

硅酸铝质可塑料采用黏土熟料作骨料，骨料的性质、粒度和形状都影响可塑料的性能。目前采用的骨料是粒度小于 10mm 的焦宝石熟料（含 Al_2O_3 46%、SiO_2 52%），并要求带有棱角，骨料应有较好的体积稳定性。由于可塑料中掺有一定数量生黏土，所以在干燥和加热时要产生收缩，如收缩过大就会出现裂缝甚至破坏。因此骨料不能太细，粒度要配合适当。为了控制高温收缩，国外采取加入部分膨胀性物料（如蓝晶石）的办法，国内采取加入高铝矾土粉作为掺和料，依靠矾土中游离的 Al_2O_3 与黏土中的 SiO_2 在加热过程中二次莫来石化，产生膨胀来抵消生黏土带来的收缩，保持可塑料体积稳定。作为掺和料的高铝矾土细粉，粒度越细越好，小于 0.088mm 的颗粒应大于 85%。

耐火可塑料中加入黏土的作用，既是作为塑化剂，又作为结合剂。应该选择可塑性好的软质黏土，并具有较高的耐火度。从体积稳定性来看，生黏土用量应尽可能少些，但要保证必要的可塑性。此外，有时也加少量膨润土（皂土），以提高低温强度和可塑性。除了生黏土和膨润土外，可塑料中还要加入化学结合剂。磷酸作为化学结合剂是较好的，但价格高，硫酸铝价格便宜，储存期也长，但中温强度低。现在多用磷酸-硫酸铝溶液。为了改善耐火可塑料的塑性和常温强度，延长其储存期，还可向塑料中加入某些有机添加剂，例如甘油、纸浆、草酸等。

原料配比现尚无一定标准，可以采用焦宝石熟料（骨料）65%、矾土熟料细粉（掺和料）25%、生黏土（塑化剂）10%、硫酸铝溶液（外加结合剂）9%、草酸（储存剂）2%。先将骨料、掺和料、生黏土进行搅拌，然后加入结合剂及添加剂进一步搅拌，制出的混合料必须经过24h以上的困料时间，再进挤泥机进行揉搓，挤出的泥条状的可塑料就是成品。成品用塑料袋包装运往用户，质量好的可塑料可保存3~6个月，最长可达1年。

耐火可塑料的施工可以用模板捣打（气锤或手锤），也可以不用模板，但内部都有锚固件。炉底水管用可塑料包扎时，内部用金属钉钩或钢丝弹簧圈。有时用锚固砖，如均热炉墙。

国内耐火可塑料处于试验推广阶段，除用于包扎炉底水管外，还应用于均热炉炉口和烟道拱顶、加热炉炉顶、烧嘴砖，以及炼钢厂的盛钢桶、保温帽等部位，都取得满意的效果。从现在国内外使用耐火可塑料的经验看，它具有以下一些优点：

（1）耐火度高。硅酸铝质耐火可塑料的耐火度都达到了1750~1850℃，超过了黏土砖，达到了高铝砖的水平，可以用在直接与火焰接触的部位。

（2）耐急冷急热性好。使用于温度变化剧烈的部位不会崩裂剥落。例如均热炉炉口部位的炉墙，使用耐火砖寿命只有0.5~1年，使用耐火可塑料后已延续到1.5年。

（3）绝热性能好。可塑料比砖的导热系数小，因此热损失少，可以降低燃耗，提高炉温。仅以连续加热炉炉底水管采用可塑料包扎一项而言，就可以至少降低燃耗20%，还可以提高炉子产量15%~20%，水管黑印减少，提高了加热质量，并可以缩短均热的实炉底长度，减少冷却水用量2/3。包扎所需的费用仅从节约燃料一项上，几天就可以收回。

国外现在还采用轻质可塑料，用于均热炉炉盖代替异型砖，绝热效果很好。

（4）抗渣性好。能抵抗氧化铁皮熔渣的侵蚀，而且落上的渣不易黏结，容易清除。

（5）抗震性能及耐磨性能好。用于包扎炉底水冷管和步进式炉的步进梁，不容易脱落和损坏。

（6）整体性好。整个砌体严密无缝。

和耐火砖相比，耐火可塑料生产流程简单，容易施工，筑炉速度比砌砖快4倍以上，修补方便。硅酸铝质可塑料主要性能达到高铝砖水平，但费用比高铝砖低。和耐火混凝土相比，施工不用模板，不需养护时间。由于高温下生成的玻璃少，性能上也超过相同材质的耐火混凝土。

耐火可塑料的缺点是体积收缩大，常温下强度低，储存期比耐火砖短。可塑料的损坏多半因为施工质量不好或烘炉方法不对，而不是材料本身问题。因耐火可塑料的优点超过其缺点，所以发展速度很快，今后应用范围还将进一步扩大。

（三）陶瓷纤维

陶瓷纤维是一种新型筑炉材料。以前玻璃棉、矿渣棉一类的无机纤维在筑炉方面的应用有限，因为一些主要性能不能满足高温工业炉的要求，偶尔作为绝热材料使用。20世纪50年代国外出现了硅酸铝耐火纤维（即陶瓷纤维），由于其具有一系列特性和优点，不仅可以作为隔热材料，而且可以用作炉子内衬。近10年来这种材料有了飞速的发展，是各种耐火材料中增长比例最大的。

陶瓷纤维的生产方法有多种，但目前工业规模采用的基本是喷吹法，即将配料在2000~2200℃的电炉内熔化，熔融的液体流出小孔时，用高速高压的空气或蒸汽喷吹，使熔融液滴在10^{-2}~10^{-4}s内迅速冷却并被吹散和拉长，就可以得到松散如棉状的陶瓷纤维，长度在15~250mm，平均直径为2.8μm。陶瓷纤维以松散棉状用于工业炉上只是使用方法之一，更多的是制成纤维毯、纤维毡、纤维纸、纤维绳，或者与耐火可塑料等制成复合材料，以适应多种用途。

陶瓷纤维所用基本原料是焦宝石，成品主要成分如下（%）：

Al_2O_3	SiO_2	Fe_2O_3	TiO_2	CaO	MgO	Na_2O	B_2O_3
45~47	52~53	0.6~1.8	1.2~3.5	痕量	痕量	0.2~2	0.08

它的成分属于硅酸铝质耐火材料，但因为形态是纤维，因此性能与黏土砖不尽相同。陶瓷纤维的持续使用温度为1300℃，最高使用温度为1500℃，在1600℃以上，陶瓷纤维失去光泽并软化。陶瓷纤维之所以得到很快发展，是由于它具有一系列优点：

（1）质量轻。陶瓷纤维制品的重量只及同体积轻质耐火砖的1/6，一座由纤维制品构筑的炉子，其质量比耐火砖的炉子轻80%~85%。重量与炉子蓄热成正比，由于质量减轻，炉子热容量小，蓄热减少，所以陶瓷纤维特别适合间歇性作业的炉子，如某些热处理炉。用陶瓷纤维还可使炉子结构钢材节省20%。

（2）绝热性能好。与轻质黏土砖及硅藻土砖等绝热材料相比，在使用条件相同时，导热率要低75%~100%，因此炉衬厚度可以减薄。陶瓷纤维的绝热性能与密度有关，但在400kg/m³以下的范围内，与一般耐火材料相反，密度越大导热率越低，超过400kg/m³以后，则又与普通耐火砖相仿，密度越大导热率越高。

（3）热稳定性好。陶瓷纤维是一种有柔性和弹性的材料，可弯曲180°而不会折断。所以在高温下使用不必考虑热应力的问题，在任何急冷急热的情况下，都不会碎落破裂。用耐火砖、浇注料、可塑料作炉子结构材料时，都有热膨胀的问题，因此炉子必须有大量刚性的钢结构。但用陶瓷纤维可以完全不需要，只要用简单的固定纤维毯的办法制作炉衬，从而使炉子设计发生重大变革。

（4）化学稳定性好。除氟氢酸、磷酸和强碱外，能耐大多数化学品的侵蚀。只有在强还原气氛下，陶瓷纤维所含的TiO_2、Fe_2O_3等杂质有可能被CO还原，所以在退火炉一类炉子上使用的纤维制品，希望其中杂质尽可能少些。

（5）容易加工。陶瓷纤维可以剪切、裁割、弯曲成任意形状。安装陶瓷纤维炉衬非常简单，修理更换也容易，只是不耐碰撞和磨损。施工时也不用泥沙浆等，而且可以实行预制装配，筑炉速度大大加快。

最初陶瓷纤维只是作为充填料和绝热材料，现在已发展到可以作为热处理炉和其他一些炉子的内衬，国外已用于均热炉炉盖、炉墙内衬、炉盖密封材料（用以代替砂封），在加热炉上用于水管包扎、炉顶及炉墙作内衬，在热处理炉上用于罩式退火炉的外罩材料及底座密封材料，还用于一些间歇式作业的炉子（如台车式炉）。在热风管道上还用以代替管内衬砖，施工方便，也减小了管径。陶瓷纤维还可以加入耐火混凝土制成复合材料，提高耐火混凝土的常温强度，并防止某些耐火混凝土中温强度降低，出现剥落现象。

（四）耐火泥

耐火泥是一种由粉状耐火物料和结合剂调制而成的泥浆，常用的结合剂有水、卤水、水玻璃、焦油等，也有不加水的干火泥。干火泥以及用水以外的黏结剂调制的火泥，用于要求抗水性的砌体。

根据耐火泥的化学成分可以分为黏土质、高铝质、硅质、镁质等，耐火泥主要用来填充砖缝，使分散的砖块结合成整体。因此，选用时应满足如下要求：

（1）耐火泥的主要成分应与所砌的耐火砖相近。

（2）耐火泥的颗粒组成应与砖缝大小相适应，一般小于砖缝的 1/2。

（3）应具有良好的塑性和结合性能。

（4）应具有与所砌耐火材料相近的高温性能。

（五）耐火涂料

耐火涂料是一种以喷涂方式进行施工的散状耐火材料，简称喷涂料，主要有密封涂料和保护涂料两种。其骨料和掺和料的材质应根据使用要求而定。其粒度由喷涂层厚度和喷射机的结构来决定。

密封涂料用于提高炉子的气密性；保护涂料主要用于保护与修补炉衬，因此，要求它除与砌体内衬有相同的高温性能外，还应具有很好的黏结性，使它贴附在内衬上而不裂开或脱落，以保护炉膛内砌体不受高温气体、炉渣和金属氧化物等的侵蚀破坏，延长炉体的使用寿命。

六、绝热材料

在炉子的热支出项目中，炉壁的蓄热和通过炉壁的散热损失占了很大比例。为了减少这方面的损失，应设法采用气孔率高、体积密度小、热容量小、导热率低的筑炉材料，即绝热材料。炉子的绝热材料种类很多，常用的有轻质耐火砖、轻质耐火混凝土、陶瓷纤维和其他一些绝热材料，如硅藻土、石棉、蛭石、矿渣棉及珍珠岩制品等。按照这些材料的使用温度可依次分为高温、中温、低温绝热材料。

（一）高温绝热材料

高温绝热材料的使用温度在 1200℃ 以上。轻质耐火砖即属典型的高温绝热材料，是在耐火砖制造中加入某些特殊物质后烧成的。它的气孔率比普通耐火砖高 1 倍，体积密度比同质耐火砖小 0.5~0.7 倍，导热系数小。因此可以用来作为炉子的绝热层或内衬，以减少热损失。间歇式工作的炉子，炉墙蓄热和散热损失可减 80%。

轻质耐火砖按所用材质不同，主要有轻质黏土砖、轻质高铝砖、轻质硅砖，国外还有镁质、铬质、碳化硅质的轻质砖。轻质耐火砖的生产方法主要有三种：（1）可燃添加物法，即在配料中加入木屑或焦粉之类容易烧掉的可燃物，当砖烧成过程中可燃物烧掉后，就在砖内留下大量孔隙，这是最常用的方法；（2）泡沫法，即在配料中加入松香皂等起泡剂，搅动起泡，然后烧成多孔的制品；（3）化学法，在配料中加入某种物质，能产生起泡的化学反应，例如白云石或方镁石加石膏，以稀硫酸作发泡剂，产生大量 CO_2，立即浇铸成型，干燥后烧成。

轻质耐火砖与一般相同材质的耐火砖的耐火度相差不大，荷重软化点则略低。轻质砖如果长期在高温下使用时，会继续烧结不断收缩，造成裂纹甚至破坏。所以多数轻质砖有一个最高使用温度的问题，如轻质黏土砖最低的只有 1150℃，高的可达 1400℃，轻质高铝砖不超过 1350℃，轻质硅砖则可达 1600℃。因为轻质硅砖不存在高温收缩问题，体积比较稳定，因此能用以砌筑直接与炉气接触的内衬。

轻质耐火砖的抗渣性能较差，熔渣容易侵入砖的气孔内使砖破裂，所以轻质耐火砖不能直接和熔融金属及熔渣相接触。这种砖的机械强度及耐磨性也稍差，不适合用于高速气流冲刷和震动大的部位。

与轻质耐火砖工艺相似，在耐火混凝土配料中，加入适当起泡剂，可以制成轻质耐火混凝土，重量只是黏土砖的 1/2，导热系数是黏土砖的 1/3。如果用蛭石或陶粒一类材料作骨料，则体积密度及导热系数更低。

（二）中、低温绝热材料

中、低温绝热材料种类很多，有的是块状制品，有的是散状物料。中温绝热材料的使用温度在 900~1200℃，低温绝热材料的使用温度在 900℃下。

1. 硅藻土制品

硅藻土是古代藻类植物形成的矿物，它的主要成分是非晶形 SiO_2，有很多气孔，重量很轻（500~600kg/m^3），是优质保温材料。硅藻土可以呈散状使用，也可以加入石棉灰作为抹面绝热材料。如果制成砖，可用来砌筑炉子外层，硅藻土砖只能用在 1000℃ 以下的部位，因为高温时会收缩和熔化。

2. 石棉

石棉的成分是含水硅酸镁，隔热性能好，有良好的可压缩性，适合作炉底或炉墙与钢板外壳之间的绝热层。石棉有很好的耐火性能，但不能使用于高温，因为到 500℃ 时，开始失去结晶水，强度下降，会变成粉末。

3. 蛭石

蛭石是含结晶水的金云母（或称黑云母），呈薄片状结构，受热时水分迅速蒸发而松散，成为膨胀蛭石，体积增大十多倍。膨胀蛭石体积密度及导热系数都很小，是良好的绝热材料，可用于 900~1100℃。膨胀蛭石使用时可以直接作为炉墙与钢壳之间的绝热层，也可以加矾土水泥、水玻璃等结合剂，制成各种形状的制品。

4. 矿渣棉

矿渣棉是高炉渣或其他熔融岩矿由炉中流出时,用高压蒸汽喷吹使其成雾状,而后迅速冷却形成的人造矿物纤维,长约 2~60mm,直径为 2~20mm。矿渣棉体积密度小,导热系数也低,但容易被压实,使密度增大,绝热性能变差。矿渣棉制品是用矿渣棉加水玻璃胶结而成,可制成砖、板或管,最高使用温度为 600℃。

5. 珍珠岩

珍珠岩矿物加热到 1250~1380℃,结晶水迅速蒸发使珍珠岩急剧膨胀,形成多孔的膨胀珍珠岩;再以磷酸铝和纸浆废液为结合剂,可以制成各种形状的制品,绝热效果超过以上几种保温材料。

【任务实施】

一、实训内容

耐火砖的外形鉴定。

二、实训目的

(1)设计和建造加热炉时,炉子各部位砌体的尺寸一般都是标准砖的整数倍。通过本实训,应对耐火砖的外形与尺寸有一明确的概念。

(2)通过本实训,能根据耐火砖的色泽、密度等辨别出加热炉常用的几种耐火砖。

(3)耐火砖往往存在一些缺陷而不能满足使用要求,所以必须对其进行表面检查。通过测量常见缺陷的程度,根据允许的尺寸公差进行分级,以便砌筑时根据工作条件的不同选择不同等级的耐火砖。

三、实训相关知识

耐火制品的外观检查项目有:尺寸公差、缺棱、缺角、扭曲、裂纹、裂缝、熔洞、渣蚀等。这些项目的检查是极其重要的。如尺寸不合格,则在砌筑时会使砖缝过大,超过规定标准,而砌缝是炉子砌体最薄弱部分,会由此造成炉子寿命降低。各种耐火制品的外观检查可参考行业标准。

为了生产及使用方便起见,将耐火制品按其形状分为普通型砖、标准型砖、异型砖和特殊型制品。最常见的标准型砖的尺寸为 230mm×113mm×65mm,纵楔型或横楔型为230mm×113mm×65mm×55mm。

四、实训设备

卡尺、钢质楔形测量器、钢直尺、耐火砖、塞尺等。

五、实训步骤

(1)根据耐火砖的断面颗粒,表面特性辨别砖的种类。

(2)根据砖的外形尺寸公差及缺陷程度确定砖的等级。

(3)实训记录。

表 1.4.1　实训记录表

耐火砖名称	色泽	尺寸（mm）长×宽×高	尺寸公差/%	扭曲/mm	缺角深度/mm	缺边/mm		熔疤直径/mm	裂纹/mm		等级
						深度	长度		宽度	长度	

【任务总结】

正确识别加热炉常用的几种耐火砖，掌握耐火砖的外形鉴定，为将来在加热工作岗位能正确选择耐火砖，砌筑耐火砌体奠定基础。

【任务评价】

表 1.4.2　任务评价表

任务实施名称			耐火砖的外形鉴定			
开始时间		结束时间		学生签字		
				教师签字		
评价项目		技 术 要 求			分值	得分
操　作		（1）方法得当； （2）操作规范； （3）正确使用工具、仪器、设备； （4）团队合作				
任务实施报告单		（1）书写规范整齐，内容翔实具体； （2）实训结果和数据记录准确、全面，并能正确分析； （3）回答问题正确、完整； （4）团队精神考核				

思考与练习题

1. 什么是耐火材料？如何分类？

2. 耐火材料有哪些物理性能和工作性能？各有什么意义？

3. 简述耐火材料的一般生产工艺。

4. 选用耐火材料应遵循哪些原则？

5. 黏土砖有些什么性质？常用在哪些地方？

6. 高铝砖有些什么性质？常用在哪些地方？

7. 硅砖有些什么性质？常用在哪些地方？

8. 镁砖有些什么性质？常用在哪些地方？

9. 碳化硅砖有些什么性质？常用在哪些地方？

10. 不定型耐火材料通常指哪些材料？

11. 耐火混凝土的组成有何共同特点？采用耐火混凝土筑炉有何优点？

12. 常用的耐火混凝土有哪几种？

13. 耐火可塑料的组成有何特点？采用耐火可塑料筑炉有何优点？

14. 采用陶瓷纤维作炉子内衬或包扎炉底水管有什么好处？

15. 耐火砌体对耐火泥使用有哪些要求？

16. 绝热材料有何特性？如何分类？

17. 轻质耐火砖的生产方法有哪几种？

18. 在加热炉上使用绝热材料有何作用？

钢坯加热工艺

任务一　加热工艺

【任务描述】

在轧钢生产过程中，为使钢材便于压力加工，就必须根据钢种本身的性质及其在加热时的变化，针对不同的钢种采取不同的加热规范，这就是钢的加热工艺。钢的加热工艺包括加热温度、加热速度、加热时间、加热温度的均匀性、炉温制度、供热制度、炉内气氛，等等。显然，它们是确保实现加热目的、保证加热质量的重要条件。

【能力目标】

（1）能正确确定钢的加热温度；

（2）能正确计算钢的加热时间；

（3）能正确制定钢的加热制度。

【知识目标】

（1）钢加热时的性能变化；

（2）钢的加热目的与要求；

（3）钢的加热温度；

（4）钢的加热速度；

（5）钢的加热时间；

（6）钢的加热制度。

【相关资讯】

一、钢在加热过程中的物理与机械性能的变化

（一）物理性能的变化

与钢加热有关的物理性能主要有钢的导热系数、比热容或热含量、密度、导温系数。

1. 钢的导热系数

钢的导热系数与钢的化学成分、温度、内部组织、杂质含量以及加工条件等都有关系。钢的导热系数一般随其含碳量的增加而降低，当含碳量小于 0.2% 时这种影响特别明显。其他杂质如硅、锰、磷、硫也会降低碳素钢的导热系数。综合起来看，钢的导热系数主要受下列两个因素影响。

A　钢中杂质及合金元素的影响

纯铁在常温时的导热系数大约为 $40.71 \sim 46.52 \text{W}/(\text{m} \cdot \text{K})$，当钢中有杂质或合金元素时，其导热系数会降低。在常温时，计算钢的导热系数的经验公式如下：

$$\lambda_0 = 69.78 - 10.12\text{C} - 16.75\text{Mn} - 33.73\text{Si} \qquad (2.1.1)$$

式中　C，Mn，Si ——钢中碳、锰、硅含量的质量分数。

必须说明，式 (2.1.1) 只适用于含碳量小于 1.5% 及锰和硅的含量在 0.5% 以下的碳素钢。

此外，钢的导热性还与其组织有关，经过变形（锻造或轧制）的钢，其导热性比铸造的好；经过退火的钢导热性比未经退火的好。

合金元素对钢的导热性的影响，虽然目前的研究资料还不足以充分说明合金元素与导热系数之间的规律性关系，但总体而言，合金元素将使钢的导热性降低，钢中合金元素越多其导热系数越小。

合金钢的导热系数比碳素钢的要小好几倍，一般在常温下，合金钢的导热系数仅为 $11.63 \sim 40.71 \text{W}/(\text{m} \cdot \text{K})$。这就说明了合金钢加热时为什么一定要预热，而且加热时间也较长的原因。否则，由于钢中加入的大量合金元素的作用，如高速钢、不锈钢等，它们的合金元素的含量高达 10% 以上，导热性很差，若将这类钢直接装入高温炉内，钢的表面与中心就会产生很大的温度差，因而造成巨大的热应力，容易导致钢材产生裂纹甚至开裂。所以导热性对钢加热的影响是不容忽视的。

B　温度变化的影响

导热系数随温度变化的关系比较复杂，一般来说，随温度升高，大多数钢的导热性降低，而且常温下导热系数越大的钢温度升高时降低得越显著。主要原因是钢的导热系数还随钢的金相组织的不同而变化，当钢的金相组织由珠光体转变为马氏体时，导热系数有所下降；在各种金相组织中以奥氏体的导热系数最小。

导热系数随温度而变化的这一性质，对于钢的加热有很大影响。钢在加热初期温度较低，导热系数较大，加热条件较为有利；加热后期钢温升高，导热性下降，加热条件变差。

但要注意，合金钢有例外情况。对于合金钢而言，当 λ_0 小于 $23.26 \sim 25.59 \text{W}/(\text{m} \cdot \text{K})$ 时，导热系数随温度升高而升高；当 λ_0 在 $23.26 \sim 25.59 \text{W}/(\text{m} \cdot \text{K})$ 之间时，温度升高对导热系数几乎没什么影响；只有当 λ_0 大于 $23.26 \sim 25.59 \text{W}/(\text{m} \cdot \text{K})$ 时，导热系数才随温度升高而下降。

2. 钢的比热容与热含量

钢的比热容 c_p 与热含量 h 也是钢的重要物理性质。钢的比热容与热含量主要取决于化学成分、温度和组织，也是随化学成分的不同和温度等的变化而改变的。

A　化学成分的影响

在100℃以下至室温时，钢的比热容可按下面的经验公式计算：
$$c_p = 0.46618 + 0.019093C \quad [kJ/(kg \cdot K)] \tag{2.1.2}$$
式中　C——钢中碳的质量分数。

总的来说，钢的化学成分对其比热容的影响还是不大的。

B　温度的影响

一般来说，当加热温度上升时，钢的比热容与热含量增大；但超过800℃再升高温度时，钢的比热容又有下降的趋势。

3. 钢的密度

钢的密度ρ与其化学成分、温度和组织状态有关。纯铁的密度为7880kg/m³；碳钢的密度因其含碳量的不同波动在7800～7850kg/m³之间；高合金钢的密度变化范围大约在7600～8700kg/m³之间。

钢的密度随组织状态的变化，按下列所示方向降低：

奥氏体　＞　珠光体　＞　索氏体　＞　屈氏体　＞　马氏体

当温度升高时，因体积膨胀会使钢的密度降低，但这一变化很小，通常计算时直接用常温下的密度代替，表2.1.1为碳钢在20℃时的密度。

表2.1.1　碳钢在20℃时的密度　　　　　　　　（kg/m³）

钢　号	密　度	钢　号	密　度	钢　号	密　度
10	7830	40	7815	70	7810
20	7823	50	7812	T10	7810
30	7817	60	7810	T12	7790

4. 钢的导温系数

由于钢在加热过程中导热系数、比热容和密度的变化，直接影响了钢温的升高。我们知道，导热系数愈大时就表示单位时间内钢材由表及里导入的热量就愈多，但导入的热量多并不意味着升温一定就快。温度升高的快慢还与比热容和密度的乘积有关，比热容和密度的乘积表示单位体积的钢温度升高1℃时所需吸收的热量，在同样的供热条件下，乘积越大，温度上升就越慢。

令：
$$a = \frac{\lambda}{\rho \cdot c_p} \quad (m^2/h)$$

a即为导温系数。一般在常温下，各类钢的导温系数a_0值为：

碳钢：$a_0 = 0.04 \sim 0.06 m^2/h$；

合金钢：$a_0 = 0.02 \sim 0.04 m^2/h$。

温度低于800℃时，钢的导温系数随温度的升高而降低，这主要是由于钢的导热系数随温度升高而降低所致。在高于800℃以后，由于相变使钢的真实比热容c_p有所下降，同时导热系数λ又不再降低而变为增加了，导致钢的导温系数a随温度的升高而有所升高。在高温下，各种含碳量的钢导温系数a渐趋一致。

（二）机械性能的变化

钢在加热时机械性能的变化主要指变形抗力和塑性两个指标。一般来说，温度愈高，钢的塑性愈好，轧制时便允许有更大的变形量；温度愈高，钢的变形抗力愈小，轧制时轧钢设备的负荷就越小，设备不易损坏或磨损，电能的消耗量也越少。

表 2.1.2 列出了 15 号钢的塑性、变形抗力与温度的大致关系。

表 2.1.2　塑性、变形抗力与温度的关系

温度/℃	100	500	1100	1200
塑性（伸长率）比较	1	2	2.5	3
变形抗力比较	35	9	2	1

如表 2.1.2 所示，当温度升高时，钢的变形抗力减小，塑性提高。大多数碳素钢和合金钢，在温度超过 500~600℃ 时，均具有一定的可塑性，但为了减少能量消耗和保证产品质量，在许可的范围内，都希望能尽量提高加热温度。

二、钢的加热目的和要求

（一）钢的加热目的

1. 提高钢的塑性

钢在常温下塑性很低，其伸长率仅为 10% 左右，所以即使是塑性好的钢，在常温条件下进行压力加工也是较困难的。由于钢的塑性随温度的升高而有显著的增加，所以轧制前应将钢加热到高温状态，使其组织处于奥氏体单相区域。单相奥氏体组织是具有良好塑性的面心立方晶格，组织应力小，对变形特别有利，为强化压下制度、提高轧钢机产量创造了有利条件，并有助于增加钢对复杂孔型的充填能力，提高成品尺寸精度和表面光洁度。

2. 降低钢的变形抗力

钢在常温条件下变形抗力很高。如高碳钢在常温时的变形抗力约为 $6000kg/cm^2$，低碳钢约为 $3000kg/cm^2$，此时进行轧制需要消耗很大的动力；如果将钢加热到 1200℃，由于塑性大大改善，这时高碳钢的的变形抗力只有约 $300kg/cm^2$，低碳钢的变形抗力只有约 $150kg/cm^2$，约为常温时的 1/20，与常温时的锡和铝的变形抗力大致相等。

由此可见，钢的加热温度愈高其塑性愈好，变形抗力愈小。变形抗力的降低可以大大减少轧制时的电力消耗，同时还可以减少对设备的磨损，从而使轧钢产量和产品质量显著提高。

3. 均匀钢锭（坯）的温度、成分及组织

对于钢锭，特别是合金钢锭，在浇铸过程中会产生许多不可避免的缺陷，如组织不均、成分偏析、气泡、缩孔以及温差造成的热应力等，给钢锭质量带来不良影响。将这样的钢锭加热到高温，并在高温下适当保温均热，可使上述缺陷得到改善。例如：聚积的碳化物可以得到溶解扩散，化学成分及组织得以均匀，温差造成的热应力得以消除，因而改善金属的压力加工性能。

即使是热送的钢锭，也同样存在上述缺陷，由于存在内外温度的严重不均，直接轧制就会开裂，因此对大型热锭来说，在均热炉内进行加热和均热是必不可少的。对于小型锭来说，加热和均热也可在连续式加热炉内进行。

4. 改变钢锭（坯）内部结晶组织，消除残余应力

通过加热可以使钢的组织发生转变，从而获得所需要的结晶组织，以达到生产所需要的物理与机械性能的产品。这种加热是对轧制品进行热处理所必须的。例如：冷轧薄板在轧制时，由于低温加工，轧制后板材内部产生很大的轧制应力，这些残余应力只有通过加热来消除。

正确的加热有助于获得几何形状正确、尺寸精度高、性能良好的产品。根据不同的加热目的，可以将钢的加热分为加热、均热和热处理三种操作。

（二）钢的加热要求

钢在轧制前加热的好坏直接影响轧机的产量、产品质量、电能的消耗、设备的安全与使用寿命等技术经济指标。所以钢的加热是轧钢生产过程中的一个极为重要的工序。钢的加热必须满足以下要求。

1. 加热温度必须达到轧制工艺规定的温度，不产生过热和过烧

钢由出炉到轧制以及轧制过程中，由于部分热量被轧辊和冷却水带走，也有部分热量通过辐射散失于周围的大气中，钢本身的温度会降低。随着钢温度的降低，其塑性变差，变形抗力增大，为此，钢的出炉温度应保证钢在轧制过程中和轧制终了时都具有足够的塑性。但加热温度也不能过高，若超过了加热温度的最高限，就会产生过热或过烧而使钢性能变坏甚至于变成废品。所以在对钢进行加热时应严格控制其加热温度，使之达到轧制工艺规定的温度，而又不产生过热和过烧。

2. 加热温度均匀，温差在允许的范围内

钢在出炉时温度应沿长度、宽度、断面均匀一致。当温度不够均匀时，热应力可能使钢产生裂纹，同时轧件在轧辊间轧制时会因轧件的不均匀变形而使轧件弯曲，使轧机的调整和操作产生困难，严重时还可能导致缠辊或断辊事故的发生。当金属沿横断面加热温度不均匀时，将影响成品尺寸的精度，如型钢的断面形状、尺寸不合格；钢管壁厚、钢板厚度不均匀；等边角钢和槽钢的腿长不一致等。因此钢锭或钢坯加热后，沿长度、宽度和断面上的温度分布必须均匀。当然，要绝对均匀是不现实的，存在的温差应控制在允许的范围内。

3. 尽量减少钢加热时的氧化与脱碳

钢在加热时，由于氧化会造成金属的烧损，降低成材率，增加生产成本，并影响钢材的表面质量（特别是对钢板表面质量影响更大）；在氧化的同时还可能存在脱碳现象，在加热含碳量较高的钢种时，如高碳工具钢、滚珠轴承钢、高速钢、弹簧钢等，其脱碳程度不能超过规定标准，以保证钢材的力学性能及使用寿命。所以在钢的加热过程中应尽量减少钢的氧化，尽可能减少其脱碳量及脱碳层深度。

4. 必须根据不同钢种制定出合理的加热制度并严格执行，同时要注意节能

三、钢的加热规范

（一）钢的加热温度

钢的加热温度是指钢加热终了出炉时的表面温度。对加热炉而言，确定钢的加热温度不仅要考虑钢种的性质，而且还要考虑轧制工艺（热加工工艺）的要求，以期获得最佳的塑性、最小的变形抗力，从而有利于提高产量及产品质量，减少动力消耗及设备磨损。因此在保证加热质量的前提下，一方面，应尽可能提高加热温度，但是加热温度的提高受到钢的过热、过烧、氧化、脱碳、黏钢等的限制，特别是过烧的限制，因而加热温度有一个上限（最高加热温度）。另一方面，根据压力加工的工艺要求，在压力加工终了时，钢必须保持一定的温度，即终轧温度，因而加热温度还存在一个下限（最低加热温度）。生产实际中钢的加热温度由以下几方面决定。

1. 保证钢料始终在奥氏体单相区进行锻轧加工

因为奥氏体单相区内钢的塑性最好，锻轧加工时变形抗力小，而且加工后的残余应力也小，不会出现裂纹等缺陷。这个区域对于碳素钢可参考图 2.1.1 所示的铁碳平衡相图确定，即在 A_{c3} 以上 30~50℃，固相线以下 100~150℃左右的范围，根据钢的终轧温度要求，再考虑钢在出炉和加工过程中的热损失及工艺要求，便可确定钢的最低加热温度。

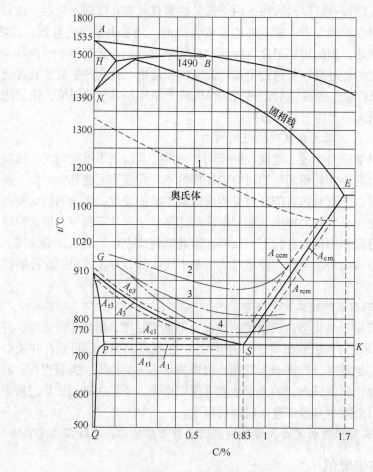

图 2.1.1　铁碳平衡相图

确定轧制的上限加热温度按照固相线以下 100~150℃而定，表 2.1.3 为碳钢的最高加热温度和理论过烧温度。钢的最高加热温度和理论过烧温度间的关系大致为：

$$t_{加} = 0.95t_{烧} \tag{2.1.3}$$

对于优质碳素结构钢选择加热温度时，除参考铁碳平衡相图外，还要考虑钢材表面的脱碳问题，为了不使脱碳层厚度超过规定的标准，应适当降低一些加热温度。

表 2.1.3 某些钢种的最高加热温度与理论过烧温度

钢　　种	最高加热温度/℃	理论过烧温度/℃
碳钢（1.5%C）	1050	1140
碳钢（1.1%C）	1080	1180
碳钢（0.9%C）	1120	1220
碳钢（0.7%C）	1180	1280
碳钢（0.5%C）	1250	1350
碳钢（0.2%C）	1320	1470
碳钢（0.1%C）	1350	1490
硅锰弹簧钢	1250	1350
镍钢（3%Ni）	1250	1370
渗碳镍钢（5%Ni）	1270	1450
铬钒钢	1250	1350
高速钢	1280	1380
奥氏体镍铬钢	1300	1420

钢的加热温度也不宜过低，即加热温度的下限一般应保证终轧温度仍在奥氏体区，即在 A_{c3} 以上 30~50℃。终轧温度对钢的组织和性能影响很大。一般来说，终轧温度越高，晶粒集聚长大的倾向就越大，而晶粒越粗大，钢的机械性能就越差。所以终轧温度不能太高，最好控制在 850℃ 左右，以不低于 700℃、不超过 900℃ 为宜。

对含碳量低于 0.77% 的亚共析钢，其终轧温度不应低于 A_{r3}。如果低于这个温度，奥氏体中将析出铁素体，继续轧制铁素体会被拉长而形成纤维状组织，从而使钢的性能呈现出方向性。含碳量高于 0.77% 的过共析钢，终轧温度不应高于 A_{rcm}，如果终轧温度高于这个温度，轧件在轧后的冷却过程中将沿奥氏体晶界析出二次渗碳体，其为针状或网状组织，塑性很差，使钢的机械性能显著下降，这种钢材只有经过热处理以后才能使用。但终轧温度也不能过低，否则钢的塑性太差；如果终轧温度低于 A_{r1} 还会有较多的石墨析出，使钢的硬度大为降低。所以过共析钢的终轧温度大致都控制在 A_{rcm} 和 A_{r1} 之间。

2. 合金元素对加热温度的影响

钢中合金元素的加入对其加热温度的影响主要体现在两个方面：一是合金元素对奥氏体区域的影响，二是合金元素对生成碳化物的影响。

A 合金元素对奥氏体区域的影响

有些合金元素如 Ni、Cu、Co、Mn 等，它们具有与奥氏体相同的面心立方晶格，都可以无限地溶于奥氏体中，从而使奥氏体区域扩大，故这类钢的终轧温度可以相应地低一些，同时由于固相线相应提高了，其开轧温度也可以适当高一些，总之，这类钢的加热温度范围加宽了，对钢的加热是有利的。

有些合金元素如 Cr、Mo、W、V、Ti、Si、Al 等，它们的晶格与铁素体相同，可以无限地溶于铁素体中。由于它们的加入使铁碳平衡相图中的 $A_3(A_{c3})$ 点上升，A_4 点下降，结果使奥氏体区域缩小了，要保证这类钢的终轧温度还能在奥氏体单相区内，则应适当提高加热温度的下限。这类合金元素的加入使钢的加热温度范围缩小了，这类钢种的加热都不容易控制，表 2.1.4 是某些合金钢种的加热温度，以供参考。

表 2.1.4　某些合金钢的加热温度

钢种（低合金钢）	加热温度/℃	钢种（高合金钢）	加热温度/℃
20Mn	1220～1250	T7～T10，T8Mn	1130～1180
30Mn	1180～1210	T11～T13	1130～1170
20Cr	1220～1250	60Si2Mn	1170～1190
40Cr	1160～1190	GCr15，GCr15Mn	1180～1220
40SiMnCrMoV	1170～1200	0Cr13～2Cr18Ni9Ti	1180～1220
35CrMn	1180～1210	4Cr9Si2，1Cr13	1180～1220
20SiMnVB	1190～1220	2.4Cr134Cr10Si2Mo	1180～1220
40MnSiNb	1170～1190	D31，D41	1000～1050
40Mn2MoV	1160～1190	70Si3Mn	1130～1180
30CrMnSiA	1170～1200	7～8Cr2，4～6Cr2Si	1130～1180
12CrMo	1200～1240	W9Cr4V，W12Cr4V4Mo	1130～1180
12CrMoV	1200～1230	Cr11MoV，Cr5Mo	1180～1220

　　B　合金元素对生成碳化物的影响

　　钢中加入的合金元素有些能生成碳化物，如 W、Mo、V、Cr、Nb 等，由于碳化物的熔点都很高，并且很稳定，故可以适当提高这类钢的加热温度。对于那些不能形成碳化物的合金元素，基本上都溶于铁素体中形成固溶体，它们对加热温度的影响就要看合金元素本身熔点的高低了；熔点高的可适当提高加热温度，熔点低的则应适当降低加热温度，属于这一类的合金元素有 Si、Cu、Al、Ni 等。锰（Mn）是一部分与碳结合形成碳化物（Mn_3C），一部分溶于铁素体形成固溶体。

　　总体来说，低合金钢的加热温度仍可按含碳量的高低参考铁碳平衡相图来确定，对于高合金钢而言，加热温度的确定不仅要参照铁碳平衡相图，同时还要根据塑性图、变形抗力曲线和金相组织来确定。

　　3. 坯料尺寸和轧制道次对加热温度的影响

　　钢坯尺寸较大时，咬入困难，轧制道较多，轧制过程中钢料的热损失大，坯料的温降大，要保证终轧温度仍能在奥氏体单相区内，就必须相应提高加热温度的下限；反之，如果料坯的断面尺寸小，轧制道次少，加热温度可适当降低一些。对于工字钢、角钢、槽钢、H 型钢及乙字钢等异型坯，因棱角处散热快，加热温度要稍高一点。

　　4. 轧制工艺要求对加热温度的影响

　　不同的加工工艺对加热温度的要求有很大的差别。一般来说，压延时的加热温度就要比锻造时低一些，热拉钢管、管坯穿孔、钢管减径时的加热温度要稍低一些，因为加工时要特别注意防止和减少表面氧化程度；对于焊接钢管坯料的加热温度应适当高一些。薄板多属低碳钢，从钢的成分看允许加热温度稍高些，但为了减少表面氧化程度和防止粘钢，其加热温度一般都控制在 850~950℃之间。又如硅钢片本身要求的加热温度并不高，但是轧制工艺希望硅钢片在加热过程中有一定程度的脱碳，故其加热温度人为地使之高达1100℃左右。

无缝管坯在穿孔时要产生温升，所以管坯的加热温度要低一些，否则穿孔时就会产生过热、过烧，造成破裂。一些炉子出钢温度偏高，对轧材质量不利又浪费燃料，故应使出钢速度与轧制速度很好配合。有一种意见主张低温轧制，认为钢的低温轧制所多耗的电能在经济上比提高加热温度需消耗的燃料更合算。

总之，影响加热温度的因素很多，有时各因素之间是相互矛盾而又相互制约的，因此在针对某一具体钢种确定加热温度时，必须加以具体分析，并且进行反复试验，不断总结，才能最终确定出比较合适的加热温度。

（二）钢的加热速度

钢的加热速度（$W_{加}$）是指单位时间内钢的表面温度升高的度数，其单位是℃/h或℃/min。在生产中有时也用单位时间内钢平均温度的变化表示，或用单位时间内加热钢坯的厚度（mm/min）与单位厚度钢坯所需加热时间（min/mm）来表示加热速度。

从提高炉子生产率的角度出发，当然希望加热速度越高越好，因为加热速度越高，不仅炉子产量高，而且由于加热时间的缩短使钢的氧化、脱碳都大为降低。但是在加热炉的加热生产实际中，加热速度是不能无限制地提高的，加热速度的提高除了要受到炉子供热能力和供热条件限制外，还要考虑表面与中心温差的大小是否为钢料所允许。

由于热阻的存在，钢在加热时就必然出现表面升温速度大于中心温升速度，从而形成表面与中心的温度差，特别是在加热初期，这一温度差更大。这时钢表面的温度比中心的温度高，表面的热膨胀量大于中心的热膨胀量，造成钢的表面受到压应力作用，而中心受到拉应力作用，从而使钢内部产生温度应力（或称为热应力）。温差越大，热应力就越大，当热应力超过钢的强度极限时，便在钢内部产生裂纹，因此加热速度必然要受到这一热应力许可范围的限制。

在加热钢锭，特别是快速冷却的钢锭时，由于内部存在较大的残余应力，而该残余应力的方向与加热时产生的热应力的方向是一致的，应力叠加的结果进一步限制了加热速度的提高。对于高碳工具钢、高合金钢而言，因其导热系数小、塑性又差，坯料在冷却时也往往存在较大的残余应力，因而也应适当控制其加热速度。但无论是哪种料坯，当其温度超过 500~600℃以后，因其塑性已较好，温度应力已不足以对钢造成破坏，均可采用快速加热，故热装的各种料坯（500~600℃以上）均可直接快速加热。

对于加热炉来说，加热速度的大小主要取决于外部传热条件和内部传热条件，限制加热速度的环节主要是炉子的供热能力和传热条件。

影响加热速度的因素概括起来主要有以下几点：

（1）钢的导温系数；

（2）钢的膨胀系数；

（3）钢的塑性；

（4）钢材的断面形状与尺寸。

总体来说，当加热速度一定时，钢的导温系数愈大，则断面温差就愈小，而在较小的温差作用下钢的线膨胀系数也愈小，由此产生的热应力亦较小，即钢允许的加热速度正比于钢的导温系数。显然，膨胀系数愈大，产生的应力也就愈大，允许的加热速度则与之成反比；如果钢的塑性很好，加热时即使产生较大的热应力也无关紧要，因为它可以被钢的变形所抵消而不会造成开裂。

生产实践表明，低碳钢和温度在 500~600℃ 以上的其他各钢种，都可以在任意速度下快速加热，而不至于因加热过快产生开裂。对于冷的高碳钢和特殊合金钢，因其塑性很差，导热系数又小，应限制其初期加热速度，即应限制预热段（期）炉温不能高于 500~600℃。

对于断面尺寸较厚的钢材或属于厚材者，在加热过程中容易产生较大的断面温差而不利于快速加热；同时由于内应力而产生的裂纹大部分都发生在钢坯的棱角处（因为该处有应力集中），所以同样条件下圆的钢材就比方形的或其他异形的钢材更有利于快速加热。

综合上述各种因素，对于 500~600℃ 以下的高碳钢与各种合金钢，加热时允许的加热速度 $W_{加}$ 可以按钢的许用应力 $[\sigma]$ 来确定，其经验公式如下：

对于圆柱形钢坯：

$$W_{加} = \frac{5a[\sigma]}{\beta ER^2} \qquad (℃/h) \qquad\qquad (2.1.4)$$

对于方、板坯：

$$W_{加} = \frac{2.4a[\sigma]}{\beta ES^2} \qquad (℃/h) \qquad\qquad (2.1.5)$$

式中　a——钢材的导温系数，m^2/h；

　　$[\sigma]$——钢的许用应力，kg/cm^2；

　　β——钢的线膨胀系数，$m/(m \cdot ℃)$，对碳钢：$\beta = (11 \sim 12) \times 10^{-6} m/(m \cdot ℃)$，
　　　　对 Ni-Cr 钢：$\beta = (16 \sim 17) \times 10^{-6} m/(m \cdot ℃)$；

　　E——钢的弹性模量，一般钢材 $E = 2 \times 10^6 kg/cm^2$；

　　R，S——透热深度，m。

当钢的温度超过 500~600℃ 以后，加热速度不再受上述 $W_{加}$ 限制，但在加热末期，为确保料坯出炉时断面温差满足要求，应降低加热速度，进行均热。在钢的加热过程中，不同阶段的加热速度的限制是制定钢的加热制度的重要依据。

（三）钢的加热时间

钢的加热时间是指钢锭或钢坯自装炉到出炉在炉内加热到轧制要求的温度时所必需的最少时间。通常，总的加热时间为预热时间、加热时间、均热时间的总和，即：

$$\tau_总 = \tau_预 + \tau_加 + \tau_均$$

影响加热时间的因素很多，要精确地确定钢的加热时间是比较困难的。一般而言，钢料的断面尺寸越小、导热性越好、在炉内加热时的受热面越多、允许的加热速度越高、要求的加热温度越低，加热时间越短；反之，加热时间越长。同时钢料的装炉温度越高，加热时间也越短；对料坯采取热装，不仅可以缩短加热时间，减少氧化烧损，提高炉子产量，还能大幅度降低燃料消耗量，降低加热成本，因此在具备热装条件的情况下应尽量进行热装。

另外，炉子的结构及其温度水平对加热时间也有较大的影响。不同的炉型结构，钢

料在炉内的放置方式不一样，运动方式不一样，钢料的受热面也就不一样。对于均热炉而言，钢锭一般要求竖直放在炉底上，钢锭与钢锭之间保持一定的间距，因此接近于四面受热；但不同的均热炉炉型，炉温水平不同，特别是炉内温度分布的均匀性不同，导致加热时间差异，显然炉温越高，温度分布越均匀，加热时间越短。对于连续加热炉而言，这一影响就更大。如固定炉底的斜底炉，钢料只能单面受热；架空炉底的推钢式炉，钢料也只能双面受热。而机械化炉底加热炉，如步进炉、环形炉、辊底炉等，可灵活调整料坯间距，依次实现一面、双面、三面及四面加热，显然钢料的受热面越多，加热时间就越短。

要精确地确定钢的加热时间比较困难，生产实际中往往用经验公式进行计算。在连续加热炉内，计算加热时间的经验公式如下：

$$\tau = C \cdot S \tag{2.1.6}$$

式中　τ——加热时间，h；

　　　S——钢坯的厚度，cm；

　　　C——系数，依钢种而定，低碳钢：$C = 0.10 \sim 0.15$；中碳钢及合金钢：$C = 0.15 \sim 0.20$；高碳钢：$C = 0.20 \sim 0.30$；高级工具钢：$C = 0.30 \sim 0.45$。

除了上述经验公式外，还有其他一些经验公式适用于不同炉型和钢种的加热时间计算。

钢料的实际加热时间，有时与钢加热所需要的加热时间不相符合。如炉子的生产率小于轧机的产量时，常常为了赶上轧机的产量而提前出钢，导致加热或均热不足，有时甚至拼命提高炉温而将钢表面烧化，而钢料中间温度尚很低，造成加热温度不均。另一种情况则是炉子的生产率大于轧机的产量，钢在炉内的停留时间大于所需的加热时间，造成较大的氧化烧损，这些情况均不符合加热要求。如遇到上述情况，应及时对炉子结构及操作方式进行合理的改造或调整，使炉子的生产率与轧机的产量相适应。

四、钢的加热制度

(一) 加热制度的概念

加热制度是为了保证实现加热条件的要求所采取的加热方法，即钢料加热时，温度或热量随时间的变化规律。这一规律是控制炉温进行加热操作的主要依据，一般加热制度采用如下两种方式来具体表达。

其一是温度制度，即炉温随时间或沿炉长的变化规律。它是加热时的温度条件，是确保实现加热条件的关键。

对于室状炉而言，钢料在炉内是不能运动的，为适应不同阶段的加热要求，炉温应随时间（预热期、加热期、均热期）变化；在连续加热炉内，钢料是不断运动的，由炉尾装料炉门装入，依次经过预热段、加热段、均热段，最后由炉头出料炉门出炉，连续加热炉在稳定生产时，各段炉温是保持恒定，不随时间变化的。为适应钢在不同阶段的加热要求，连续加热炉的炉温应沿炉长变化，可见连续加热炉的温度制度就是指炉温沿炉子长度方向上的分布规律。

其二是供热制度，即供入炉内的热量（或燃料量）随时间或沿炉长的变化规律。它是实现温度制度的基础。换句话说，温度制度是依靠供热制度实现的。因此供热制度一定要与温度制度的要求相适应。对于室状炉而言，温度制度要求炉温随时间变化，因此供热制度也要求供入的热量（或燃料量）随时间而变化；对于连续加热炉而言，温度制度要求炉温沿炉长变化，因此供热制度亦要求供入的热量（或燃料量）沿炉长而变化，即确定各段所供热量（或燃料量）分配的比例。

显然，当温度制度确定后，相应的供热制度也就确定了，所以温度制度是最主要的，也是最关键的，一般所说的加热制度通常都是指温度制度来说的。

（二）加热制度的类型

按照加热钢种和加热目的的不同，钢在轧前的加热制度可分为：一段式加热制度、二段式加热制度、三段式加热制度和多段式加热制度。

在这里首先要弄清楚加热制度所说的"段"与炉型结构的"段"的区别。应当看到，在连续加热炉中供热点的配置是与炉型的段数直接相关的，也可以说在一定程度上供热点决定了炉型的段数。然而供热制度是为温度制度服务的，因此一般情况下温度制度最好与炉型的段数相适应，这样有利于炉子潜力的充分发挥；但炉子建成后炉型就是固定不变的了，而温度制度却是可变化的，可见三段式的炉型就不一定都是三段式的加热制度，通过调整三段炉型各段的燃料分配比例，三段炉型也可实现二段式，甚至一段式加热制度。

1. 一段式加热制度（也称一期加热制度）

将钢料置于炉温基本上不变的炉内进行加热的过程，即为一段式加热制度。在整个加热过程中炉温基本保持不变，而钢料的表面和中心温度逐渐上升直到满足所要求的温度为止。整个加热过程不分阶段，故称为一段式（或一期）加热制度。

一段式加热制度的特点是：炉温和钢料表面温差较大，加热速度快，没有预热与均热过程，加热时间短，炉子生产率高；整个加热过程中炉温保持一定，炉子的结构与操作都比较简单；缺点是出炉烟气温度高，炉子的热效率低，料坯出炉时断面温差较大。

一段式加热制度适用于薄材或热装的小断面料坯的加热，而且坯料不堆放在一起，如板、薄壁管等，像加热薄板的链式炉就是如此。因为这类坯料的断面尺寸小，导热性或塑性较好，加热初期不至于有温度应力的危险，不必预热可直接在高温下快速加热，在加热终了时，断面上的实际温差也不大，无需再均热。

2. 二段式加热制度（又称二期加热制度）

二段式加热制度是指钢锭（坯）的整个加热过程分两个阶段进行，可分为两种情况：其一是由预热和加热构成的二段式加热制度，其二是由加热和均热构成的二段式加热制度。

由预热和加热构成的二段式加热制度加热曲线如图 2.1.2 所示，其特点是：钢料有较长的预热时间，由装炉到出炉钢温逐渐上升，断面不会产生过大的温度应力，由于不进行均热，加热的均匀性较差，料坯出炉时断面温差较大，故不宜加热大断面的料坯。由于不进行均热，加热段的炉温不能太高，通常只比金属的加热温度高出 50~100℃，如果出钢口炉温较钢坯表面温度高出 200℃左右，则钢坯内外温差将可能达 100~200℃。由于炉温相对较低，燃料消耗量也较少。这种加热制度适用于导热性、塑性较差的合金钢及高碳钢小断面坯料的加热。

由加热和均热构成的二段式加热制度特点是：炉温高，料坯装炉后直接在高温下快速加热，加热时间短，炉子的生产率大，高温炉气出炉时带走的热损失也大，热能未被充分利用；由于对钢料进行了均热，料坯出炉时断面温差小。这种加热制度适用于导热性、塑性较好的大断面坯料的加热，如冷装或低温热装的低碳钢锭及热装的合金钢锭在均热炉或室状炉内的加热，也适用于对管束、板叠和成批小料的加热。

3. 三段式加热制度（又称三期加热制度）

这种加热制度是由预热、加热和均热三个阶段构成的一种比较完善的加热制度，其加热曲线如图 2.1.3 所示。

（1）预热阶段：炉温较低，金属入炉后在加热到达 500~600℃ 以前，以较慢的加热速度进行充分预热。

（2）加热阶段：炉温最高，在钢温达 500~600℃ 以后，进行高温快速加热。

（3）均热阶段：炉温较加热阶段低，在出炉前对钢料进行均热，以降低料坯出炉时的断面温差，提高加热温度的均匀性。

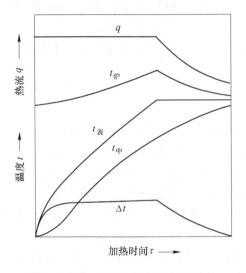

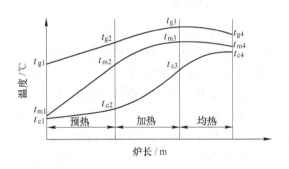

图 2.1.2 二段式加热制度温度曲线   图 2.1.3 三段式加热制度加热曲线

在图 2.1.3 中：

t_{g1}——预热段开始的炉气温度，根据钢种而定，一般为 800~1000℃，有特殊要求时为 600~800℃。

t_{g2}——预热段终了，加热段开始的炉气温度，一般为 1000~1300℃。

t_{g3}——加热段的炉气温度或均热段前的炉气温度，此时温度愈高，加热速度愈快，但不能烧化钢，一般约为 1200~1350℃。

t_{g4}——均热段的炉气温度，一般比钢坯出炉温度高 50~100℃。

t_{m1}——钢坯入炉时的温度，冷坯装炉即为室温。

t_{m2}——预热段终了钢坯的表面温度，一般为 400~800℃。

t_{m3}——加热段终了或均热段开始时钢坯的表面温度，一般稍高于出炉温度 20~30℃。

t_{m4}——钢坯出炉时的表面温度（即要求的加热温度）。

t_c——钢坯的中心温度。

这种三段式加热制度适用于导热性及塑性较差的各种大断面料坯的加热，如高碳钢、高合金钢的钢锭与大断面料坯及冷装的中碳钢锭等。因为这种加热制度在加热初期充分考虑了温度应力的危险，在加热中期利用金属已进入塑性状态的有利时机进行高温快速加热，最后用一定时间进行均热，使料坯出炉时断面温度均匀，既保证了加热质量，又保证了炉子有较高的产量。

4. 多段式加热制度

在一些大型的轧钢车间里，连续加热炉的小时产量可达 150~300t 以上，目前国外已有小时产量为 400t 的大型加热炉投产，如此庞大的加热炉，其长度可达 35~40m 以上。对于这种很长的大型加热炉，采用传统的三段炉型是不能满足热负荷的要求的，因为传统的三段炉型只在加热和均热段的端部供热，预热段不供热。因此必须采用多段炉型，采取多点供热，以实现多段式加热制度，确保炉子的产量和加热质量。多段式加热制度实质上也属于三段式加热制度，所不同的是增加了供热点，延长了加热段长度，目的在于强化金属的加热。为了方便炉温的控制，往往将延长了的加热段分解为加热 I 段、加热 II 段等，并可对各段分别进行灵活控制。

各种加热制度在连续加热炉中是通过炉型及供热控制来实现，而在均热炉中则是通过控制供热量随时间的变化规律来实现的。

（三）供热制度

供热制度是指供入炉内的热量（或燃料量）随时间或沿炉长的变化规律，它是实现温度制度的基础。因此供热制度一定要与温度制度的要求相适应。对于均热炉而言，温度制度要求炉温随时间变化，因此供热制度也要求供入的热量（或燃料量）随时间而变化；对于连续加热炉而言，温度制度要求炉温沿炉长变化，因此供热制度亦要求供入的热量（或燃料量）沿炉长而变化，即确定各段所供热量（或燃料量）分配的比例。当温度制度确定后，相应的供热制度也就被确定了。

在目前的三段式加热炉中，一般采取三点供热，即均热段加热与加热段的上下加热；在一些现代化的大型多段式加热炉上甚至有 6~8 点供热，即均热段有上下加热，加热段有加热 I 段、加热 II 段的上下加热等。这样，合理的分配各点的供热量就成为加热操作中的一个重要课题。合理的供热制度应该是强化下部炉膛的加热，如下加热占总供热量的 50% 左右，上加热占 35% 左右，均热占 15% 左右。

在加热操作中要强化下部炉膛加热的原因体现在以下三方面：

（1）下加热有冷却水管要吸收大量热量，这部分热量约占炉子总供热量的 5%~6% 左右，为补偿这部分热损失，必须增加对下部炉膛的供热量。

（2）由于热气体的自然上升，下加热的一部分热量会通过料坯的间隙进入到上加热空间，因此应增加对下部炉膛的供热量。

（3）下加热如果加热不好，因进入实底均热床后不能再继续加热，因此必须强化下部炉膛的加热，以保证钢坯的下加热表面达到预定的加热温度。

当多段式加热炉有多点供热时，有两个加热段，由于钢坯在加热 II 段里表面温度已经很高了，为了强化整个加热段的加热，需保持加热Ⅰ段的高温，所以加热Ⅰ段的供热量应大于加热Ⅱ段。

此外，对典型的三段式连续加热炉的供热能力的分配还有一种方案，认为由加热段的上下加热供给炉子热平衡所需的全部热量，其分配比例为上加热占40%，下加热占60%，均热段供热能力按炉子热平衡所需的全部热量附加20%~30%。

通常，设计均热段的供热能力时，往往只考虑使钢坯断面温度均匀化的作用，金属在此段吸收的有效热量很少，因而均热段的供热能力只占15%左右，但这一能力在生产实际中往往显得不足。实际上，常由于一些原因，均热段需要多供给热量。比如，当炉子保温待轧较长时间后，需要使停留在均热床上的坯料迅速升温送轧，或当坯料已接近出料口时才发现钢温过低，需要采取补救措施，等等。因此，实际生产往往要求均热段具有较强的供热能力，应使其供热能力达到炉子总供热量的25%左右为宜。

值得注意的是，配置供热能力和选用烧嘴的能力要配合得当，烧嘴的能力不宜留有过大的潜力，否则烧嘴喷出的火焰刚性很差，火焰飘浮，不好组织，会恶化炉内传热条件，使供热效果变差。

在加热炉的供热操作中，一般热负荷减量时，应先减均热及上加热部分，至于均热与上加热哪一部分减量，减量多少，就要视具体情况而定。为了保持均热段的炉压，往往上加热减量是比较合适的。相反，在增加热负荷时，应先增下加热。即减量时先上后下，先炉尾后炉头；增量时先下后上，先炉头后炉尾。

五、碳素钢与合金钢的加热

在加热炉的实际生产中，碳素钢与合金钢的加热除了必须考虑以上讨论的制度方面的问题外，还必须注意其他工艺方面的问题，特别是加热合金钢时必须注意加热过程中钢的内部组织的变化以及轧制和热处理工艺方面的问题。

（一）碳素钢的加热

1. 亚共析碳素钢的加热

含碳量在0.77%以下的碳素钢称为亚共析钢。其加热温度的选择按铁碳平衡相图固相线以下100~150℃范围内进行加热。加热温度要保证亚共析碳素钢整个轧制过程始终在奥氏体单相区内进行。

对于含碳量低于0.3%的碳素钢，其开轧温度在1160~1220℃；含碳量为0.35%~0.6%的碳素钢，其开轧温度在1120~1200℃；含碳量大于0.6%的碳素钢，其开轧温度在1080~1160℃之间。

一般说来，含碳量低于0.6%的碳素钢，即使是铸态钢锭具有较大的初生晶粒和明显的横列结晶组织，采用快速加热也不会出现质量问题，对于这类钢，装炉温度和加热速度均不受限制。

在轧制亚共析碳素钢时，其终轧温度一般控制在A_{c3}以上20~30℃。

2. 过共析碳素钢的加热

含碳量在0.77%~2.11%之间的碳素钢称为过共析钢，如碳素工具钢T8~T12等。由于过共析钢含碳量高，对过热、过烧、脱碳非常敏感，加之其导热性与塑性差，加热温度和温升速度都要适当控制。冷钢锭装炉时炉温控制在 450~500℃，钢温在 800℃以下的升温速度一般在 80℃/h 左右，其加热温度为 1220~1240℃，开轧温度为 1050~1100℃。对已加工过的钢坯，装炉时炉温控制在 900℃左右，钢坯温度在 800℃以下时适当控制升温速度，其加热温度视钢坯断面尺寸和形状的不同控制在 1100~1160℃左右，终轧温度一般控制在 800~850℃之间。由于过共析钢易脱碳，加热时应采取控制炉温和气氛的措施加以避免。

（二）合金钢的加热

合金钢的种类很多，成分也十分复杂，下面仅就几类典型的合金钢的加热问题作一些简要介绍，以掌握它们的加热特点。

1. 锰结构钢的加热

锰结构钢的钢种主要有 15Mn~60Mn 及 10Mn2~50Mn2。从含碳量看属亚共析钢，主要用在机械零件上。其热轧工艺性能与亚共析碳素钢基本相同，除 40Mn2~50Mn2 的钢锭装炉温度需控制在 900℃左右外，其余钢号的锰结构钢装炉温度和加热速度均不受限制。这类钢的加热温度：钢锭为 1260~1300℃，钢坯为 1150~1240℃。因为这类钢大部分是在热轧状态下使用，所以要求将终轧温度控制在 800~850℃之间，以免过高的终轧温度引起晶粒粗大。钢在轧后一般为空冷。

必须指出，对于过共析且锰含量高的钢种的加热要十分注意，因为高锰过共析钢对过热过烧非常敏感，并且塑性也有所下降。如 9Mn2 合金工具钢，钢锭装炉温度一般控制在 500℃左右，钢温在 800℃以下时温升速度控制在 50~80℃/h 左右，加热温度为 1250℃，终轧温度控制在 800~850℃之间；钢坯装炉温度控制在 800~900℃左右，加热温度波动在 1080~1200℃之间。

2. 合金结构钢的加热

合金结构钢一般属于中、低碳合金钢，按其含碳量属于亚共析钢，铬含量在 0.7%~1.1%左右，主要用在一些机械零件上，如齿轮、凸轮和轴等。

这类钢在热轧奥氏体状态具有较高的塑性变形能力，但随合金元素的多元化和总含量的增加，变形抗力也随之有所增加。

这类钢对过热不敏感，与 10 号~50 号碳素钢的加热性能差不多。在实际加热操作中一般将它们与中碳钢合并在同一组内，采用同一加热制度。这类钢的加热温度：钢锭1280~1300℃，钢坯视其断面尺寸和形状的不同控制在 1160~1250℃之间，这类钢的装炉温度和升温速度可以不限制，终轧温度一般控制在 850℃左右。

合金结构钢加热时还需注意以下几点：

（1）含铬的钢加热时炉生氧化铁皮的附着力与塑性较大，轧制时不易脱落，难以清除，加热时应控制气氛，加热温度宜取下限，以尽量减少氧化铁皮量。

（2）枝晶偏析严重的钢锭，轧制或锻造后会产生纤维组织，使钢的性能呈现方向性，因此对枝晶偏析严重的合金结构钢锭在轧制或锻造前进行高温扩散退火（100~1200℃），使其化学成分均匀化。

（3）含有合金元素镍、铬、锰的结构钢对白点比较敏感，其中尤以铬锰钢、铬镍锰钢、铬镍钼钢最为突出，这类钢轧后应进行缓冷或采取其他热处理措施，以防白点产生。

3. 弹簧钢的加热

弹簧钢一般在热轧状态下交货，它是现代机械、铁道、交通运输、钟表、仪表工业所必用的重要钢种。

对于含硅、锰的弹簧钢来说，加热时虽不易过热，但有两个问题值得注意：一是弹簧钢的导热性很差；二是弹簧钢对脱碳很敏感，严重脱碳后就会显著降低钢的疲劳强度和抗拉强度，成为废品。

由于弹簧钢的导热性很差，以及显著的脱碳温度在 700～750℃ 以上，故装炉温度要低，钢温在 700℃ 以前应采取缓慢加热，高于 700℃ 以后要快速加热。加热温度取中下限，尽可能缩短加热时间（特别是在高温区的停留时间），绝对不允许超过规定的加热温度，并对炉内气氛和水蒸气进行严格控制。

对于 3.5t 以上的钢锭，装炉温度一般控制在 600℃ 左右，钢温在 800℃ 以下时温升速度控制在 80℃/h 左右，加热温度为 1280～1300℃，钢坯装炉温度控制在 900℃ 左右，加热温度视其断面尺寸和形状的不同控制在 1180～1220℃ 之间，终轧温度控制在 850℃ 左右，并且轧后应快速冷却到 600～650℃，以防碳化物在晶界析出。

弹簧钢轧制冷却后有残余组织应力，为了做好冷加工前的组织准备，要进行退火处理，以获得细粒的珠光体组织，降低硬度，便于加工。

4. 滚珠轴承钢的加热

滚珠轴承钢分为含 Cr 和无 Cr 两类，含 Cr 轴承钢有 GCr6、GCr6SiMn、GCr9、GCr9SiMn、GCr15、GCr15SiMn 等六种；无 Cr 轴承钢有 GSiMnV、GSiMnMo、GMnMoV 等三种。按其含碳量看都属过共析钢，从使用上要求滚珠轴承钢具有高的硬度、耐磨性，高的弹性极限与接触疲劳强度，并要求有一定的韧性和淬透性。这就要求在加热时尽量不脱碳、不氧化。因此这类钢加热制度的选择必须特别注意，它们是很不好加热的钢种。

滚珠轴承钢内部存在较严重的碳化物分布不均的现象，为减轻这种碳化物分布的不均性，按理应适当提高加热温度，但从控制脱碳的角度来说加热温度又不能太高。加热操作中，对于钢锭，装炉温度一般控制在 400～500℃ 左右，钢温在 800℃ 以下时温升速度控制在 80℃/h 左右，出炉前含 Cr 钢锭加热到 1220～1240℃，无 Cr 钢锭加热到 1180～1220℃，保温数小时后出炉轧制；钢坯加热温度视其断面尺寸和形状的不同控制在 1100～1200℃ 之间，终轧温度控制在 850℃ 左右，并且轧后应快速冷却到 600～650℃，以防碳化物在晶界析出，随后可堆冷或空冷。

滚珠轴承钢对脱碳的要求较高，加热时应采取有效的措施进行预防。如加热温度不宜过高，尽可能缩短加热时间（特别是在高温区的停留时间），对炉内气氛和水蒸气进行严格控制等。

滚珠轴承钢轧后为获得细粒的珠光体组织，降低硬度以便后续加工，应进行球化退火处理。

5. 不锈钢的加热

不锈钢有三类：一是马氏体铬不锈钢，如 2Cr13～4Cr13 等；二是铁素体铬不锈钢，如 Cr17、Cr25、Cr28 等；三是奥氏体镍铬不锈钢，如 1Cr18Ni9Ti 等。由于不锈钢的变形抗力都比较大，故加热温度都比较高；又虽然不锈钢的低温塑性较好，但导热性差，线膨胀系数大，所以加热速度要适当控制。这两点是指导不锈钢加热的基本原则。

马氏体铬不锈钢的成分特点是含有 12%~17% 的 Cr 和 0.1%~0.5% 的 C。当加热到奥氏体状态后，空冷条件下即转变为马氏体。由于大量 Cr 的加入，使其共析点的位置左移而成为过共析钢，所以其加热特点类似于过共析碳素钢的加热。它在高温下是单相奥氏体组织，具有良好的塑性。其加热温度：钢锭为 1200℃，钢坯为 1180℃，终轧温度为 850℃。这类钢轧后空冷时，过冷奥氏体就会自动淬火，易引起冷却裂纹，故应进行缓冷。

铁素体铬不锈钢含 Cr 量为 16%~30%，含 C 量低于 0.15%，其组织在室温下为铁素体，加热时也不发生组织转变，所以这类钢在 700℃ 后即具有很高的塑性变形能力和良好的热加工性能。但值得注意的是，这类钢在加热或冷却时都不发生组织转变（一般只有局部相变），因此不能通过热处理来细化晶粒和提高机械性能。此外，铁素体晶粒加热时随温度升高有急剧长大的倾向，导致钢的脆性，所以这类钢的加热温度不得高于 1100℃（一般控制在 1050~1090℃），终轧温度力求控制在 750℃ 左右，不允许过高，以免晶粒粗化；轧后不用缓冷，采用堆冷即可。

奥氏体镍铬不锈钢含 Cr 量约为 17%~19%，含 C 量一般不超过 0.25%，含 Ni 量约为 8%~20%。由于钢中加入相当数量的镍，扩大了 γ 相区，使钢中奥氏体从高温一直保持到低温不变。但这类钢的加热温度还是不能太高，否则将产生铁素体相。当加热温度大于 1250℃ 时，在奥氏体基体上会产生许多 δ 铁素体，在高温下晶粒易长大且呈棱形，轧制时易出现龟裂。权衡变形抗力与高温产生铁素体这一矛盾，加热制度一般这样考虑：钢锭装炉温度控制在 700~800℃ 左右，此温度下的温升速度控制在 100℃/h 左右，当加热到 1200~1250℃ 时，保温 2.5~3h，以减少 δ 铁素体并使之球化，而后升温到 1270~1290℃，短时保温 1h 左右，这样出炉轧制会取得较好效果。钢坯装炉温度控制在 900℃ 左右，加热速度不限，加热温度波动在 1200~1240℃ 之间。终轧温度一律控制在 900℃ 以上。

6. 高速钢的加热

目前广泛使用的高速工具钢主要有 W18Cr4V、W6Mo5Cr4V2、W9Mo3Cr4V 等，高速钢中的合金元素 W、Mo 含量较高，保证了钢具有良好的热硬性；Cr 能增加淬透性；V 在钢中起到细化晶粒的作用，同时也能增加钢的红硬性。

高速钢的导热性很差，只及碳钢的 1/3 左右，因此钢锭或钢坯在 500~600℃ 以下加热时，加热速度应缓慢，并且装炉温度要低，以防开裂。

高速钢具有低熔点（约为 1300℃）的莱氏体组织，故加热温度应以 1200℃ 为限，加热温度过高会引起过烧，在轧制或热锻时产生裂纹。

过高的终轧温度（指大于 1050℃ 时）会引起晶粒粗大，增加钢的脆性，因此终轧温度以控制在 900~950℃ 范围内为宜。高速钢轧后有冷裂倾向，故应进行缓冷。

【任务实施】

一、实训内容

碳钢加热制度的制定：

（1）坯料种类及断面尺寸：280mm×280mm×8000mm，40 号钢；

（2）坯料入炉条件：常温装炉；

（3）加热要求：

1）加热温度：（1100±20）℃；

2）坯料出炉时断面允许温差：不高于200℃/m透热深度。

二、实训目的

（1）根据给定的料坯种类，正确运用经验公式计算加热时间。

（2）根据给定的料坯种类、入炉条件与加热要求，确定加热制度（t_g、t_m、t_c）。

（3）正确绘制加热曲线。

三、实训相关知识

生产实际中往往用经验公式计算钢的加热时间。在连续加热炉内，计算加热时间的经验公式如下：

$$\tau = C \cdot S$$

式中　τ——加热时间，h；

　　　S——钢坯的厚度，cm；

　　　C——系数，依钢种而定，低碳钢：$C = 0.10 \sim 0.15$，中碳钢：$C = 0.15 \sim 0.20$，高碳钢：$C = 0.20 \sim 0.30$。

对于大断面冷坯的加热，应采用三段式加热制度。这种加热制度是由预热、加热和均热三个阶段构成的一种比较完善的加热制度：

（1）预热阶段：炉温较低，金属入炉后在加热到达500~600℃以前，以较慢的加热速度进行充分预热。

（2）加热阶段：炉温最高，在钢温达500~600℃以后，进行高温快速加热。

（3）均热阶段：炉温较加热阶段低，在出炉前对钢料进行均热，以降低料坯出炉时的断面温差，提高加热温度的均匀性。

加热制度的确定（t_g、t_m、t_c）：

t_{g1}——预热段开始的炉气温度，根据钢种而定，一般为800~1000℃，有特殊要求时为600~800℃。

t_{g2}——预热段终了，加热段开始的炉气温度，一般为1000~1300℃。

t_{g3}——加热段的炉气温度或均热段前的炉气温度，此时温度愈高，加热速度愈快，但不能烧化钢，一般约为1200~1350℃。

t_{g4}——均热段的炉气温度，一般比钢坯出炉温度高50~100℃。

t_{m1}——钢坯入炉时的温度，冷坯装炉即为室温。

t_{m2}——预热段终了钢坯的表面温度，一般为400~800℃。

t_{m3}——加热段终了或均热段开始时钢坯的表面温度，一般稍高于出炉温度20~30℃。

t_{m4}——钢坯出炉时的表面温度（即要求的加热温度）。

t_c——钢坯的中心温度。

【任务总结】

根据给定的料坯种类、入炉条件与加热要求，正确计算加热时间，确定加热制度，画出加热曲线，为将来从事加热操作奠定基础。

【任务评价】

表 2.1.5　任务评价表

任务实施名称				碳钢加热制度的制定		
开始时间		结束时间		学生签字		
				教师签字		
评价项目		技 术 要 求			分值	得分
操　作		(1) 方法得当； (2) 计算规范； (3) 正确使用工具、仪器、设备； (4) 团队合作				
任务实施报告单		(1) 书写规范整齐，内容翔实具体； (2) 实训结果和数据记录准确、全面，并能正确分析； (3) 回答问题正确、完整； (4) 团队精神考核				

思考与练习题

1. 什么叫导热？影响导热快慢的因素有哪些？

2. 什么叫导热系数？

3. 什么叫对流换热？影响对流换热的因素有哪些？

4. 什么叫辐射传热？辐射传热有何特点？

5. 概述加热炉内的综合换热过程，并说明怎样利用传热原理来提高加热速度。

6. 钢加热时其导热系数、塑性、变形抗力有何变化规律？

7. 钢加热的目的是什么？

8. 钢加热的要求有哪些？

9. 什么叫加热工艺？它包括哪些基本内容？

10. 什么叫加热温度？如何确定碳钢的加热温度？

11. 什么叫加热速度？哪些钢种的加热速度要进行控制？

12. 如何确定钢的加热时间？

13. 什么叫加热制度？钢的加热制度有哪些类型？

14. 各种类型的加热制度适于加热哪些料坯？

任务二　加热缺陷

【任务描述】

钢在加热过程中必须对炉温、加热时间和炉内气氛进行很好的控制，否则就会造成钢的加热缺陷，如钢的氧化、脱碳、过热、过烧、加热温度不均与加热裂纹等。这些缺陷严重影响钢的加热质量，甚至造成废品，所以在加热过程中必须力求避免和减少这些缺陷。

【能力目标】

(1) 能正确制定防止钢的氧化、脱碳、过热、过烧、加热温度不均与加热裂纹的技术措施；

(2) 能正确测定钢的氧化烧损率。

【知识目标】

(1) 钢的过热及防止措施；

(2) 钢的过烧及防止措施；

(3) 钢的氧化及防止措施；

(4) 钢的脱碳及防止措施；

(5) 加热温度不均及防止措施；

(6) 加热裂纹及防止措施。

【相关资讯】

一、钢的过热

当钢的加热温度超过临界点 A_{c3} 后，钢的晶粒开始长大。钢的加热温度越高，加热时间（特别是高温下的加热时间）越长，钢的晶粒就越粗大。钢的晶粒粗大会使其机械性能变坏，严重时还可能导致轧制时产生龟裂。钢的加热温度过高，高温下的保温时间过长，使钢的晶粒过分粗大，导致钢的机械性能变坏的这种现象称为过热。在热处理时，过热的钢往往使淬火零件的内应力增大，产生变形与开裂，以至造成废品。一般过热不太严重的钢尚可在轧制或锻造前采用正火或退火的办法来予以补救，细化其晶粒，以恢复钢的机械性能；严重过热的钢就难于恢复了。因为严重过热时，不仅晶粒粗大，而且严重变形，已使钢丧失了再结晶能力，即使再进行退火也不能改变其晶粒大小，所以钢的机械性能难于恢复。因此，在加热炉的加热生产中应尽量避免钢的过热。表 2.2.1 列出了部分钢种加热时晶粒长大的临界温度，以供防止过热参考。

表 2.2.1　一些钢种加热时晶粒长大的临界温度

钢　　　种	加热时晶粒长大的临界温度/℃
碳钢（0.12%C）	1250
碳钢（0.30%C）	1150
碳钢（0.4%~0.45%C）	1200
铬钢（0.34%~0.42%C，0.8%~1.1%Cr）	1200
铬钢（0.2%C，0.9%Cr）	1150~1200
铬钢（0.4%C，1.1%Cr）	1180
铬镍钢（0.25%C，0.9%Cr，25%Ni）	1150
铬钼铝钢（38CrMoAlA）	1050
铬镍钨钢（18CrNiWA）	1200

二、钢的过烧

钢在过热的基础上，如果加热温度继续升高，高温下的保温时间更长，钢的晶粒不仅会长得过分粗大，而且在晶粒边界的薄膜会开始熔化，炉气中的氧化性气体渗入，进一步造成晶间氧化，使各晶粒间的结合力丧失殆尽，导致钢完全丧失力学性能，这种现象称为过烧。

产生过烧后的钢已无塑性可言，变得很脆，轧制时极易破裂甚至崩裂成碎块，根本无法再补救，只有回炉重新冶炼。因此，在加热炉的加热生产中应严格控制炉温及钢的加热温度，杜绝过烧事故的发生。

过烧不仅取决于钢种、加热温度、加热时间，还与炉气成分有关。炉气氧化性越强则越容易产生过烧现象。这是因为炉气氧化性越强，炉气中的氧化性气体越容易扩散到晶界，造成晶间氧化。在还原性气氛下也可能产生过烧，但其开始温度比氧化性气氛要高出60~70℃。钢中含碳量越高，产生过烧危险的温度越低，即加热时越容易产生过烧。

通常过热、过烧大都发生在钢料的棱角处，当用肉眼观察时，如果发现在钢料的棱角处模糊不清，白亮刺眼时，则很可能产生了过热以至过烧。这时必须十分注意炉温的控制，及时采取防止过热、过烧的措施。

防止钢的过热与过烧的具体措施主要包括：

（1）根据钢的化学成分及坯料形状、尺寸，制定正确的加热制度，并严格执行。

（2）当轧机发生故障或换辊时，应及时将炉内的高温料坯退出，或设法降低炉温并减少进入炉内的空气量，以防过热与过烧。

（3）在加热炉上装备可靠的测温仪表，严格控制炉温。

（4）适当控制炉气成分（n 值），避免过强的氧化性气氛。

（5）燃烧器喷出的火焰不要与坯料直接接触，应保持一定距离，以防局部过热与过烧。

三、钢的氧化

钢在加热时，由于直接与高温炉气接触，受到炉气中的氧化性气体如 CO_2、H_2O、O_2、SO_2 的作用而使钢的表面被氧化，生成氧化铁皮。生产实际表明，每加热一次就约有 0.5%~3% 的钢被氧化烧损掉，从钢锭到轧制成成品钢材要经过多次加热，总的烧损量累积结果高达 4%～5%，若按我国年产 8 亿吨钢计算，年烧损量就有近 4000 万吨，相当于一个特大型钢铁企业被白白烧损掉了。氧化不仅造成大量金属烧损，降低收得率，而且氧化铁皮堆积在炉底上（特别是实炉底上），会造成耐火砖的侵蚀，使炉子的寿命降低；为了清除炉底堆积的氧化铁皮，工人付出的劳动强度极大，严重时只好被迫停炉。氧化铁皮在轧制中若不彻底清除就会在轧后的表面上形成所谓的麻点，损害产品的表面质量，为了清除氧化铁皮就不得不增加一道工序，使成本增加。

氧化铁皮的导热系数比纯金属低很多，这就恶化了传热条件，从而使炉子产量降低，燃耗增高。总之钢的氧化是有百害而无一利，它是加热时的大敌，我们必须在加热过程中使其尽量减少。

（一）　氧化铁皮的生成

钢在常温下生锈就是氧化的结果，但在干燥条件下钢的氧化速度非常慢。在炉内加热时，当温度达到 200～300℃ 时就会在钢的表面生成薄薄的一层氧化铁皮；温度继续升高，氧化的速度也随之加快，到 1000℃ 以上时氧化开始剧烈进行；当温度达到 1300℃ 以后氧化铁皮就开始熔化，这时氧化速度更为剧烈。若以 900℃ 时的烧损量为 1 计；则 1000℃ 时为 2；1100℃ 时就是 3.5；到 1300℃ 时则达到 7。

钢的氧化是炉气中氧化性气体（H_2O、CO_2、O_2、SO_2）和钢的表面进行化学反应的结果。根据氧化程度的不同，氧化时可生成几种不同的铁氧化物——Fe_2O_3、Fe_3O_4、FeO。

铁的氧化反应方程式如下：

H_2O：
$$3Fe + 4H_2O =\!=\!= Fe_3O_4 + 4H_2$$
$$Fe + H_2O =\!=\!= FeO + H_2$$
$$3FeO + H_2O =\!=\!= Fe_3O_4 + H_2$$

SO_2：
$$3Fe + SO_2 =\!=\!= FeS + 2FeO$$

O_2：
$$2Fe + O_2 =\!=\!= 2FeO$$
$$6FeO + O_2 =\!=\!= 2Fe_3O_4$$
$$4Fe_3O_4 + O_2 =\!=\!= 6Fe_2O_3$$

CO_2：
$$Fe + CO_2 =\!=\!= FeO + CO$$
$$3FeO + CO_2 =\!=\!= Fe_3O_4 + CO$$
$$3Fe + 4CO_2 =\!=\!= Fe_3O_4 + 4CO$$

钢的氧化过程不仅仅是化学反应过程，而更主要的是物理过程（即扩散过程）。首先是炉气中的氧在钢的表面被吸附后发生上述化学反应，生成薄薄一层氧化铁皮，将钢与炉气分隔开，以后的继续氧化则是铁和氧的原子（分子）透过已生成的氧化物薄膜向相反的方向互相扩散，并发生化学反应的结果。在一个方向上，是炉气中的氧原子透过表面已生成的氧化物层向钢的内部扩散；在另一个方向上则是铁的离子（原子）由钢的内部透过已形成的氧化物层向外部扩散。当两种元素在逆向扩散中相遇时，便发生化学反应生成铁的氧化物。内层因为铁离子浓度大于氧原子浓度而生成低价氧化铁；最外层为高价氧化铁。氧化铁皮组成结构大致为：Fe_2O_3 占 10%，Fe_3O_4 占 50%，FeO 占 40%，熔点约为 1300～1350℃，随高价氧化铁 Fe_2O_3 含量的增加，氧化铁皮的熔点和脆性增加，附着力下降，易于脱落。

在生产实际中，氧化烧损量往往通过测定氧化铁皮的厚度来确定：

$$a = \delta \rho g$$

式中　a——钢的表面烧损量，kg/m^2；

　　　δ——氧化铁皮的厚度，m；

　　　ρ——氧化铁皮的密度，计算时可按 3900~4000kg/m^3 选取；

　　　g——氧化铁皮中铁的平均含量，它的范围为 0.715~0.765kg/kg。

（二）影响氧化的因素

影响钢氧化的主要因素有加热温度、加热时间、钢的成分、炉气成分等。其中加热温度、钢的成分、炉气成分对氧化速度的影响最大。

1. 加热温度的影响

在 850~900℃以下时，钢的氧化速度很小；当温度达到 1000℃以上时，氧化量急剧增加，这是因为温度升高后，铁、氧的内外扩散速度加快所致；当温度超过 1300℃以后，由于表面的氧化铁皮开始熔化而使扩散阻力减小，氧化速度又迅速增加。

2. 加热时间的影响

在相同条件下，钢的加热时间愈长，特别是在高温下的加热时间愈长，氧化铁皮层愈厚，氧化烧损量愈大。图 2.2.1 为含碳量为 0.3% 的碳素钢在不同温度下加热时氧化烧损量与加热时间的关系曲线。该曲线表明：开始时氧化铁皮量随时间的增长较快，而后逐渐减慢。这是因为开始生成氧化铁皮后阻碍了铁、氧的内外扩散，同时又因氧化铁皮本身较为疏松，不能完全阻断内外扩散过程的继续进行所致。所以在生产实践中总是力求缩短加热时间，特别是在高温区的停留时间。比如提高炉温实行快速加热，就能相应地缩短加热时间，降低氧化烧损量；又比如增加钢在炉内的受热面积，也会相应地缩短加热时间，使氧化烧损量减少。

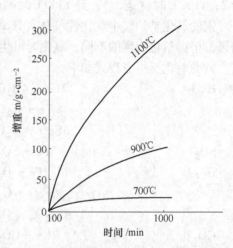

图 2.2.1　加热时间对氧化烧损量的影响

3. 炉气成分的影响

以燃料燃烧作为炉子热源的各种火焰炉中，炉气的成分取决于燃料成分、空气消耗系数、燃烧完全程度等，炉气成分对氧化的影响是很大的。

按照对钢氧化的效应可将炉气分为：氧化性气氛、中性气氛和还原性气氛。一般情况下，炉气中都含有一定量的 H_2O、CO_2、O_2、SO_2 等氧化性气体以及 N_2 和少量的 CO、H_2 等中性和还原性气体。在氧化性气体中，氧化性最强的是 SO_2，其次是 O_2、H_2O 和 CO_2。但由于 SO_2 和 O_2 的浓度相对来说远远小于 H_2O 和 CO_2，所以炉气中 H_2O 的氧化作用最强。在保证燃料完全燃烧的前提下尽量减少空气消耗系数对于降低氧化烧损量具有重大意义。

还要指出，CO_2、H_2O 在高温下对钢的氧化反应都是很强的（特别是水），但两组反应都是可逆反应，就是说当炉气中的 CO 和 H_2 的浓度增大到一定程度后（这与温度等因素有关），反应逆向进行，即将已氧化生成的高价氧化铁还原为低价氧化铁或铁。如果在炉内设法控制炉气成分，使这两组反应逆向（即还原方向）进行，就可以使钢在加热过程中不被氧化或少被氧化，这时的加热称为控制气氛下的无氧化（少氧化）加热。

对于正常工作的加热炉是很难实现还原性气氛的，因为炉气中不可能存在大量的 H_2 和 CO，所以在连续加热炉中要实现控制气氛的加热是相当困难的。

当燃料中含硫（S）或硫化氢（H_2S）时，燃烧后炉气中就会产生 SO_2 气体或 H_2S 气体，它们与 FeO 作用后生成低熔点的 FeS（熔点仅为 1190℃），使氧化铁皮易于熔化，这会使钢表面裸露而导致氧化急剧增加，尤其是对含镍（Ni）的钢种，形成的 NiS 熔点才 900℃，造成的危害就更大，故从减少氧化的角度出发也应尽量降低燃料中硫的含量。

4. 钢的成分影响

对于碳素钢而言，随其含碳量的增加氧化烧损量有所下降，这很可能是由于钢中的碳氧化后，部分生成 CO 而阻止了氧化性气体向钢内扩散的结果。总体来说，钢成分的影响主要表现在生成氧化铁皮的结构上。

合金元素，如 Cr、Ni、Si、Al、Mn、V 等，它们本身极易被氧化成为相应的氧化物，但是由于它们生成的氧化物薄层组织结构十分致密又很稳定，因而这一薄层的氧化层就起到了保护钢的内部基体免遭再氧化的作用，即它阻止了炉气中的氧化性气体向钢的基体内的扩散。耐热钢之所以能抵抗高温下的氧化作用就是利用了其中的合金元素能生成致密而且机械强度很高又不易脱落的氧化物薄膜。如铬钢、铬镍钢、铬硅铝钢等都具有这种很好的抗高温氧化的性能。

（三）减少氧化的措施

在影响氧化的诸因素中，钢的成分是固定的，加热温度是按工艺要求确定的，这两项对于钢在炉内加热过程中的氧化来说是不能控制的因素，因此，要减少氧化烧损量主要从控制加热时间和炉内气氛两个方面着手。

要想绝对避免氧化铁皮的生成，唯一的办法就是将钢料与炉气分隔开，如用加热罩将钢料罩上，或用耐热钢管将火焰罩住并将炉气引走，再将罩内抽成真空或通入保护性气体，如 N_2、H_2 等。但或者是在钢表面涂上一层保护涂料等。但即使这样也不能保证一点不氧化，而且要增加设备，提高成本。所以除非对表面质量要求特别高外，一般都不采用这些措施。在轧钢加热生产中主要通过操作来控制和减少氧化铁皮的生成量。对于轧制某些特殊产品，如钢板的坯料加热，有时为了使生成的氧化铁皮易于脱落，须控制氧化铁皮的结构，这时往往采用较强的氧化性气氛加热，以提高氧化铁皮中 Fe_2O_3 的含量。具体措施如下。

1. 快速加热

减少钢坯在高温区的停留时间是快速加热的核心，即钢坯在加热段以最大热负荷供热，保持最高炉温让钢坯在加热段以最大的表面和中心温差下进行快速加热，达到出炉温度后就立即出炉开轧，以避免长时间将已加热好的钢停留在炉内待轧。采用这种快速加热操作时，除必须控制好炉压外，还要特别注意，当均热床上钢坯温度已经很高，表面已开始有轻微熔化现象时，千万不能采取减风操作，因为减风后造成的还原性气氛将使表面已形成的高价氧化铁皮被还原成低价氧化铁，从而使氧化铁皮的熔点大为将低，发生严重的粘钢现象，所以在这种情况下一旦出现短期停轧也不能采取减风方式，而只能采取适当关闭烟道闸门提高炉压进行闷炉操作。如果停轧时间较长（0.5h以上）还要适当减少燃料量以防止过热和过烧。

2. 控制炉内气氛

快速加热操作本身要求高温区尽量集中在加热段，钢料在低温的预热段充分预热后再进入加热段快速加热，同时必须控制好炉压，将零压面（$p=0$）控制在出料段炉底斜坡处，以减少冷空气从出料炉门处大量吸入。相应对均热段的烧嘴采取减少空气消耗系数 n 的办法，人为地造成部分燃料的不完全燃烧，以获得中性或还原性气氛。这部分未完全燃烧的燃料进入到加热段后与加热段的过剩空气相结合而完全燃烧，这样一来就使加热段的高温区域集中。实践证明这种控制气氛快速加热法是十分有利于炉生氧化铁皮的降低和脱落的。

3. 采用保护性气体

在炉子出料端下面用管子通入保护性气体，如发生炉煤气、液体燃料的裂化产物等，使钢坯表面处于还原性气体的覆盖下；同时这些还原性气体在高温下还能析出炭黑附在钢坯的表面，可以减少钢在高温区的氧化程度。当这些还原性气体进入到加热段后则被大风量燃烧掉，但经验结果表明，这种方法仍不能完全避免钢的氧化；同时又恶化了炉内传热过程，效果不太理想。

4. 采用保护涂料

在钢坯表面涂上一层保护性涂料，如将黏土和煤粉用水玻璃调和后作为涂料，使钢坯表面与炉气分隔开以达到减少氧化的目的；但这种方法会增加钢的内部导热热阻，使传热条件恶化。国外试验采用以气态或液态的有机硅化物、有机铝化物、有机硼化物等随燃料喷入炉内，通过它们在高温下分解后生成的硅、铝、硼等在钢坯表面首先氧化（它们与氧的亲和力比铁大），从而在钢坯表面形成一层薄薄的致密又稳定的氧化物来保护钢坯不再被氧化。这种方法成本很高，目前还处于试验研究阶段，未达到推广应用的工业阶段。

5. 将钢料与氧化性炉气分隔开

轧板厂普遍采用的方法是将钢料与氧化性炉气分隔开，主要应用于热处理炉上。实现这一目的有两种具体做法：其一是采用带有马弗罩的马弗炉（罩式炉），其二是采用辐射管。

罩式炉是将被加热的钢料放在金属或陶瓷做成的马弗罩内加热，燃料则在该罩外面燃烧并通过该罩将热量传给钢坯。同时还在马弗罩内通入保护性气体如氢气、氮气、氩气等对钢进行保护。马弗罩也可以用石墨、碳化硅、氧化铝或耐热合金钢制作。

这种加热方法多用在温度较低的热处理炉上，小型的可用于零件的热处理，大型的可用于带钢、薄板及钢板的退火，比如冷轧厂的井式罩式炉、轧板厂的箱式罩式炉等。这种方法的缺点是：结构笨重、热效率和空间利用率低；马弗罩的高温强度低，很容易变形和烧坏。

辐射管式炉型也很多，其基本特点都是使燃料不在炉膛内燃烧，而是在一个特制的金属辐射管内燃烧，这样就使炉气和钢料分隔开了。钢料的加热是通过辐射管来间接进行的，炉内也可通入保护性气体。这种方式由于钢料根本不与炉气接触，故能有效地防止钢的氧化。其缺点是设备比较复杂昂贵，一次投资高，同时热效率也较低。

辐射管的形式有直型、套管型、U型和W型等；安装方式有水平和垂直两种，辐射管的寿命最高可达2~3年，一般损坏的原因都是管体本身的氧化烧损以及管体在高温下的下垂变形（水平安装时）和热应力变形等原因造成辐射管的最后破损。辐射管的材质一般为耐热合金钢，其最高使用表面温度为800~1100℃，炉内温度可达到750~1000℃，若要求炉温在1100℃以上，则其表面温度需要达到1250℃以上，这时管体材质应采用碳化硅。

6. 敞焰无氧化加热

敞焰无氧化加热实为少氧化加热，这种方法简便易行，故目前在生产中还占有相当的地位。此法的实质是使高发热值的燃料（如焦炉煤气、天然气、液体燃料等）在炉内分两个阶段直接燃烧。

第一阶段（加热与均热期）使燃料在空气不足的条件下燃烧（$n = 0.5 \sim 0.55$），这样在高温下的炉气中将出现大量的不完全燃烧产物（如CO、H_2），使炉气呈还原性气氛，从而降低钢的氧化。

第二阶段（预热期），为使第一阶段产生的那些不完全燃烧产物充分燃烧，需供入二次空气，也就是在低温下烧氧化性火焰（低温下氧化速度很慢），高温下烧还原性火焰。当然，这两个阶段也可分别在单独的燃烧室内进行。

由于在一次燃烧段内n仅0.5左右，即使采用发热值很高的燃料，燃烧温度也无法达到加热对炉温的要求，为此必须对燃料和助燃空气进行预热，具体预热温度取决于燃料的种类和加热工艺对炉温的要求，一般燃料控制在300℃以下；空气控制在500~800℃之间。

这种方法主要存在以下问题：炉内的能见度较差，影响了装出料操作；对于某些要求既不能氧化又不允许脱碳的钢种的加热，这种无氧化加热不能保证无脱碳发生。

四、钢的脱碳

钢在炉内加热时，由于表面直接与高温炉气接触，在氧化的基础上，炉气中的氧化性气体等还要继续与钢中的碳（Fe_3C）反应，造成钢的表层金属中化学成分贫碳的现象，这种现象称为脱碳。

脱碳后的钢机械强度（尤其是硬度、抗疲劳强度）将大为降低。如高碳工具钢就是依靠其中的碳而具有红硬性，如果表面脱碳后其硬度将显著降低，造成废品。在合金钢中除不锈钢外，大多数都是高碳钢，只有电用硅钢希望减少轧制时的脆性而允许部分脱碳外，其他钢种发生脱碳均视为缺陷，特别是工具钢、滚珠轴承钢、弹簧钢等都是不允许发生脱碳的钢种。严重脱碳后，不仅硬度、抗疲劳强度降低，而且若需淬火时，还容易出现裂纹等。为了确保产品的质量，往往需要清除钢表面的脱碳层，这样不仅要增加工序，而且还要增加金属损耗，降低收得率，因此在防止氧化的同时还必须注意防止和减少钢的脱碳。

（一）钢的脱碳过程

钢的脱碳过程与氧化过程相似，也就是炉气中的氧化性气体，如H_2O、CO_2、O_2、

SO_2 和 H_2，与钢中的碳（Fe_3C）进行反应的过程，这些反应式为：

$$Fe_3C + H_2O \Longrightarrow 3Fe + CO + H_2$$
$$Fe_3C + 2H_2 \Longrightarrow 3Fe + CH_4$$
$$Fe_3C + CO_2 \Longrightarrow 3Fe + 2CO$$
$$2Fe_3C + O_2 \Longrightarrow 6Fe + 2CO$$

炉气中 H_2O 的脱碳能力最强，其余依次是 CO_2、O_2、H_2，反应生成的气相产物（CO、H_2、CH_4）不断向外扩散，从而使脱碳反应得以不断延续。

钢在高温下的脱碳和氧化是同时进行的，而且脱碳往往先于氧化一步，但氧化生成氧化铁皮后阻止了脱碳时生成的气相产物向外扩散，所以氧化以后的钢脱碳的速度也减慢了，当钢因表面氧化生成致密而稳定的氧化物薄膜时可阻止脱碳的发生。

（二）影响脱碳的因素

1. 加热温度的影响

前述脱碳反应都是吸热反应，当温度升高后都将加快脱碳反应的进行，即温度越高，脱碳程度就越严重，随温度的增加，一般钢种脱碳层的厚度也越来越厚；但对某些特殊钢种，随温度的增加钢的氧化速度明显加快，在低温时其脱碳速度大于氧化速度，到某一温度时其氧化速度反过来大于脱碳速度。

实验指出：大多数钢种在 1000℃ 以上时氧化速度远远大于脱碳速度，如弹簧钢（$60Si_2Mn$）在 1100℃ 以下脱碳层的厚度随温度的增加而很快增大，但超过 1100℃ 以后脱碳层的厚度随温度的增高而显著降低，这说明在 1100℃ 附近有一脱碳速度的"峰值"，如图 2.2.2 所示。

还有不少钢种也有类似的规律，对于这些钢种在选择加热温度时，应当尽量避开这一脱碳速度的"峰值"温度区域。一般来说，对这类钢的加热和热处理都应减少其在 700～900℃ 时的保温时间，因为这时的氧化速度远远小于脱碳速度，即正处于脱碳速度的"峰值"范围内。

另外，也有一些钢种在加热过程中随温度的增加脱碳层并不出现"峰值"。随加热温度的升高，这类钢的可见脱碳层厚度显著增加，如高碳工具钢 T12。这是因为在加热温度范围内，这类钢的脱碳速度始终大于其氧化速度的缘故。对于这类钢的加热，应适当降低加热温度。

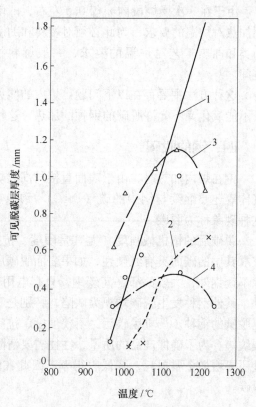

图 2.2.2　加热温度对脱碳的影响
1—T12；2—GCr15；3—$60Si_2Mn$；4—9SiCr

2. 加热时间的影响

在低温时（小于700℃），即使钢在炉内长时间加热脱碳也不明显，但在高温下停留时间延长则使脱碳层明显加厚，如图2.2.3所示。一些易脱碳的钢加热时是不允许在炉内高温下长时间保温的，当遇到故障待轧时，应视待轧时间的长短，将炉内的高温料坯退到炉外或减少燃料量、降低炉温以防脱碳。

生产实践表明，氧化铁皮可以阻碍钢的脱碳，随加热时间的延长脱碳层跟着加厚，但到一定时间后再延长加热时间其脱碳层厚度几乎不变，这就是氧化铁皮阻止脱碳层增长的结果。

3. 钢成分的影响

钢中含碳量越高则越容易造成脱碳；钢中合金元素的影响很不一致：钢中铝（Al）、钴（Co）、钨（W）的含量越多则越容易脱碳；钢中铬（Cr）、锰（Mn）、硼（B）的含量越多则越不易脱碳，这是由于形成了相应的稳定碳化物阻止了脱碳反应的结果；钢中镍（Ni）、钒（V）、硅（Si）含量的变化对脱碳几乎没影响。易脱碳的钢种主要有碳素工具钢、模具钢、硅弹簧钢、滚珠轴承钢、高速钢等，在加热时应特别注意防止脱碳。

4. 炉气成分的影响

脱碳反应表明，炉气中的氧化性气体如

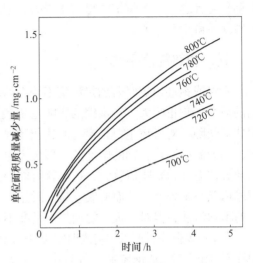

图2.2.3 加热时间对脱碳的影响
试样成分：$w(C) = 0.57\%$；
$w(Si) = 0.35\%$；$w(Mn) = 0.76\%$
气氛条件：露点50℃，H_2 流量
90mL/min，N_2 流量60mL/min

H_2O、CO_2、O_2等都能导致钢的脱碳，在燃料不完全燃烧时，炉气中的H_2也能使钢产生脱碳，一般情况下火焰炉内的炉气对于易脱碳的钢种来说都是处于饱和性的脱碳气氛，即使在敞焰无氧化加热炉中（$n = 0.5 \sim 0.55$）也仍然不能避免在钢的表面发生一定的脱碳现象。

加热炉的生产实践证明：最小的脱碳层并不是在还原性气氛下得到，而是在氧化性气氛下得到的。但钢在氧化性气氛下加热将使烧损增加，这和减少脱碳是互相矛盾的。比如薄板厂在加热变压器硅钢片时，希望有一定的脱碳但不希望氧化量增加，这种矛盾在生产中就是利用700~900℃时的脱碳"峰值"温度进行保温加热以强化脱碳过程，最后在1100℃的高温下快速加热减少氧化来解决的。

（三）减少钢脱碳的措施

前述减少钢氧化的措施也基本上适用于减少脱碳。例如进行快速加热，缩短钢在高温区的停留时间，正确选择加热温度以避开脱碳的"峰值"温度区域，适当调节和控制炉内气氛，即对易脱碳钢种应使炉内保持氧化性气氛以造成氧化速度大于脱碳速度等。采取合理的炉型结构也可控制脱碳的进行，比如对易脱碳钢种最好采用步进式加热炉，因为步进式加热炉能很方便地控制钢在炉内高温区的停留时间，一旦待轧时间稍长即可将钢坯全部退出炉外。

对那些以加热合金钢为主的步进炉或连续式加热炉，还可以在加热段和预热段之间安装水冷闸板，并配合中间分烟道闸板来使预热段温度降低，以满足合金钢的加热要求。这样可使钢在低温下有较长的预热时间，而在高温区进行快速加热，这样也就减少了钢的脱碳和氧化。在轧钢加热炉的加热生产中，脱碳比起氧化来还是次要一些，只是对一些易脱碳钢种与合金钢才需特别注意防止脱碳，但对于热处理工艺而言，各钢种在加热过程中的脱碳就显得十分重要。

五、加热温度不均

钢锭或钢坯出炉时若加热温度不均会给轧制带来调整和操作上的困难，而且对轧制产品的质量影响也很大。对型钢的影响主要表现在成品断面尺寸不合格，产生耳子、折叠、弯曲等缺陷；对管坯主要是穿孔时造成壁厚不均；对钢板尤其是连续轧机上的板卷影响更大。因为温度不均，钢的塑性及变形抗力也不均匀，在轧制时的辊跳值就不一样，温度低的地方抗力大，辊跳值就大，板厚就可能超出公差；温度高的地方抗力小，辊跳值就小，板厚可能小于公差，从而造成废品。对型钢厂的加热炉还可以用翻钢的办法来减少加热温度的不均匀性，但对于板厂的加热炉是办不到的，因此只能从改进炉子结构来达到目的。

在生产实际中，要求钢锭或钢坯的加热温度达到完全均匀一致是很困难的。因此工艺上视钢种不同允许钢锭或钢坯在出炉时有一定的温差。如果脱离实际片面追求小的温差，将延长加热时间，增加燃料消耗量，降低产量。如果温差过大，则会对轧制造成上述许多不利影响。

加热温度的不均匀主要表现在以下几方面。

（一）上下两面温度不均匀

上下两面温度不均匀通常是上面温度高，下面温度低。对于单面加热的炉子而言，往往是因为翻钢不及时造成的；对于双面加热的炉子而言，往往是由于下加热不足或在加热段停留时间过短造成的。要避免这种缺陷应及时翻钢，强化下部炉膛的加热，并对炉筋管采取有效的绝热包扎措施，或适当延长钢料在加热段的停留时间。

（二）内外温度不均匀

内外温度不均匀表现为坯料表面温度已达到加热温度要求，而中心温度却远远低于要求的加热温度，即表面温度高、中心温度低。产生这种缺陷的主要原因是钢料在高温的加热阶段加热速度太快而在均热阶段又均热不足造成的。要避免这种缺陷应在快速加热后适当均热，尤其是那些断面尺寸较大的高碳钢和合金钢料坯，应有足够的均热时间。

内外温度不均匀的料坯，有时在轧制初期还看不出来，但经过几个道次的轧制之后，随着内部金属的暴露，钢温就明显降低，甚至颜色变暗变黑，钢的塑性变差，变形抗力显著增加，如果继续轧制就有可能轧裂或发生断辊事故。

（三）长度方向温度不均匀

长度方向温度不均匀表现在以下几方面：（1）钢坯底面的"黑印"。这是由于水冷滑轨的影响而在均热床上没有完全消除所致。为消除这种"黑印"，可采取强化下加热措施，对炉筋管进行绝热包扎，将炉筋管布置成蛇行水管，在均热床上安装成点接触的滑块，或者采用无水冷滑道效果更佳。（2）一端温度高、一端温度低。这种情况往往是长短料偏装造成的，只要在装料操作时加以注意是完全可以避免的。（3）两端温度低、中段温度高。这种情况往往是由于炉子两侧的炉门经常打开或关闭不严，从炉门口吸入冷风造成的。因此在加热操作中要及时关严炉门。（4）两端温度高，中段温度低。这种情况对板厂的宽炉子来说经常发生，这是由于两侧的炉墙辐射造成的。因此对于较宽的炉子在加热时应适当减少两侧烧嘴的燃料量。

六、加热裂纹

加热裂纹分为表面裂纹和内部裂纹两种，表面裂纹往往是由于原料的表面缺陷（如皮下气泡、夹杂、裂纹、过酸洗等）清除不彻底所致。原料的表面缺陷在加热时受到温度应力的作用而发展成为可见的表面裂纹，在轧制时则扩大成为产品的表面缺陷，此外钢的过热也可能造成表面裂纹。

加热时产生的内部裂纹则是由于加热速度过快或冷坯（锭）装炉时炉温过高造成的，尤其是高碳钢和合金钢的加热。因为这些钢的导热性和塑性都很差，如果加热速度过快或冷坯（锭）装炉时炉温过高，就会使坯料内外的温差悬殊，导致金属内部不均匀膨胀而产生巨大的温度应力，致使内部产生裂纹；在轧制时内裂纹露出并继续扩展，在钢坯上形成很深的孔洞，高硅钢冷锭加热后经常产生这种缺陷。高速钢冷锭不经预热直接装入高温炉中，加热时也会产生严重裂纹，甚至裂成碎块。为避免加热裂纹的产生，对这些钢锭（坯），必须充分预热后才能进行高温快速加热。

【任务实施】

一、实训内容

氧化烧损量测定。

二、实训目的

（1）到生产现场实际测定钢表面氧化铁皮厚度；
（2）正确使用公式计算钢的表面烧损量。

三、实训相关知识

在生产实际中，氧化烧损量往往通过测定氧化铁皮的厚度来确定：

$$a = \delta\rho g$$

式中　a——钢的表面烧损量，kg/m^2；

　　　δ——氧化铁皮的厚度，m；

　　　ρ——氧化铁皮的密度，计算时可按 $3900 \sim 4000 kg/m^3$ 选取；

　　　g——氧化铁皮中铁的平均含量，它的范围为 $0.715 \sim 0.765 kg/kg$。

影响钢氧化的主要因素有加热温度，加热时间、钢的成分、炉气成分等。

四、实训主要材料、工具与设备

轧钢企业加热工段、氧化铁皮、千分尺等。

五、实训数据记录

表 2.2.2　钢的表面烧损量测试记录

加热温度/℃			加热时间/h			加热钢种		
氧化铁皮试样	1	2	3	4	5	6	平均厚度 δ/mm	
厚度 δ/mm								

【任务总结】

通过对氧化烧损量的实测和计算，掌握影响钢氧化的主要因素，为将来从事加热操作，正确采取防止氧化的技术措施奠定基础。

写出实验或实训报告总结。

【任务评价】

表 2.2.3　任务评价表

任务实施名称				氧化烧损量测定		
开始时间		结束时间		学生签字		
				教师签字		
评价项目	技 术 要 求				分值	得分
操　作	(1) 方法得当； (2) 操作规范； (3) 正确使用工具、仪器、设备； (4) 团队合作					
任务实施报告单	(1) 书写规范整齐，内容翔实具体； (2) 实训结果和数据记录准确、全面，并能正确分析； (3) 回答问题正确、完整； (4) 团队精神考核					

思考与练习题

1. 钢在加热过程中可能产生那些加热缺陷？

2. 什么叫氧化？影响氧化的因素有哪些？防止氧化的措施有哪些？

3. 什么叫脱碳？影响脱碳的因素有哪些？防止脱碳的措施有哪些？

4. 什么叫过热？什么叫过烧？二者有何区别？如何防止？

5. 加热温度不均是如何产生的？应采取哪些措施来保证加热温度的均匀性？

6. 如何防止加热裂纹的产生？

加热炉构造

任务一　加热炉结构

【任务描述】

　　加热炉是一个复杂的热工设备，它由以下几个基本部分构成：炉膛与炉衬、燃料系统、供风系统、排烟系统、冷却系统、余热利用装置、装出料设备、检测及调节装置、电子计算机控制系统等。本任务主要介绍轧钢加热炉炉体结构形式以及相关的附属设备。

【能力目标】

　　(1) 能区别不同的燃烧装置结构，了解其优缺点；
　　(2) 能认识不同的换热器；
　　(3) 能独立完成轧钢加热炉设计的结构图绘制；
　　(4) 具有与他人沟通、互相学习的能力。

【知识目标】

　　(1) 炉膛与炉衬；
　　(2) 加热炉的冷却系统；
　　(3) 燃料的供应系统、供风系统和排烟系统；
　　(4) 燃烧装置；
　　(5) 余热利用设备；
　　(6) 常见的阀门。

【相关资讯】

一、炉膛与炉衬

　　炉膛是由炉墙、炉顶和炉底围成的空间，是对钢坯进行加热的地方。炉墙、炉顶和炉底通称为炉衬，炉衬是加热炉的一个关键技术条件。在加热炉的运行过程中，不仅要求炉衬能够在高温和荷载条件下保持足够的强度和稳定性，能够耐受炉气的冲刷和炉渣的侵蚀，而且要求有足够的绝热保温和气密性能。为此，炉衬通常由耐火层、保温层、防护层和钢结构几部分组成。其中耐火层直接承受炉膛内的高温气流冲刷和炉渣侵蚀，通常采用各种耐火材料经砌筑、捣打或浇注而成；保温层通常采用各种多孔的保温材料经砌筑、敷设、充填或粘贴，减少散热损失，改善现场操作条件；防护层通常采用建筑砖或钢板，其功能在于保持炉衬的气密性，保护多孔保温材料形成的保温层免于损坏。钢结构是位于炉衬最外层的由各种钢材拼焊、装配成的承载框架，其功能在于承担炉衬、燃烧设施、检测仪器、炉门、炉前管道以及检修、操作人员所形成的载荷，提供有关设施的安装框架。

（一）炉墙

炉墙分为侧墙和端墙，沿炉子长度方向上的炉墙称为侧墙，炉子两端的炉墙称为端墙。炉墙通常用标准直型砖平砌而成，炉门的拱顶和炉顶拱脚处用异型砖砌筑。侧墙的厚度通常为 1.5~2 倍砖长。端墙的厚度根据烧嘴、孔道的尺寸而定，一般为 2~3 倍砖长。整体捣打、浇注的炉墙尺寸则可以根据需要随意确定。大多数加热炉的炉墙由耐火砖的内衬和绝热砖层组成。为了使炉子具有一定的强度和良好的气密性，炉墙外面还包有 4~10mm 厚的钢板外壳或者砌有建筑砖层作炉墙的防护层。炉墙上设有炉门、窥视孔、烧嘴孔、测温孔等孔洞。为了防止砌砖受损，炉墙应尽可能避免直接承受附加载荷。所以，炉门、冷却水管等构件通常都直接安装在钢结构上。承受高温的炉墙当高度或长度较大时，要保证有足够的稳定性。增加稳定性的办法是增加炉墙的厚度或用金属锚固件固定。当炉墙不太高时，一般采用 232~464mm 黏土砖和 232~116mm 绝热砖的双层结构。炉墙较高时，炉底水管以下增加厚度 116mm。

（二）炉顶

加热炉的炉顶按其结构分为两种，即拱顶和吊顶。拱顶用楔形砖砌成，结构简单，砌筑方便，不需要复杂的金属结构。如果采用预制好的拱顶，更换时就更方便。拱顶的缺点是由于拱顶本身的重量产生侧压力，当加热膨胀后侧压力就更大。因此，当炉子的跨度和拱顶重量太大时，容易造成炉子的变形，甚至会使拱顶坍塌。所以，拱顶一般用于跨度小于 3.5~4m 的中小型炉子上，炉子的拱顶中心角一般为 60°。拱顶结构如图 3.1.1 所示。拱顶的主要参数是：内弧半径（R）、拱顶跨度即炉子宽度（B）、拱顶中心角（α）、弓形高度（h）。

拱顶的厚度与炉子的跨度有关，为了保证拱顶具有足够的强度，炉子的跨度较大时，炉顶的厚度应相应适当加大。当拱顶跨度在 3.5m 以下时，拱顶的耐火砖层为 230~250mm，绝热层为 65~150mm。当拱顶跨度在 3.5m 以上时，耐火砖层为 230~300mm，绝热层为 120~200mm。

拱的两端支撑在特制的拱角砖上，拱的其他部位用楔形砖砌筑。拱顶可以用耐火砖砌筑，也可用耐火混凝土预制块。炉温为 1250~1300℃ 以上的高温炉的拱顶采用硅砖或高铝砖，但硅砖仅适合于连续运行的炉子。耐火砖上面可用硅藻土砖绝热，也可用矿渣棉等散料作绝热层。拱顶砌砖在炉长方向上应设置弓形的膨胀缝，若用黏土砖砌筑则每米应设膨胀缝 5~6mm，用硅砖砌筑则每米应设膨胀缝 10~12mm，用镁砖砌筑则每米应设膨胀缝 8~10mm。

当炉子跨度大于 4m 时，由于拱顶所承受的侧压力很大，一般耐火材料的高温结构强

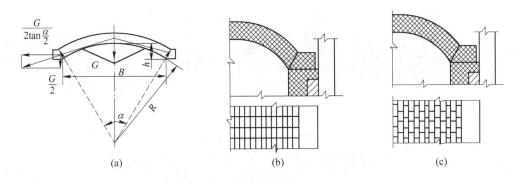

图 3.1.1 拱顶结构

（a）拱顶受力情况；（b）环砌拱顶；（c）错砌拱顶

度已很难满足，因而大多采用吊顶结构，图 3.1.2 为常用的几种吊顶结构。

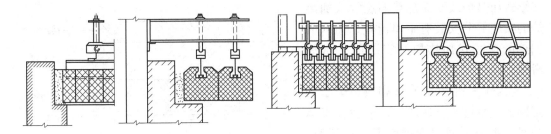

图 3.1.2 吊顶结构

吊挂顶是由一些专门设计的异型砖和吊挂金属构件组成。按吊挂形式分可以是单独的或成组的吊挂砖吊在金属吊挂梁上。吊顶砖的材料可用黏土砖、高铝砖和镁铝砖，吊顶外面再砌硅藻土砖或其他绝热材料，但砌筑切勿埋住吊杆，以免烧坏失去机械强度，吊架被砖的质量拉长。

吊挂结构复杂，造价高，但它不受炉子跨度的影响且便于局部修理及更换。

（三）炉底

炉底是炉膛底部的砌砖部分，炉底要求承受被加热钢坯的质量，高温区炉底还要承受炉渣、氧化铁皮的化学侵蚀。此外，炉底还要经常与钢坯发生碰撞和摩擦。

炉底有两种形式，一种是固定炉底，另一种是活动炉底。固定炉底的炉子，坯料在炉底的滑轨上移动，除加热圆坯料的斜底炉外，其他加热炉的固定炉底一般都是水平的。活动炉底的坯料是靠炉底机械的运动移动的。图 3.1.3 所示为连续式加热炉的炉底结构。

单面加热的炉子，其炉底都是实心炉底，两面加热的炉子，炉内的炉底通常分实底段（均热段）和架空段两部分，但也有的炉子炉底全部是架空的。

炉底的厚度取决于炉子的尺寸和温度，在 200～700mm 之内变动。炉底的下部用绝热材料隔热。由于镁砖具有良好的抗渣性，所以，在轧钢加热炉的炉底上用镁砖砌筑。并且为了便于氧化铁皮的清除，在镁砖上还要再铺上一层 40～50mm 厚的镁砂或焦屑。在

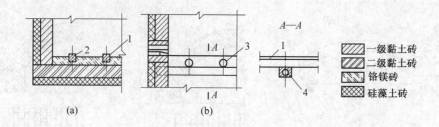

图 3.1.3　加热炉的炉底
（a）带滑轨的连续加热炉炉底；（b）两面加热的连续加热炉炉底
1，2—滑轨；3—水冷管；4—水冷管支撑

1000℃左右的热处理炉或无氧化加热炉上，因为氧化铁皮的侵蚀问题较小，炉底也可以采用黏土砖砌筑。

推钢式加热炉为避免坯料与炉底耐火材料直接接触和减少推料的阻力，在单面加热的连续式加热炉或双面加热的连续式加热炉的实底部分安装有金属滑轨，而双面加热的连续式加热炉则安装的是水冷滑轨。

实炉底一般并非直接砌筑在炉子的基础上，而是架空通风的，钢板在支承炉底的钢板下面用槽钢或工字钢架空，避免因炉底温度过高，使混凝土基础受损。这是因为普通混凝土在温度超过300℃时，其机械强度显著下降会遭到破坏。实炉底高温区炉底结构如图 3.1.4 所示。

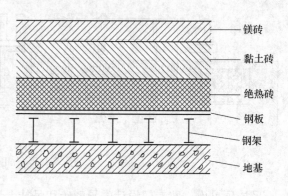

图 3.1.4　高温区炉底结构

（四）基础

基础是炉子支座，它将炉膛、钢结构和被加热钢坯的重量所构成的全部载荷传到地面上。

大中型炉子基础的材料都是混凝土，只有小型加热炉才用砖砌基础。砌筑基础时，应避免将炉子部件和其他设备放在同一整块基础上，以免由于负荷不同而引起不均衡下沉，使基础开裂或设备倾斜。

（五）炉子的钢结构

为了使整个炉子成为一个牢固的整体，在长期高温的工作条件下不致严重变形，炉子必须设置由竖钢架、水平拉杆（或连接梁）组成的钢结构。炉子的钢结构起到一个框架作用，炉门、炉门提升机构、燃烧装置、冷却水管和其他一些零件都安装在钢结构上。

（六）炉门、出渣门和观察孔

为了满足工艺上的需要，在炉墙上常留有若干观察孔和炉门以及出渣门。它们的大小以及形状取决于操作上是否便利。但从热效率这一点来讲，炉门和观察孔以及出渣门应尽量减少。这是因为高温炉气很容易通过此类炉门逸出，造成热损失。另外，炉子外部的空气也很容易通过此类炉门被吸入影响炉温。总之，在保证生产正常进行的前提下应尽可能减少炉门开启次数。

二、加热炉的冷却系统

加热炉的冷却系统是由加热炉炉底的冷却水管和其他冷却构件构成。冷却方式分为水冷却和汽化冷却两种。

（一）炉底水冷结构

1. 炉底水管的布置

在两面加热的连续加热炉内，坯料在沿炉长敷设的炉底水管上向前滑动。炉底水管由厚壁无缝钢管组成，内径 50~80mm，壁厚 10~20mm。为了避免坯料在水冷管上直接滑动时将钢管壁磨损，在与坯料直接接触的纵水管上焊有圆钢或方钢，称为滑轨，磨损以后可以更换，而不必更换水管。

两根纵向水管间距不能太大以免坯料在高温下弯曲，最大不超过 2m；但也不宜太小，否则下面遮蔽太多，削弱下加热，最小应不少于 0.6m。为了使坯料不掉道，坯料两端应比水管宽 100~150mm。

炉底水管承受坯料的全部质量（静负荷），并经受坯料推移时所产生的动载荷，因此，纵水管下需要有支撑结构。炉底水管的支撑结构形式很多，一般在高温段用横水管支撑，横水管彼此间隔 1~3.5m ［图 3.1.5（a）］，横水管两端穿过炉墙靠钢架支持。支撑管的水冷却不与炉底纵水管的冷却连通，二十几个管子顺序连接起来，形成一个回路，这种结构只适用于跨度不大的炉子。当炉子很宽，上面坯料的负载很大时，需要采用双横水管或回线形横支撑管结构 ［图 3.1.5（b）］。管的垂直部分用耐火砖柱包围起来，这样下加热炉膛空间被占去一部分。在选择炉底水管支撑结构时，除了保证其强度和寿命外，应力求简单。这样一方面可以减少水管，减少热损失；另一方面免得下加热空间被占去太多，这一点对下部的热交换和炉子生产率的影响很大。所以现代加热炉设计中，力求加大水冷管间距，减少横水管和支柱水管的根数。

2. 炉底水管的绝热

由于炉底水冷滑管和支撑管加在一起的水冷表面积达到炉底面积的 40%~50%，带走了大量热量；又由于水管的冷却作用，使坯料与水管滑轨接触处的局部温度降低 200~250℃，使坯料下面出现两条水冷"黑印"，故在压力加工时很容易造成废品。例如，轧钢加热炉加热板坯时出现的黑印影响会更大，温度的不均匀可能导致钢板的厚薄不均匀。为了清除黑印的不良影响，通常在炉子的均热段砌筑实炉底，使坯料得到均热。降低热损失和减少黑印影响的有效措施，就是对炉底水管实行绝热包扎，如图 3.1.6 所示。

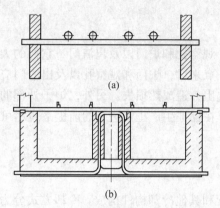

(a)

(b)

图 3.1.5　炉底水管的支撑结构

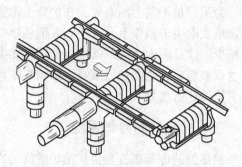

图 3.1.6　炉底水管绝热的结构图

连续加热炉节能的一个重要方面就是减少炉底水管冷却水带走的热量，为此应在所有水管外面加绝热层。实践证明，当炉温为 1300℃ 时，绝热层外表面温度可达 1230℃，可见，炉底滑管对钢坯的冷却影响不大。同时还可看出，水管绝热时，其热损失仅为未绝热水管的 1/4~1/5。

过去水冷绝热使用异型砖挂在水管上，由于耐火材料要受坯料的摩擦和振动、氧化铁皮的侵蚀、温度的急冷急热、高温气体的冲刷等，使挂砖的寿命不长，容易破裂剥落，现已普遍采用可塑料包扎炉底水管。包扎时，在管壁上焊上锚固钉，能将可塑料牢固地抓附在水管上。可塑料的抗热震性好，耐高温气体冲刷、耐振动、抗剥落性能好，能抵抗氧化铁皮的侵蚀，即使结渣也易于清除，施工比挂砖简单得多，使用寿命至少可达 1 年。这样包扎的炉底水管，可以降低燃料消耗 15%~20%，降低水耗约 50%，炉子产量提高 15%~20%，减少坯料黑印的影响，提高加热质量；并且投资费用不大，但增产收益很高，经济效益显著。

水冷管最好的包扎方式是复合（双层）绝热包扎，如图 3.1.7 所示。采用一层 10~12mm 的陶瓷纤维，外面再加 40~50mm 厚的耐火可塑料（10mm 厚的陶瓷纤维相当于 50~60mm 厚可塑料的绝热效果）。

这样的双层包扎绝热比单层绝热可减少热损失 20%~30%。我国目前复合包扎采用直接捣固法及预制块法，前者要求施工质量高，使用寿命因施工质量好坏而异；后者值得推广。预制块法是用渗铝钢板作锚固体，里层用陶瓷纤维、外层用可塑料机压成型，然后烘烤到 300℃，再运到现场进行安装。施工时，将金属底板焊压在水管上即可。

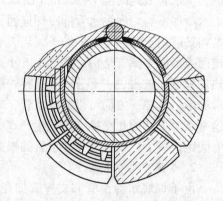

图 3.1.7　水管的双层绝热

为了进一步消除黑印的影响，长期来人们都在研究无水冷滑轨。无水冷滑轨所用材质必须能承受坯料的压力和摩擦，又能抵抗氧化铁皮的侵蚀和温度急变的影响。国外一般采用电熔刚玉砖或电熔莫来石砖，在低温段则采用耐热铸钢金属滑轨，但价格很高，而且高温下容易氧化起皮，不耐磨。国内试验成功了棕刚玉-碳化硅滑轨砖，座砖用高铝碳化硅制成，效果较好。棕刚玉（即电熔刚玉）熔点高、硬度大，抗渣性能也好，但抗热震性较差。以85%的棕刚玉加入15%碳化硅，再加5%磷酸铝作高温胶结剂，可以满足滑轨要求。碳化硅的加入提高了制品的导热性，改善了抗热震性。通常800℃以上的高温区用棕刚玉-碳化硅滑轨砖及高铝碳化硅座砖，800℃以下可采用金属滑轨和黏土座砖，金属滑轨材料可用 ZGMn13 或 1Cr18Ni9Ti。

（二）汽化冷却

1. 汽化冷却的原理和优点

加热炉冷却构件采用汽化冷却，主要是利用水变成蒸汽时吸收大量的汽化潜热，使冷却构件得到充分的冷却。加热炉的冷却构件采用汽化冷却时，具有以下优点：（1）汽化冷却的耗水量比水冷却少得多。因为每千克水气化冷却时的总热量大大超过水冷却时所吸收的热量。（2）用工业水冷却时，由冷却水带走的热量全部损失，而采用气化冷却所产生的蒸汽，则可供生产、生活方面使用，甚至可以用来发电。（3）采用水冷却时，一般使用工业水，其硬度较高，容易造成水垢，常使冷却构件发生过热或烧坏。当采用气化冷却时，一般用软水为工质，可以避免造成水垢，从而延长冷却构件的寿命。（4）纵炉底管采用气化冷却时，其表面温度比采用水冷却时要高一些，这对于减轻钢料加热时形成的黑印、改善钢料温度的均匀性有一定的好处。

总之，加热炉采用气化冷却，特别是采用自然循环冷却系统时，其经济效果是显著的。

2. 循环方式

气化冷却装置的循环方式有两种：一是强制循环，如图 3.1.8 所示；二是自然循环，如图 3.1.9 所示。气化冷却系统包括软水装置、供水设施（水箱、水泵）、冷却构件、上升管、下降管、气包等。

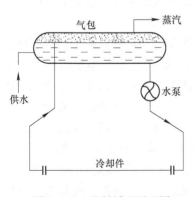
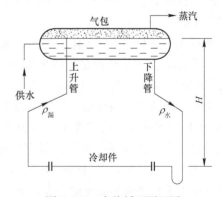

图 3.1.8　强制循环原理图　　　　　　图 3.1.9　自然循环原理图

自然循环时，水从气包进入下降管流入冷却水管中，冷却水管受热时，一部分水变成蒸汽，于是在上升管中充满着气水混合物。因为气水混合物的密度 $\rho_混$ 比水的密度 $\rho_水$ 小，故下降管内水的重力大于上升管内气水混合物的重力，两者的重力差 $H（\rho_水-\rho_混）$ 即为气化冷却自然循环的动力，气包的位置越高（H 值越大）气水混合物密度 $\rho_混$ 越小（即其中含气量越大，自然循环的动力越大）。因此管路布置上，首先要考虑有利于产生较大的自然循环动力，并尽量减少管路阻力。

如果气包的高度和位置受到限制或由于其他原因，采用自然循环系统难以获得冷却构件所需要的循环流速时，也可以采用强制循环系统。强制循环的动力是由循环水泵产生的，循环水泵迫使水产生从气包经下降管、循环泵、炉底管和上升管，再回到气包的密闭循环。

3. 安全三大附件

A　安全阀

安全阀是一种自动泄压报警装置。它的主要作用是当气包蒸汽压力超过允许的数值时，能自动开启排气泄压；同时，能发出音响警报，警告司炉人员，以便采取必要的措施，降低气包压力。当气包压力降到允许的压力范围内安全运行，防止气包超压而引起爆炸。因此，安全阀是气包上必不可少的安全附件之一，司炉人员常将安全阀比喻为"耳朵"。气包上装有安全阀，在运行前，为便于进水，可以通过安全阀排除气包内的空气，在停炉后排水时，为解除气包内的真空状况，可通过开启安全阀向气包内引进空气。

安全阀主要由阀座、阀芯（或称阀瓣）和加压装置等部分组成。它的工作原理是：安全阀阀座内的通道与气包蒸汽空间相通，阀芯由加压装置产生的压力紧紧压在阀座上。当阀芯承受的加压装置所施加的压力大于蒸汽对阀芯的托力时，阀芯紧贴阀座使安全阀处于关闭状态；如果气包内气压升高，则蒸汽对阀芯的托力也增大，当托力大于加压装置对阀芯的压力时，阀芯就被顶起离开阀座，使安全阀处于开启状态，从而使气包内蒸汽排出，达到泄压的目的。当气包内气压下降时，阀芯所受蒸汽的托力也随之降低，当气包内气压恢复到正常，即蒸汽托力小于加压装置对阀芯的压力时，安全阀又自行关闭。

工业锅炉上常用的安全阀，根据阀芯上加压装置的方式可分为静重式、弹簧式、杠杆式三种；根据阀芯在开启时的提升高度可分为微启式、全启式两种。这儿只介绍常用的弹簧式安全阀。

弹簧式安全阀主要由阀体、阀座、阀芯、阀杆、弹簧、调整螺丝和手柄等组成，如图3.1.10 所示。这种安全阀是利用弹簧的力量，将阀芯压在阀座上，弹簧的压力大小是通过拧紧或放松调整螺丝来调节的。当蒸汽压力作用于阀芯上的托力大于弹簧作用在阀芯上的压力时，弹簧就会被压缩，使阀芯被顶起离开阀座，蒸汽向外排泄，即安全阀开启；当作用于阀芯上的托力小于弹簧作用在阀芯上的压力时，弹簧就会伸长，使阀芯下压与阀座重新紧密结合，蒸汽停止排泄，即安全阀关闭。手柄可用来进行手动排气，当抬起手柄时，通过顶起调节螺丝带动阀杆使弹簧压缩，将阀芯抬起而达到排泄蒸汽的目的，这样手柄就可以用来检查阀芯的灵敏程度，也可以用作人工紧急泄压。弹簧式安全阀在开启过程中，由于弹簧的压缩力随阀门的开度增加而不断增加，因此不易迅速达到全开位置。为了克服这一缺点，常将阀芯与阀座的接触面作成斜面形，使阀芯除遮盖阀座孔径外，边缘还有少许伸出，如图 3.1.11 所示。当蒸汽顶起阀芯后，阀芯的边缘也受气压作用，从而增加对阀芯的托力，使安全阀迅速全部开启；当压力降低后，阀芯回座，边缘作用消失，由于蒸汽作用力突然减少，使阀芯一次闭合，不致产生反复跳动现象。

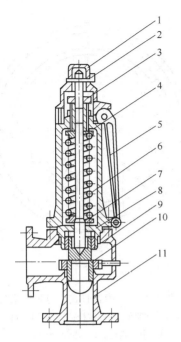

图 3.1.10　弹簧式安全阀
1—阀帽；2—销子；3—调整螺丝；4—弹簧压盖；
5—手柄；6—弹簧；7—阀杆；8—阀盖；9—阀芯；
10—阀座；11—阀体

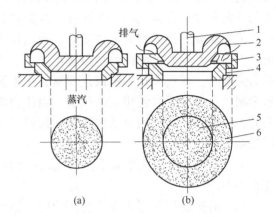

图 3.1.11　安全阀工作原理示意图
（a）闭合状态；（b）开启状态
1—阀杆；2—阀芯；3—调整环；
4—阀座；5—蒸汽作用于阀芯面积；
6—排气时蒸汽作用于阀芯扩大面积

　　另外，对于弹簧式安全阀，按使用条件可分封闭式和不封闭式。封闭式即排除的介质不外泄，全部沿出口管道排到指定地点。封闭式安全阀主要用于易燃、易爆、有毒和腐蚀介质的设备和管道中。对于蒸汽和热水，则可以用不封闭式安全阀。

　　弹簧式安全阀结构紧凑、调整方便、灵敏度高、适用压力范围广，是最常用的一种安全阀。

　　使用安全阀时应注意以下事项：

　　（1）对新安装的气包及检修后的安全阀，都应校验安全阀的始启压力和回座压力，回座压力一般为始启压力的 4% ~ 7%，最大不超过 10%。安全阀一般一年应校验一次。

　　（2）安全阀始启压力应为装设地点工作压力的 1.1 倍。

　　（3）为防止安全阀的阀芯和阀座粘住，应定期对安全阀做手动放汽试验。

　　B　压力表

　　压力表是一种测量压力大小的仪表，可用来测量气包内实际的压力值。压力表也是气包上不可缺少的安全附件，司炉人员常将压力表比喻为"眼睛"。

　　气包上普遍使用的压力表主要是弹簧管式压力表，它由表盘、弹簧弯管、连杆、扇形齿轮、小齿轮、中心轴、指针等零件组成，如图 3.1.12 所示。

　　弹簧管由金属管制成，管子截面呈扁平圆形，它的一端固定在支承座上，并与管接头相通；另一端是封闭的自由端，与连杆连接。连杆的另一端连接扇形齿轮，扇形齿轮又与

中心轴上的小齿轮相衔接。压力表的指针固定
在中心轴上。

当被测介质的压力作用于弹簧管的内壁时，
弹簧管扁平圆形截面就有膨胀成圆形的趋势，
从而由固定端开始逐渐向外伸张，也就是使自
由端向外移动，再经过连杆带动扇形齿轮转动，
使指针向顺时针方向偏转一个角度。这时指针
在压力表表盘上指示的刻度值就是汽包内压力
值。汽包压力越大，指针偏转角度也越大。当
压力降低时，弹簧弯管力图恢复原状，加上游
丝牵制，使指针返回到相应的位置。当压力消
失后，弹簧弯管恢复到原来的形状，指针也就
回到始点（零位）。

使用压力表时应注意有下列情况之一时应
停止使用：

（1）有限制钉的压力表在无压力时，指针
转动后不能回到限制钉处；没有限制钉的压力
表在无压力时，指针离零位的数值超过压力表
规定允许误差。

（2）表面玻璃破碎或表盘刻度模糊不清。

（3）封印损坏或超过校验有效期限。

（4）表内泄漏或指针跳动。

（5）其他影响压力表准确指示的缺陷。

压力表与气包之间有存水弯管，如图
3.1.13 所示。存水弯管可使蒸汽在其中冷却
后再进入弹簧弯管内，避免由于高温造成读
数误差，甚至损坏表内的零件。存水弯管的
下部最好装有放水旋塞，以便停炉后放掉管
内积水。

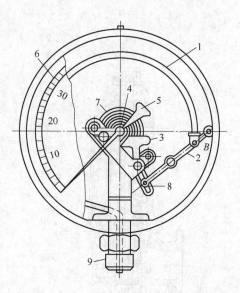

图 3.1.12　弹簧管式压力表示意图
1—弹簧管；2—拉杆；3—扇形齿轮；
4—中心齿轮；5—指针；6—面板；
7—游丝；8—调整螺钉；9—接头

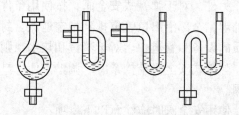

图 3.1.13　不同形状的存水弯管

压力表与存水弯管之间装有三通旋塞，以便冲洗管路和检查、校验、卸换压力表。其
方法如图 3.1.14 所示。

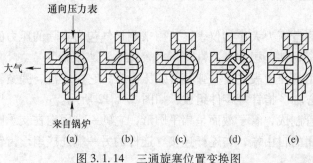

通向压力表

大气

来自锅炉

(a)　　　　(b)　　　　(c)　　　　(d)　　　　(e)

图 3.1.14　三通旋塞位置变换图

　　图 3.1.14(a)是压力表正常工作时的位置。此时，蒸汽通过存水弯管与压力表相通，压力表指示气包的压力值。图 3.1.14(b)是检查压力表时的位置。此时，气包与压力表隔断，压力表与大气相通，因为表内没有压力，所以如果指针不能回零位，证明压力表已经失效，必须更换。图 3.1.14(c)是冲洗存水弯管时的位置。此时气包与大气相通，而与压力表隔断，存水弯管中的积水和污垢被气包里的蒸汽吹出。图 3.1.14(d)是使存水弯管存水时的位置。此时存水弯管与压力表和大气都隔断，气包蒸汽在存水弯管里逐渐冷却积存，然后再把三通旋塞转到 3.1.14(a)的正常工作位置。图 3.1.14(e)是校验压力表时的位置。此时气包同时与工作压力表与校验压力表相通。三通旋塞的左边法兰上接校验用的标准压力表，蒸汽从存水弯管同时进入工作压力表和校验压力表。两块压力表指示的压力数值相差不得超过压力表规定的允许误差，否则，证明工作压力表不准确，必须更换新表。

　　三通旋塞手柄的端部必须有标明旋塞通路方向的指示箭头，以便识别。操作三通旋塞时，动作要缓慢，以免损坏压力表机件。

　　压力表的装置、校验和维护应符合国家计量部门的规定。压力表装用前应进行校验，并在刻床盘上划红线指示出工作压力，压力表装用后每半年至少校验一次，压力表校验后应封印。

　　C　水位表

　　水位表是一种反映液位的测量仪器，用来表示气包内水位的高低，可协助司炉人员监视气包水位的动态，以便控制气包水位在正常范围之内。

　　水位表的工作原理和连通器的原理相同，因为气包是一个大容器，当它们连通后，两者的水位必定在同一高度上，所以水位表上显示的水位也就是气包内的实际水位。

　　常用的水位表有玻璃管式、平板式和低地位式三种。下面主要介绍玻璃管式水位表。玻璃管式水位表主要由玻璃管、气旋塞、放水旋塞等构件组成，如图 3.1.15 所示。

　　图中 3 个旋塞的手柄都是向下的，表明气旋塞和水旋塞都是通路，而放水旋塞是闭路。这是水位表正常工作时的位置，与一般使用的旋塞通路相反。如果手柄不是向下，一旦受到碰撞或震动，很容易下落，从而会因改变旋塞通路位置而发生事故。

　　在气包运行时，必须同时打开水位表的气旋塞和水旋塞。如果不打开气旋塞，只打开水旋塞，气包内的水也会经水连管进入玻璃管内。但是，此时气包内的压力高于玻璃管内的压力，玻璃管内的水位必然高于气包内的实际水位形成假水位；反之，如果不打开水旋塞，只打开气旋塞，由于蒸汽不断冷凝，会使玻璃管内存满

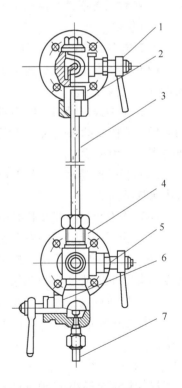

图 3.1.15　玻璃管式水位表
1—气旋塞；2—接气连管的法兰；
3—玻璃管；4—接水连管的法兰；
5—水旋塞；6—放水旋塞；
7—放水管

水，同样也会形成假水位。所以只有同时打开水位表的气、水旋塞，使气包和玻璃管内的压力一致，才能使水位显示正确。水位表玻璃管中心线与上下旋塞的垂直中心线应互相重合，否则玻璃管受扭力容易损坏。

水位表应有防护罩，防止玻璃管炸裂时伤人。最好用较厚的耐热钢化玻璃管罩住，但不应影响观察水位，不能用普通玻璃板作防护罩，否则当玻璃管损坏时会连带玻璃板破碎，反而增加危险。有的水位表用薄铁皮制成防护罩，为了便于观察水位，在防护罩的前面开有宽度大于 12mm，长度与玻璃管可见长度相等的缝隙，并在防护罩后面留有较宽的缝隙，以便光线射入，使气化工清晰地看到水位。

为防止玻璃管破裂时气水喷出伤人，最好配用带钢球的旋塞。当玻璃管破裂时，钢球借助气水的冲力自动关闭旋塞。

玻璃管式水位表结构简单，制造安装容易，拆换方便，但显示水位不够清晰，玻璃管容易破碎，适用于工作压力不超过 1.6MPa 的高压容器，常用规格有 Dg15 和 Dg20 两种。

三、燃料的供应系统、供风系统和排烟系统

（一）燃料输送管道

1. 炉前煤气管道

A　管道布局

对管道布局的要求如下：

（1）煤气管道一般都架空敷设，特殊情况需要布置在地下时，应设置地沟并保证通风良好，检修方便。

（2）炉前煤气管道一般不考虑排水坡度。但应在水平管段上的流量孔板和主开闭器的前后、分段管的末端和容易积灰的部位设置排水管或水封。当用水封排水时，水封深度要与煤气压力相适应。

（3）积聚冷凝水后，冬天可能会冻结的煤气管道及附件内，要采取保温措施，防止管内水气结冰。

（4）冷发生炉煤气及其混合煤气的管道要有排焦油装置和不小于 0.2% 的排油坡度。

（5）为了避免管道内积水流入烧嘴，煤气支管最好从总管的侧面或上面引出。

（6）当煤气管道系统中装有预热器，并考虑预热器损坏检修时炉子要继续工作，应装设附有切断装置的旁通管路。

（7）炉前煤气管道上一般应设有：两个主开闭器或一个开闭器、一个眼镜阀、放散系统、爆发试验取样管、排水及排焦油装置、调节阀门、自动控制装置和安全装置相适应的附件。

B　放散系统

煤气管道直径小于 50mm 时一般可不设放散管；管径 100mm 以下，管道内的体积不超过 0.3m³ 时，一般设放散管，但可不用蒸汽吹刷，直接用煤气进行置换放散。将煤气直接放散入大气中时，放散管一般应高出附近 10m 内建筑物通气口 4m，距地面高度不低于 10m，放散一般与煤气同一流向进行。放散管应置于两个主闸阀之间，从各段煤气管的末端及管道最高点引出，并须考虑各主要管段均能受到吹刷。吹刷用蒸汽接点设在炉前煤气

总管第二个主闸阀和各段闸阀之后并靠近闸阀，吹刷时用软管与供气点连接。吹刷放散时间，大型炉子约需 30~60min，小炉子约需 15min。

C　管道绝热

为了减少管道的散热损失，热煤气管道必须敷设绝热层，管道绝热方式有管外包扎和管内砌衬两种工艺，根据管道内介质温度和管径大小确定。金属钢管壁的工作温度不宜超过 300℃，当管内气体温度低于 350℃，管径小于 700mm 时，可用管外包扎绝热。管内气体温度高于 400℃或管径较大时，可用管内砌衬绝热，但衬砖后内径不应小于 500mm，且每隔 15~20m 要留设人孔。

2. 燃油输送管道

A　重油管道

敷设重油管道的要求如下：

（1）炉前油管可固定在钢结构上。支管一般由下向上与喷嘴相接，敷设管道时向油罐方向留一定的坡度，最低点设排油口，最高点设放气阀。

（2）重油管路要有蒸汽吹扫系统，以便停炉时清扫管路内的残油。

（3）每个喷嘴前或分段支管上要装设工作可靠的油过滤器和油压稳定装置，以保证喷嘴前油质清洁、油压稳定。调节油流量要采用具有较好调节性能的调节阀，重油含硫较高时不能采用铜质或带铜质密封圈阀门。

（4）油管弯头除局部范围内可采用带丝扣的管件弯头外，一般都用冷弯或热弯制作，以免积渣堵塞。

B　油管的保温

为了使经过加热器后的重油在输送过程中不致降温，炉前重油管道要用蒸汽进行保温，常用的保温方式有伴管和套管两种。

（二）空气管道

空气管道一般都架空敷设，需敷设在地下时，直径较小的可以直接埋入地下，但表面应涂防腐漆，热空气管道应放在地沟内。

空气管道一般应采用蝶阀调节，亦可采用焊接的闸板阀。

为了减少管道的散热损失，热空气管道也要敷设绝热层。

（三）排烟系统

为了使加热炉能正常工作，需要不断供给燃料所用的空气，同时又要不断地把燃烧后产生的废烟气排出炉外，因此，炉子设有排烟系统。

1. 烟道

A　烟道布置

对烟道布置的要求如下：

（1）地下烟道不会妨碍交通和地面上的操作，因此一般烟道都尽量布置在地下。

（2）要求烟道路程短，局部阻力损失小。

（3）烟道较长时，其底部要有排水坡度，以便集中排出烟道积水。

（4）当烟道中有余热回收装置时，一般要设置旁通烟道和相应的闸板、人孔等，以便在余热回收装置检修时可不影响炉子的生产操作。

（5）烟道要与厂房柱基、设备基础和电缆保持一定距离，以免受烟道温度影响。

B　烟道断面

烟道一般采用拱顶角为60°或180°的烟道断面，对烟气温度较高、地面载荷较大、烟道断面较大或受振动影响大的烟道，一般用180°拱顶。同样烟道断面积时，60°拱顶的烟道高度可小些，但应注意防止因拱顶推力而使拱脚产生位移。

烟道内衬黏土砖的厚度与烟气温度有关。当烟气温度为500～800℃，烟道内宽小于1m时，一般用113mm厚的黏土砖，大于1m时，用230mm厚黏土砖；烟气温度低于500℃时可用100号机制红砖内衬。当烟道没有混凝土外框时，外层用红砖砌筑，其厚度应能保证烟道结构稳定。

2. 烟道闸板和烟道人孔

（1）烟道闸板。为了调节炉膛压力或切断烟气，每座炉子一般都要设置烟道闸板。

（2）烟道人孔。烟道上一般都要开设人孔，以便于清灰、检修和开炉时烘烤。

3. 烟囱

加热炉的排烟一般都用烟囱，因为它不需要消耗动力，维护简单，只有当烟囱抽力不足时，才采用引风机或喷射管来帮助排烟。

烟囱是最常用的排烟装置，它不仅起排烟作用，而且也有保护环境的作用。烟囱有砖砌、混凝土以及金属三种。

金属烟囱寿命低，易受腐蚀，但它建造快、造价低。当烟温高于350℃时，金属烟囱要砌内衬，衬砖厚度一般为半块砖；烟温达到350～500℃时用红砖砌筑，高度为烟囱的1/3；烟温为500～700℃时烟囱全高衬砌红砖；700℃以上时烟囱全高衬砌耐火砖。

工业炉用烟囱在投入使用前一般要进行烘烤。烘烤方法一般是在烟道或烟囱底部烧木柴或煤炭，随着抽力的形成，气流逐渐与炉子接通。烟囱烘干后如出现裂纹，应及时进行修补。

烘烤烟囱的最高温度为：有耐火砖内衬的红砖烟囱：300℃；无耐火砖内衬的红砖烟囱：250℃；有耐火砖内衬的钢筋混凝土烟囱：200℃；有耐火砖内衬的金属烟囱：200℃。

四、燃烧装置

燃料燃烧的完全与否、燃烧温度的高低、火焰的长短、炉内温度分布等均与燃烧装置的结构有关。由于气体与液体的燃烧方式不同，故燃烧装置的结构也截然不同。

（一）气体燃料的燃烧装置——烧嘴

煤气的燃烧方法分为有焰燃烧和无焰燃烧两种，因此烧嘴也有有焰烧嘴和无焰烧嘴之分。

1. 有焰烧嘴

有焰烧嘴的结构特征在于：燃料和空气在入炉以前是不混合的（高速烧嘴例外）。有焰烧嘴种类很多，结构形式各不相同，它主要根据煤气的种类、火焰长度、燃烧强度来决定。加热炉常用的有焰烧嘴有套管式烧嘴、低压涡流式烧嘴、扁缝涡流式烧嘴、环缝涡流式烧嘴、平焰烧嘴、火焰长度可调烧嘴、高速烧嘴等。

A　套管式烧嘴

套管式烧嘴的结构如图 3.1.16 所示。烧嘴的结构是两个同心的套管，煤气一般由内套管流出，空气自外套管流出。煤气与空气平行流动，所以混合较慢，是一种长火焰烧嘴。

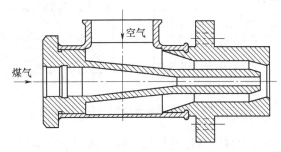

图 3.1.16　套管式烧嘴

它的优点是结构简单，气体流动的阻力小，因此所要求的煤气与空气的压力比其他烧嘴都低，一般只要 784~1470Pa。

B　低压涡流式烧嘴（DW-Ⅰ型）

低压涡流式烧嘴的结构如图 3.1.17 所示。这种烧嘴的结构也比较简单，它的特点是煤气与空气在烧嘴内部就开始混合，并在空气和燃气通道内均可安装涡流叶片，所以混合条件较好，火焰较短。要求煤气的压力不高，但因为空气通道的涡流叶片增加了阻力，因此所需空气压力比套管式烧嘴大一些，约为 1960Pa。

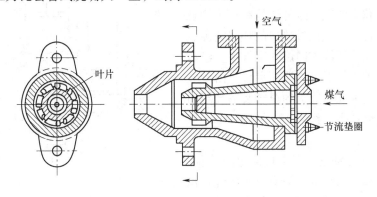

图 3.1.17　低压涡流式烧嘴（DW-Ⅰ型）

这种烧嘴用途比较广泛，可以烧净发生炉煤气、混合煤气、焦炉煤气，也可以烧天然气。烧天然气时只需在煤气喷口中加一涡流片或将喷口直径缩小，使煤气量与空气量相适应，并改善燃料与空气的混合。

C　扁缝涡流式烧嘴（DW-Ⅱ型）

扁缝涡流式烧嘴的结构如图 3.1.18 所示。

这种烧嘴的特点是在煤气通道内安装一个锥形的煤气分流短管，空气自煤气管壁上的若干扁缝沿切线方向进入混合管。空气与煤气在混合管内就开始混合，混合条件较好，火

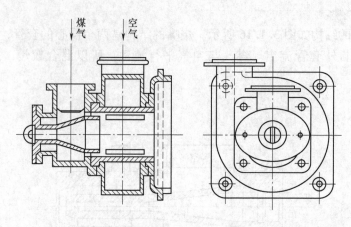

图 3.1.18　扁缝涡流式烧嘴（DW-Ⅱ型）

焰较短。它是有焰燃烧烧嘴中混合条件最好的一种。适用于发生炉煤气和混合煤气，扩大缝隙后，也可用于高炉煤气，这种烧嘴要求煤气与空气压力为 1470～1960Pa。

　　由于火焰较短，这种烧嘴主要用在要求短火焰的场合。

　　D　环缝涡流式烧嘴

　　环缝涡流式烧嘴的结构如图 3.1.19 所示。

　　环缝涡流式烧嘴也是一种混合条件较好的有焰烧嘴，火焰也较短。但是煤气要干净，否则容易堵塞喷口。这种烧嘴主要用来烧混合煤气和净发生炉煤气。当煤气喷口缩小后，也可以烧焦炉煤气和天然气。这种烧嘴有一个圆柱形煤气分流短管，煤气经过喷口的环状缝隙进入烧嘴头，空气从切线方向进入空气室，经过环缝出来在烧嘴头与煤气相遇而混合。由于气流阻力较大，这种烧嘴要求的煤气及空气压力比一般有焰烧嘴稍高，约为 1960～3920Pa。

　　E　平焰烧嘴

　　以上介绍的几种烧嘴都是长的直流火焰，这对多数炉子都是适合的。但有时希望烧嘴出口距加热物较近而火焰不要直接冲向被加热物，一般烧嘴就难以满足要求，此时可采用平焰烧嘴。平焰烧嘴气流的轴向速度很小，得到

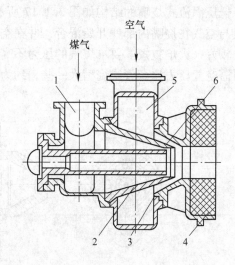

图 3.1.19　环缝涡流式烧嘴
1—煤气入口；2—煤气喷口；3—环缝；
4—烧嘴头；5—空气室；6—空气环缝

的是径向放射的扁平火焰，这样火焰就不会直接冲击被加热物，而是靠烧嘴砖内壁和扁平火焰辐射加热。平焰烧嘴的示意图如图 3.1.20 所示。

　　平焰烧嘴煤气由直通管流入，煤气压力约为 980～1960Pa，也属于低压煤气烧嘴。空气从切向进入，造成旋转气流，空气与煤气在进入烧嘴砖以前有一小段混合区，进入烧嘴砖后可以迅速燃烧。烧嘴砖的张角呈 90°～120°扩张的圆锥形，这样沿烧嘴砖表面形成负压区，将火焰引向砖面而沿径向散开，形成圆盘状与烧嘴砖平行的扁平火焰，提高了火焰

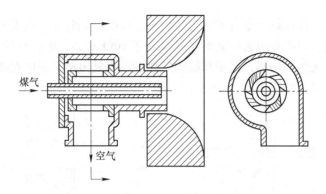

图 3.1.20 平焰烧嘴示意图

的辐射面积，径向的温度分布比较均匀。

平焰烧嘴近年发展比较迅速，用作连续加热炉均热段或炉顶烧嘴，也用于罩式退火炉和台车式炉上。国外还出现烧油或油气混烧的平焰烧嘴。

F 火焰长度可调烧嘴

生产实践中有时需要通过调节火焰长度来改变炉内的温度分布，火焰长度可调烧嘴就可以满足这一需要。为了达到改变火焰长度的目的，可以采取不同的措施。图 3.1.21 为一种可调焰烧嘴的示意图，一次煤气是轴向煤气，二次煤气是径向煤气，通过调节一次及二次煤气量和空气量，可以改变火焰的长度。

G 高速烧嘴

近年来开始将高速气流喷射加热技术用于金属加热与热处理上，为此采用了高速烧嘴。高速烧嘴结构的示意图如图 3.1.22 所示。煤气与空气按一定的比例在燃烧筒内流动混合，经过内筒壁的电火花点火而燃烧，形成一个稳定热源。混合气体在筒内燃烧 80% ~ 95%，其余在炉膛内完全燃烧。大量热气体以 100~300m/s 的高速喷出，这样在炉内产生了强烈的对流传热，并由于大量气体的强烈搅拌，使炉内温度达到均匀。采用高速烧嘴的炉子对炉体结构的严密性有特殊要求，并要注意采取措施控制噪声。

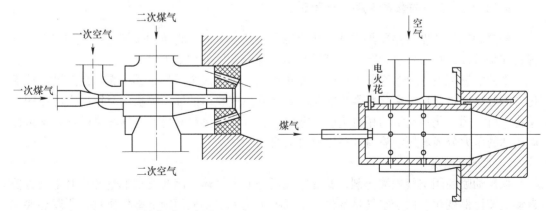

图 3.1.21 可调焰烧嘴示意图　　　　　图 3.1.22 高速烧嘴示意图

2. 无焰燃烧器

无焰燃烧器是气体燃料与空气先混合然后再燃烧的燃烧装置。这类燃烧器由于预先混合，故燃烧火焰短，但要有压力较高的煤气（高于 10kPa），且助燃空气不能预热到高温。工业上常用喷射式无焰燃烧器，由于其结构简单，不用鼓风机，所以在加热炉上亦常被使用。无焰燃烧器的原理如图 3.1.23 所示。

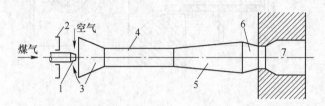

图 3.1.23　无焰燃烧烧嘴示意图
1—煤气喷口；2—空气调节阀；3—空气吸入口；4—混合管；
5—扩张管；6—喷头；7—燃烧坑道

无焰燃烧嘴的煤气以高速由喷口 1 喷出，空气由吸入口 3 被煤气流吸入，因为煤气喷口的尺寸已定，煤气量加大时，煤气流速增大，吸入的空气量也按比例自动增加。空气调节阀 2 可以沿烧嘴轴线方向移动，用来改变空气吸入量，以便根据需要调节过剩空气量。煤气与空气在混合管 4 内进行混合，然后进入一段扩张管 5，它的作用是使混合气体的静压加大，以便提高喷射效率。混合气体由扩张管出来进入喷头 6，喷头是收缩形，以保持较大的喷出速度，防止回火现象。最后混合气体被喷入燃烧坑道 7，坑道的耐火材料壁面保持很高的温度，混合气体在这里迅速被加热到着火温度而燃烧。

这类烧嘴视空气预热与否分为冷风和热风喷射式烧嘴两种。又可根据煤气发热量的高低分为低发热量及高发热量两种烧嘴。

喷射式无焰燃烧器在我国已标准化、系列化了，使用时只需根据燃烧能力选用即可。

最后应明确一点，任何形式的烧嘴都不是万能的，在选用时，必须根据炉子结构的特点、加热工艺的要求、燃料条件等综合考虑。

（二）液体燃料的燃烧装置——喷嘴

加热炉用液体燃料主要是重油。从资源利用角度考虑，将重油烧掉是很大的浪费。我国目前烧重油的炉子不多，此处只简单介绍几种最常用的重油喷嘴。

重油的燃烧过程分为雾化、混合、加热着火、燃烧四个过程，其中雾化是关键。按雾化方法分为机械雾化及雾化剂雾化喷嘴。前者靠高速喷出的油与喷嘴的摩擦冲击等作用来雾化；后者用雾化剂与油的相对速度来雾化，它可分为蒸汽雾化及空气雾化两种，又可按雾化剂的压力分为低压油喷嘴及高压油喷嘴两类。

1. 低压油喷嘴

低压油喷嘴用空气做雾化剂，此处空气还是助燃气体，因此要求油量变化时空气也要自动地按比例变化。由于空气量变化，空气喷出速度改变从而影响雾化质量，所以还要求空气喷出口的断面积是可以调节的，以保持空气喷出速度在较小范围内变化而不致恶化雾化质量。

　　图 3.1.24 所示为 DZ-Ⅰ型（C 型）低压油喷嘴。它的空气与油都以直流形式喷出而不旋转。用针阀调节油量时，借助于偏心轮的作用使油管外套管前后移动改变空气喷出口截面以保持空气喷出速度不变。DX-Ⅰ型（K 型）油喷嘴的特点是空气喷出口前装有涡流叶片，使空气旋转喷出并且与油股呈 75°~90°交角，这就使雾化质量有较大改善，其结构如图 3.1.25 所示。

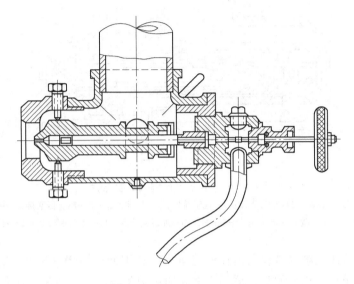

图 3.1.24　DZ-Ⅰ型低压油喷嘴

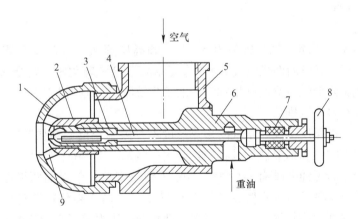

图 3.1.25　DX-Ⅰ低压油喷嘴

1—喷嘴帽；2—空气喷头；3—油分配器；4—针阀；5—外壳；6—喷油管；

7—密封填料；8—针阀调节手轮；9—涡流叶片

　　还有一种 DB-Ⅰ型（R 型）低压油喷嘴。其结构如图 3.1.26 所示。它是一种能够自动保持油量与空气量比例的三级雾化重油喷嘴。空气分三级与重油流股相遇以加强雾化与混合。空气量的改变是靠改变二级及三级空气喷出口断面积来实现的。当转动操作杆 6 时，可以使风嘴 12 前后移动。向后移动时，内层与外层风嘴之间和风嘴与油嘴旋塞 3 之间的出口截面积增加，这样增加二次空气与三次空气之间的流量，油量调节盘 10 与空气调节盘 11 是用螺旋 9 连接的，当转动 8 时，3 上油槽的可通面积改变，油量也随之改变，与此同时风嘴也前后移动，达到改变风量之目的。

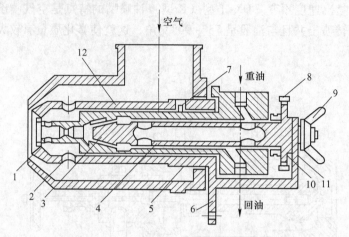

图 3.1.26　DB-Ⅰ型比例调节油烧嘴

1——次空气入口；2—二次空气入口；3—油嘴旋塞；4—回油通路；5—离合器联接；6—操纵杆；
7—导向销；8—调节油量手柄；9—螺旋；10—油量调节盘；11—空气调节盘；12—风嘴

总体来讲，低压油喷嘴雾化所消耗的能量小、费用低；燃烧易调节，雾化效果较好；噪声小；维护简单；火焰短而软；适用于钢坯加热炉及锻造炉。但是其外形尺寸较大、燃烧能力比较低，空气预热温度不能高于 250~300℃。这类喷嘴前油压约为 0.05~0.1MPa；空气压力为 3~7kPa。

2. 高压油喷嘴

高压油喷嘴是用压缩空气（0.3~0.8MPa）和高压蒸汽（0.2~1.2MPa）作雾化剂。用压缩空气雾化时，90%的助燃空气需另外供给；而用蒸汽雾化时，则全部空气由鼓风机供给。蒸汽雾化会降低燃烧温度并增加钢坯的氧化及脱碳，但成本比压缩空气雾化低。从结构上讲两者没有多大区别。

高压雾化时，雾化质量高，空气的预热温度不受限制，设备结构紧凑，燃烧能力强，火焰的方向性强，刚性和铺展性好且容易自动化；但是，成本高，噪声大，目前不如低压油喷嘴使用普遍。高压油喷嘴有 GZP 型、GW-Ⅰ型及带拉瓦尔管的两级雾化高压油喷嘴等形式。GW-Ⅰ型外混式高压油喷嘴如图 3.1.27 所示，高压雾化剂通过出口通道的导向涡流叶片，产生强烈的旋转气流，再利用雾化剂和油的压力差引起的速度差进行雾化，雾化质量较好。外混式油喷嘴的雾化剂与重油是在离开喷嘴后才开始接触，混合的条件较差，为此可使用内混式高压油喷嘴。GM-Ⅰ型内混式高压油喷嘴如图 3.1.28 所示。内混式油喷嘴的特点是油喷口位于雾化剂管内部，并有一段混合管。雾化剂提前并在一段距离内和重油流股相遇，改善了雾化质量，油颗粒在气流中的分布更均匀，所以火焰比外混式喷嘴的火焰短。此外，由于油管喷口处在雾化剂管的里面，可以防止由于炉膛辐射热的影响，使重油在喷口处裂化而结焦堵塞。

3. 机械雾化油喷嘴

机械雾化油喷嘴的特点是不用雾化剂。一种是利用高压的重油通过小孔喷出，因为油

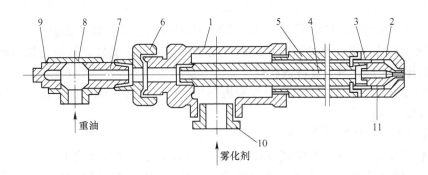

图 3.1.27　GW- I 型高压雾化油烧嘴

1—喷嘴体；2—喷油嘴；3—喷嘴盖；4—喷嘴内管；5—喷嘴外管；6—管接头；

7—螺纹接套；8—三通；9—塞头；10—衬套；11—导向涡流叶片

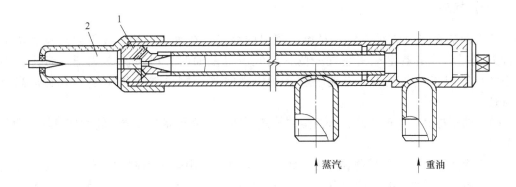

图 3.1.28　GM- I 型高压油烧嘴

1—喷头；2—混合管

的喷出速度很高，并产生高速旋转，由于离心力的作用而雾化。这种油喷嘴因为流速取决定油压，也叫油压式油喷嘴。另一种是靠高速旋转的杯把重油甩出去，也是由于离心力的作用而雾化，叫转杯式油喷嘴。

机械雾化油喷嘴的优点是：不需要雾化剂，动力消耗少；设备简单；操作方便；预热温度不受限制；没有噪声。其缺点是：雾化颗粒直径比高压或低压油喷嘴都大；燃烧能力小的喷嘴由于出口孔径小，容易堵塞；在加热炉上应用不及低压或高压油喷嘴广泛。

五、余热利用设备

由加热炉排出的废气温度很高，带走了大量余热，使炉子的热效率降低，为了提高热效率、节约能源，应最大限度地利用废气余热。余热利用的意义是：

（1）节约燃料。排出废气的能量如果用来预热空气（煤气），由空气（煤气）再将这部分热量带回炉膛，这样就可以达到节约燃料的目的。

（2）提高理论燃烧温度。对于轧钢加热炉来说，高温段炉温一般在 1250~1350℃左右，如果使用的燃料发热量低，那就不可能达到那样高的温度，或者需要很长的时间才能使炉子的温度升起来。而采取预热空气和煤气的办法就可以解决这个问题。

（3）保护排烟设施。炉子的排烟设施包括烟囱、引风机、引射器，都有耐受温度的极限。在回收利用烟气余热的同时，可以降低烟气的温度，保护排烟设施。

（4）减少设备投资。通过回收利用烟气余热降低烟气的温度，从而可以采用耐高温等级较低的排烟设施，减少设备的投资。

（5）保障环保设施运行。通过回收利用烟气余热，可降低烟气的温度，使得净化烟气的环保设施可以运行。

目前余热利用主要有两个途径：

（1）利用废气余热来预热空气或煤气，采用的设备是换热器或蓄热室。

（2）利用废气余热产生蒸汽，采用的设备是余热锅炉。换热器加热空气或煤气，能直接影响炉子的热效率和节能工作，当预热空气或煤气温度达 300~500℃ 时，一般可节约燃料 10%~20%，提高理论燃烧温度达 200~300℃。

（一）换热器

换热器的传热方式是传导、对流、辐射的综合。在废气一侧，废气以对流和辐射两种方式把热传给器壁；在空气一侧，空气流过壁面时，以对流方式把热带走。由于空气对辐射热是透热体，不能吸收，所以在空气一侧要强化热交换，只有提高空气流速。

换热器根据其材质的不同，分为金属换热器和黏土换热器两大类。轧钢加热炉一般采用金属换热器。

金属换热器，当空气预热温度在 350℃ 以下时，可用碳素钢制的换热器，温度更高时，要用铸铁和其他材料。耐热钢在高温下抗氧化，而且能保持其强度，是换热器较好的材料，但耐热钢价格高；渗铝钢也有较好的抗氧化性能，价格比耐热钢低。

金属换热器根据其结构分为管状换热器、针状和片状换热器、辐射换热器等。

1. 管状换热器

管状换热器的型式也很多，图 3.1.29 就是其中一种。

换热器由若干根管子组成，管径变化范围由 10~15mm 至 120~150mm。一般安装在烟道内，可以垂直安放，也可以水平安放。空气（或煤气）在管内流动，废气在管外流动，偶尔也有相反的情况。空气经过冷风箱均匀进入换热器的管子，经过几次往复的行程被加热，最后经热风箱送出。为避免管子受热弯曲，每根管子不要太长。当废气温度在 700~750℃ 以下时，可将空气预热到 300℃ 以下，如温度太高，管子容易变形，焊缝开裂。

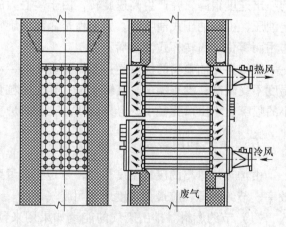

图 3.1.29　管状换热器

这种换热器的优点是构造简单，气密性较好，不仅可预热空气，也可用来预热煤气；缺点是预热温度较低，用普通钢管时容易变形漏气，寿命较短。

2. 针状换热器和片状换热器

这两种换热器十分相似，都是管状换热器的一种发展。即在扁形的铸管外面和内面铸有许多凸起的针或翅片，这样在体积基本不增加的情况下，热交换面积增大，因此传热效率提高。其单管的构造分别如图 3.1.30 和图 3.1.31 所示。

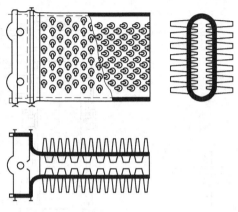

图 3.1.30　针状管换热器

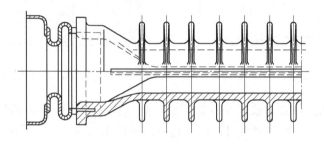

图 3.1.31　片状换热器

换热器元件是一些铸铁或耐热铸铁的管子，空气由管内通过，废气从管外穿过，如烟气含尘量很大，管外侧没有针与翅片。整个换热器是用若干单管并联或串联起来，用法兰连接，所以气密性不好，故不能用来预热煤气。

不采用针或翅片来提高传热效率，而采取在管状换热器中插入不同形状的插入件，也是利用同一原理强化对流传热过程。常见的插入件有一字形板片、十字形板片、螺旋板片、麻花形薄带等。由于管内增加了插入件，增加了气体流速，产生的紊流有助于破坏管壁的层流底层，从而使对流给热系数增大，综合给热系数比光滑管提高约 25%～50%。这种办法的缺点是阻力加大，材质要使用薄壁耐热钢管，价格较高。

3. 辐射换热器

当烟气温度超过 900～1000℃时，辐射能力增强。由于辐射给热和射线行程有关，所以辐射换热器烟气通道直径很大。其管壁向空气传热，仍靠对流方式，流速起决定性作用，所以空气通道较窄，使空气有较大流速（20～30m/s），而烟气流速只有 0.5～2m/s。

辐射换热器构造比较简单（见图 3.1.32）。它装在垂直或水平的烟道内，因为烟气的通道大、阻力小，所以适合于含尘量大的高温烟气。烟气温度在 1300℃ 可把空气预热到

600~800℃。适用于含尘量较大，出炉烟气温度较高的炉子。

辐射换热器适用于高温烟气，经过它出来的烟气温度往往还很高，因此可以进一步利用，方法之一是烟气再进入对流式换热器，组成辐射对流换热器，如图3.1.33所示。

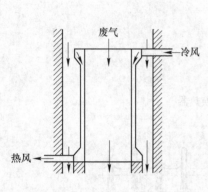

图 3.1.32　辐射换热器示意图

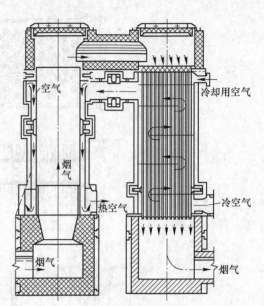

图 3.1.33　辐射对流换热器

为了保证金属换热器不致因温度过高或停风而烧坏，一般安装换热器时都设有支烟道，以便调节废气量。废气温度过高时，还可以采用吸入冷风、降低废气温度的办法，或放散换热器热风等措施，以免换热器壁温度过高。

（二）蓄热室

蓄热室的主要部分是用异型耐火砖砌成的砖格子，根据需要砖格子有各种砌法，炉内排出的废气先自上而下通过砖格子把砖加热（蓄热），经过一段时间后，利用换向设备关闭废气通路，使冷空气（或煤气）由相反的方向自下而上通过砖格子，砖把积蓄的热传给冷空气（或煤气）而达到预热的目的。一个炉子至少应有一对蓄热室同时工作，一个在加热（通废气），另一个在冷却（通空气），如果空气煤气都进行预热，则需要两对蓄热室。经过一定时间后，热的砖格子逐渐变冷，而冷的已积蓄了新的热量，便通过换向设备改变废气与空气的走向，蓄热室交替地工作。这样一个循环称为一个周期。蓄热室的加热与冷却过程都属于不稳定态传导传热。

近几年来，国际最新燃烧技术——蓄热式燃烧技术就是应用了蓄热室的工作原理，不过蓄热体不是耐火砖砌成的砖格子，而是陶瓷小球或蜂窝状陶瓷蓄热体。

六、常见的阀门

管道上常用的阀门有截止阀、闸阀、止回阀、球阀、旋塞阀、蝶阀、盲板阀等。

（一）截止阀

截止阀主要由阀杆、阀体、阀芯和阀座等零件组成。如图 3.1.34 所示。

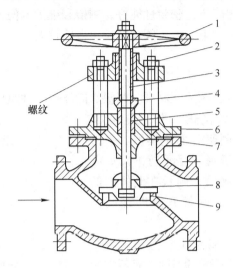

图 3.1.34　截止阀

1—手轮；2—阀杆螺母；3—阀杆；4—填料压盖；5—填料；
6—阀盖；7—阀体；8—阀芯；9—阀座

截止阀按截止流动方向可分为标准式、流线式、直流式和角式等数种，如图 3.1.35 所示。

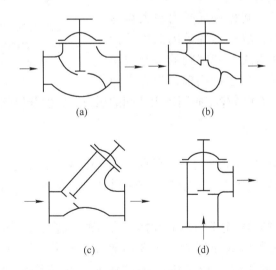

图 3.1.35　截止阀通道形式

（a）标准式；（b）流线式；（c）直流式；（d）角式

截止阀阀芯与阀座之间的密封面形式通常有平形和锥形两种。平形密封面启闭时擦伤少，容易研磨，但启闭时力大多用在大口径阀门中；锥型密封面结构紧密，启闭力小，但启闭时容易擦伤。研磨需要专门工具，多用在小口径阀门中。

安装截止阀时，必须使介质由下向上流过阀芯与阀座之间的间隙，如图 3.1.35 所示，以减少阻力，便于开启。并且要在阀门开闭后，填料和阀杆不与介质接触，不受压力和温度的影响，防止气、水侵蚀而损坏。

截止阀的优点是：结构简单，密封性能好，制造和维护方便，广泛用于截断流体和调节流量的场合；缺点是：流体阻力大，阀体较长，占地较大。

（二）闸阀

闸阀主要由手轮、填料、压盖、阀杆、闸板、阀体等零件组成。

闸阀按闸板形式可分为楔式和平行式两类。楔式大多制成单闸板，两侧密封面呈楔形。平行式大多制成双闸板，两侧密封面是平行的。如图 3.1.36 所示为楔式单闸板闸阀，闸板在阀体内的位置与介质流动方向垂直，闸板升降即是阀门启闭。

闸阀多用在供气和排污管道上。但它仅可用于截断气、水通路（阀门全开或全闭），而不宜用作调节流量（阀门部分开闭），否则容易使闸板下半部（未提起部分）长期受介质磨损与腐蚀，以致在关闭后接触面不严密而泄漏。

闸阀的优点是：介质通过阀门为直线运动，阻力小，流势平稳，阀体较短，安装地位紧凑；缺点是：在阀门关闭后，闸板一面受力较大容易磨损，而另一面不受力，故开启和关闭需用较大的力量。为此，常在高压或大型闸阀的一侧加装旁通管路和旁通阀，在开启主阀门前，先开启旁通阀，既起预热作用，又可减少主阀门闸板两侧的压力差，使开启阀门省力。

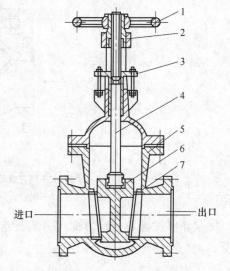

图 3.1.36　楔式单闸板闸阀

1—手轮；2—阀杆螺母；3—压盖；4—阀杆；
5—阀体；6—闸板；7—密封面

（三）止回阀

止回阀又称逆止阀或单向阀，是依靠阀前、阀后流体的压力差而自动启闭，以防介质倒流的一种阀门。止回阀阀体上标有箭头，安装时必须使箭头的指示方向与介质流动方向一致。

给水止回阀按阀芯的动作分为升降式和摆动式两种。这里主要讲升降式。

升降式止回阀又称截门式止回阀，主要由阀盖、阀芯、阀杆和阀体等零件组成。如图 3.1.37 所示。在阀体内有一个圆盘形的阀芯，阀芯连着阀杆（也可用弹簧代替），阀杆不穿通上面的阀盖，并留有空隙，使阀芯能垂直于阀体作升降运动。这种阀门一般应安装在水平管道上。例如安装在给水管路上的止回阀，当给水压力比气包压力低时，由于阀芯的自重，再加上气包内压力的作用，将阀芯压在阀座上，阻止水倒流。升降式止回阀的优点是：结构简单，密封性较好，安装维修方便；缺点是：阀芯容易被卡住。

（四）球阀

球阀的结构如图 3.1.38 所示，在球形的阀芯上有一个与管道内径相同的通道，将阀芯相对阀体转动 90°就可使球阀关闭或开启。球心上下有阀杆和滑动轴承。阀座密封圈采用高分子材料（尼龙、聚四氟乙烯等），阀座与球心配合形成密封。阀体与球心为铸铁结构。球阀按阀芯的安装方式分为浮动式与固定式，浮动结构的密封座固定在阀体上，球心可自由向左右两侧移动，这种结构一般用于小口径球阀。关闭时，在介质压力作用下，球心向低压移动，并与这一侧的阀座形成密封。这种结构

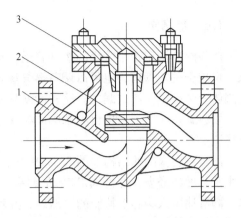

图 3.1.37　升降式止回阀
1—阀体；2—阀芯；3—阀盖

属于单面自动密封，开启力矩大。固定结构与浮动结构相反，它把阀芯通过上下阀杆和径向轴承固定在阀体上，而令阀座和密封圈在管道和阀体腔的压差作用下（或采用外加压力的方式），紧压在球体密封面上。它可以实现球体两侧的强制密封。固定结构动作时，球体上的介质压力由上下轴承承受，外加密封压力还可暂时卸去，因此启动力矩小，适用于高压大口径球阀。

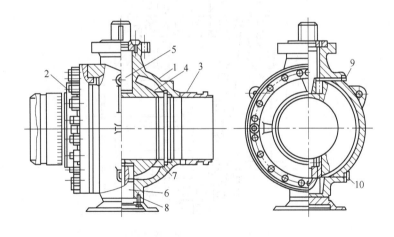

图 3.1.38　球阀结构示意图
1—阀体；2—阀体盖；3—短节；4—阀芯；5—上阀杆；6—下阀杆；7—阀座与密封圈；
8—轴承；9，10—密封油注入口

球阀的结构比较复杂，体积和宽度较大，但高度较低；球阀的动作力矩大，动作时间短，开关速度快，全启时压力损失小，密封条件好；而且近年来结构上有很多发展，已经适于制成高压大口径的规格。

球阀的驱动方式有电动、气动、电液联动和气液联动等类型，这些驱动装置上往往同时配有手动机构，以备基本驱动机构失灵时使用。

（五）旋塞阀

旋塞阀广泛用于小管径的燃气管道，动作灵活，阀杆旋转 90° 即可达到完全启闭的要求，可用于关断管道，也可以调节燃气量。无填料旋塞是利用阀芯尾部螺栓的作用使阀芯与阀体紧密接触，不致漏气。这种旋塞只允许用于低压管道上。

填料旋塞阀是利用填料填塞阀体与阀芯之间的间隙而避免漏气。这种旋塞可以用在中压管道上。

油密封旋塞阀的结构如图 3.1.39 所示，油密封保证阀芯的严密性，提高抗腐蚀能力，减小密封面的磨损，并使阀芯转动灵活。润滑油充满在阀芯尾部的小沟内，当拧紧螺母时，润滑油压入阀芯上特制的小槽内，并均匀地润滑全部密封表面。这种旋塞阀可以使用在压力较高的燃气管道上，并且有启闭灵活、密封可靠的特点。

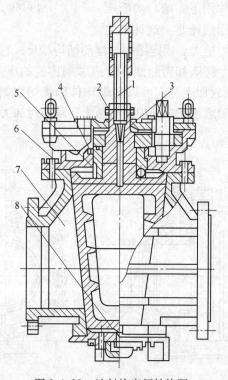

图 3.1.39　油封旋塞阀结构图

1—送油装置；2—指针；3—单向阀；4—O 形密封；5—轴承；6—阀塞；7—阀体；8—阀塞调整

（六）蝶阀

蝶阀的操作元件是一个垂直于管道中心线的、能够旋转的圆板，通过调整该圆板与管道中心线的夹角，就能控制阀门的开度。蝶阀按驱动方式可以分为手动蝶阀、电动蝶阀与气动蝶阀三种，其中气动蝶阀的结构如图 3.1.40 所示。蝶阀可以单独操作，也可以集中控制，有体积小、重量轻、结构简单、容易拆装和维护、开关迅速、操作扭矩小的优点。对于干净的气体，蝶阀基本上也可以做到完全密封，但密封性能不如球阀、平板阀和旋塞阀，因而大多数蝶阀用于流体流量的调节。

（七）盲板阀

盲板阀也称为眼镜阀，主要用于大直径燃气管道的切断操作，用来实现燃气管道的切断、隔离、调配等功能。盲板阀的阀板与管道中心线垂直，并且垂直于管道中动作。盲板阀的阀板通常做成扇形，其上有一个盲孔和一个通孔。当阀板围绕扇形中心旋转时，盲孔置于管道内就将管道切断，通孔置于管道内就将管道接通。

盲板阀按驱动方式可以分为手动、电动、液压和气动几种方式，按安装方式可以分为正装和倒装两种方式。图 3.1.41 示出了正装的液压盲板阀的结构图。值得指出的是，盲板阀的开闭必须有三个动作才能完成，即夹持环松开→盲板就位→夹持环夹紧。在大口径管道上使用的盲板阀，通常还需要与其他阀门、放散装置等相配合使用，共同组成阀门组才能实现开闭管道的工艺目的。

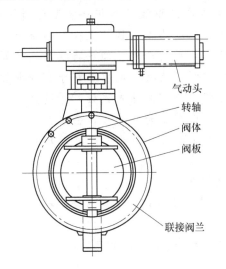
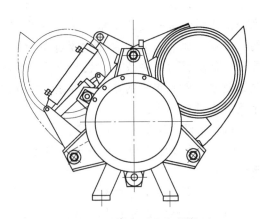

气动头
转轴
阀体
阀板

联接阀兰

图 3.1.40　气动蝶阀结构图　　　　　图 3.1.41　液压盲板阀结构图

思考与练习题

1. 一般加热炉的炉衬由哪几部分组成，各用什么材质，起什么作用？
2. 炉底水管支撑结构形式有哪几种，其绝热包扎的方法有哪些？
3. 加热炉的滑道对坯料加热质量及能效有何影响？
4. 说明汽化冷却的工作原理，汽化冷却自然循环的动力是怎样产生的？
5. 简述换热器的工作原理。换热器和蓄热室有何区别，各有何优缺点？
6. 一般烟囱在使用前要注意哪些事项？
7. 布置及选用燃料输送、供风系统及排烟系统时应注意哪些问题？
8. 气体燃料燃烧所用的烧嘴有何特点，选择烧嘴时应注意哪些问题？
9. 绘制一幅加热炉构造示意草图，要求包括炉子的各个组成部分，并加以说明。

任务二　连续式加热炉

【任务描述】

连续式加热炉包括所有连续运料的加热炉，如推钢式炉、步进式炉、链带式、辊底炉、环形炉等。推钢式连续加热炉的历史悠久，应用广泛，也是最典型的连续炉。

连续加热炉是热轧车间应用最普遍的炉子。钢坯不断由炉温较低的一端（炉尾）装入，以一定的速度向炉温较高的一端（炉头）移动，在炉内与炉气反向而行，当被加热钢坯达到所要求温度时，便不断从炉内排出。在炉子稳定工作的条件下，一般炉气沿着炉膛长度方向由炉头向炉尾流动，沿流动方向炉膛温度和炉气温度逐渐降低，但炉内各点的温度基本上不随时间而变化。加热炉中的热工过程将直接影响整个热加工生产过程，直至影响产品的质量，所以对连续加热炉的产量、加热质量和燃耗等技术经济指标都有一定的要求，为了实现炉子的技术经济指标，就要求炉子有合理的结构、合理的加热工艺和合理的操作制度。尤其是炉子结构，它是保证炉子高产量、优质量、低燃耗的先决条件。由于炉子结构缺陷，造成炉子先天不足，会直接影响炉子热工过程、制约炉子的生产技术指标。从结构、热工制度等方面看，连续加热炉可按下列特征进行分类：

（1）按温度制度可分为两段式、三段式和强化加热式。

（2）按所用燃料种类可分为使用固体燃料的、使用重油的、使用气体燃料的、使用混合燃料的。

（3）按空气和煤气的预热方式可分为换热式的、蓄热式的、不预热的。

（4）按出料方式可分为端出料的和侧出料的。

（5）按钢料在炉内运动的方式可分为推钢式连续加热炉、步进式炉等。

除此而外，还可以按其他特征进行分类，总体说来，加热制度是确定炉子结构、供热方式及布置的主要依据。

【能力目标】

（1）了解连续式加热炉的种类、类型、结构特点；

（2）理解制定热工制度的方法与内容；

（3）掌握推钢式加热炉炉膛尺寸的计算方法；

（4）具有与他人沟通、互相学习的能力。

【知识目标】

（1）推钢式连续加热炉；

（2）步进式连续加热炉；

（3）高效蓄热式加热炉。

【相关资讯】

一、推钢式连续加热炉

（一）炉型

所谓"炉型"主要是指炉膛空间形状、尺寸以及燃烧器的布置及排烟口的布置等。如果炉型结构不合理，则对炉子的产量、质量和消耗都会造成不利影响。随着轧机设备的大型化和自动化，加热炉的发展是很快的。现代炉子的特点是高产、低耗、优质、长寿和自动化。

炉型的变化很多，但结构上仍有一些共同的基本点。

炉顶轮廓曲线的变化是很大的，它大致与炉温曲线相一致（见图3.2.1），即炉温高的区域炉顶也高，炉温低的区域炉顶也相应压低。在加热段与预热段之间，有一个比较明显的过渡，均热段与加热段之间将炉顶压下。这是为了避免加热段高温区域有许多热量向预热段、均热段区域辐射，加热段是主要燃烧区间，空间较大，有利于辐射换热，预热段是余热利用的区域，压低炉顶缩小炉膛空间，有利于强化对流给热。

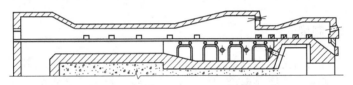

图3.2.1　推钢式三段连续加热炉的炉型

在加热高合金钢和易脱碳钢时，预热段温度不允许太高，加热段不能太长，而预热段比一般情况下要长一些，才不致在钢内产生危险的温度应力。为了降低预热段的温度并延长预热段的长度，采用了在炉子中间加中间烟道的办法，如图3.2.2所示，以便从加热段后面引出一部分高温炉气。有的炉子还采用加中间扼流隔墙的措施，也是为了达到同样的目的。

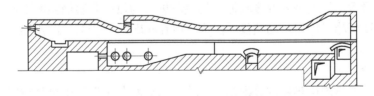

图3.2.2　带中间烟道的三段式连续加热炉

在炉子的均热段和加热段之间将炉顶压下，是为了使端墙具有一定高度，以便于安装烧嘴。因此如果全部采用炉顶烧嘴及侧烧嘴，也可以使炉子结构更加简化，即炉顶完全是平的，上下加热都用安装在平顶和侧墙上的平焰烧嘴。炉温制度可以通过调节烧嘴的供热来实现，根据供热的多寡可以严格控制各段的温度分布。例如产量低时，可以关闭部分烧嘴，缩短加热段的长度。这种炉型如图3.2.3所示。

多数推钢式连续加热炉炉尾烟道是垂直向下的，这是为了让烟气在预热段能紧贴钢坯

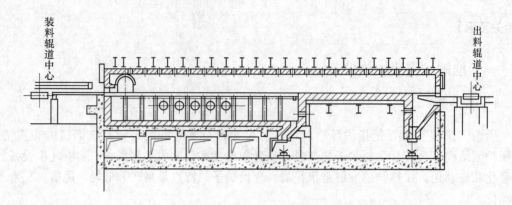

图 3.2.3　平顶式连续加热炉

的表面流过，有利于对流换热。由于烟气的惯性作用，经常会从装料门喷出炉外，出现冒黑烟或冒火现象，造成炉尾操作环境恶劣，污染车间环境，并容易使炉后设备受热变形。为了改变这种状况，采取炉尾部的炉顶上翘并展宽该处炉墙的办法，其目的是使气流速度降低，部分动压头转变为静压头，也使垂直烟道的截面加大，便于烟气向下流动，从而减少烟气的外逸。

（二）炉子热工制度

连续加热炉的热工制度，包括炉子的温度制度、供热制度和炉压制度。它们之间互相联系又互相制约。其中，主要是温度制度，它是实现加热工艺要求的保证；是制定供热制度与炉压制度的依据；也是炉子进行操作与控制最直观的参数。炉型或炉膛形状曲线是实现既定热工制度的重要条件。

1. 温度制度

三段式温度制度分为预热段、加热段和均热段。

坯料由炉尾推入后，先进入预热段缓慢升温，出炉废气温度一般保持在 850~950℃；然后坯料被推入加热段强化加热，表面迅速升温到出炉所要求的温度，并允许坯料内外有较大的温差；最后，坯料进入温度较低的均热段进行均热，其表面温度不再升高，而是使断面上的温度逐渐趋于均匀。均热段的温度一般在 1250~1300℃，即比坯料的出炉温度约高 50℃。

2. 供热制度

供热制度指加热炉中热量的分配制度。热量的分配既是设计中也是操作中的一个重要问题，目前三段式加热炉一般采用的是三点供热，即均热段、加热段的上下加热；或四点供热，即均热段上下加热，加热段的上下加热。合理的供热制度应该是强化下加热，下加热应占总热量的 50%，上加热占 35%，均热占 15%。

三段式连续加热炉的供热点（即烧嘴安装位置）一般设在均热段端部和侧部，加热段上方和下方的端部和侧部。设在端部的烧嘴有利于炉温沿炉长方向的分布，但它的缺点是烧嘴安装比较复杂，且劳动条件较差，操作也不方便。烧嘴安装在侧部的优缺点正好与安装在端部相反。在连续式加热炉上设上、下烧嘴加热，有利于提高生产率，这是因为坯料受两面加热，其受热面积约增加 1 倍，相当于减薄了近一半的坯料厚度，因此缩短了对坯料的加热时间。另外两面加热还可消除坯料沿厚度方向的温度差，这对提高产品的质量无疑将是有利的，一般情况下，下加热烧嘴布置的数量应多于上加热烧嘴。这是因为：

（1）燃料燃烧后的高温气体会自动上浮，这样可以使上下加热温度均匀。

（2）炉子下部有冷却水管，它要吸收一部分热量，这部分热量主要来自下加热。

（3）坯料放在冷却水管上容易造成其断面的温度差，即平时看到的黑印，这样会影响产品的质量。

（4）如果上加热炉温高，会使熔化的氧化铁皮从钢料缝隙向下流，发生通常所说的"粘钢"，若下部温度高，即使氧化铁皮熔化也不致"粘钢"。

3. 炉压制度及其影响因素

气体在单位面积上所受的压力称为压强，习惯上也称压力，用 p 表示。大气压有物理大气压和工程大气压之分。

1 物理大气压 = 760mmHg = 10332mmH$_2$O = 101326Pa

1 工程大气压 = 98066.5Pa = 0.968 物理大气压

1mmH$_2$O = 9.81Pa

1mmHg = 133.32Pa

连续加热炉内炉压大小及其分布是组织火焰形状、调整温度场及控制炉内气氛的重要手段之一。它影响钢坯的加热速度和加热质量，也影响燃料利用的好坏，特别是炉子出料处的炉膛压力尤为重要。

炉压沿炉长方向上的分布，随炉型、燃料方式及操作制度不同而异。一般连续式加热炉炉压沿炉长的分布是由前向后递增，总压差一般为 20~40Pa，如图 3.2.4 所示。造成这种炉底压力递增的原因，是由于烧嘴射入炉膛内流股的动压头转变为静压头所致。由于热气体的位差作用，炉内还存在着垂直方向的压差。如果炉膛内保持正压，炉气又充满炉膛，对传热有利，但炉气将由装料门和出料口等处逸出，

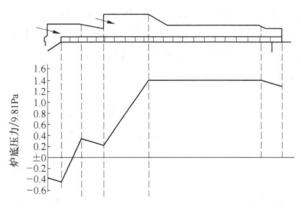

图 3.2.4　连续加热炉炉底压力曲线

不仅污染环境，并且造成热量的损失；反之，如果炉膛内为负压，冷空气将由炉门被吸入炉内，降低炉温，对传热不利，并增加炉气中的氧含量，加剧坯料的烧损。所以对炉压制度的基本要求是保持炉子出料端钢坯表面上的压力为零或 10~20Pa 微正压（这样炉气外逸和冷风吸入的危害可减到最低限度），同时炉内气流通畅，并力求炉尾处不冒火。一般在出料端炉顶处装设测压管，并以此处炉压为控制参数，调节烟道闸门。

炉压主要反映燃料和助燃空气输入与废气排出之间的关系。燃料和空气由烧嘴喷入，而废气由烟囱排出，若排出少于输入时炉压就要增加，反之炉压就要减小。影响炉压的因素如下：

（1）烟囱的抽力，烟囱的抽力是由于冷热气体的密度不同而产生的。抽力的计量单位用 Pa 表示，烟囱抽力的大小与烟囱的高度以及烟囱内废气与烟囱外空气密度差有直接关系。烟囱高度确定后，其抽力大小主要取决于烟囱内废气温度的高低，废气温度高抽力大，反之抽力小。要使烟囱抽力增加，在操作上应该减少或消除烟道的漏气部分，保持烟道的严密性，如果不严密，外部冷空气吸入，不仅会使废气温度降低，而且会增加废气的体积，从而影响抽力。烟道应具有较好的防水层，烟道内应保持无水，水漏入不但直接影响废气温度，而且烟道积水会使废气的流通断面减小，使烟囱的抽力减小。

（2）烟道阻力，它与吸力方向相反。在加热炉中废气流动受到两种阻力，摩擦阻力和局部阻力，摩擦阻力是废气在流动时受到砌体内壁的摩擦而产生的一种阻力，该阻力的大小与砌体内壁的光滑程度、砌体断面积大小、砌体的长度和气体的流动速度等有关。局部阻力是废气在流动时因断面突然扩大或缩小等而受到的一种阻碍流动的力。

（三）装出料方式

连续加热炉装料与出料方式有端进端出、端进侧出和侧进侧出几种，其中主要是前两种，侧进侧出的炉子较少见。

一般加热炉都是端进料，坯料的入炉和推移都是靠推送机构进行的。炉内坯料有单排放置的，也有双排放置的，要根据坯料的长度、生产能力和炉子长度来确定。

推钢式加热炉的长度受到推钢比的限制，所谓推钢比是指坯料推移长度与坯料厚度之比。推钢比太大会发生拱钢事故，如图 3.2.5 所示。其次，炉子太长，推钢的压力大，高温下容易发生粘连现象。所以炉子的有效长度要根据允许推钢比来确定，一般原料条件是方坯的允许推钢比可取 200~250，板坯取 250~300。如果超过这个比值，就采用双排料或两座炉子。但如果坯料平直，圆角不大，摆放整齐，炉底清理及时，推钢比也可以突破这个数值。

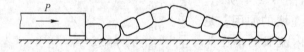

图 3.2.5　拱钢事故

出料的方式分侧出料与端出料两种，两者各有利弊。端出料的优点是：

（1）由炉尾推钢机直接推送出料，不需要单独设出钢机，侧出料需要有出钢机。

（2）双排料只能用端出料。

（3）轧制车间往往有几座加热炉，采用端出料方式，几个炉子可以共用一个辊道，占用车间面积小，操作也比较方便。

但端出料的缺点是出料门位置很低，一般均在炉子零压面以下，出料门宽度几乎等于炉宽，从这里会吸入炉内大量冷空气。冷空气密度大，贴近钢坯表面对温度的影响大，并且会增加钢坯的烧损，烧损量的增加又使实炉底上氧化铁皮增多，给操作带来困难。

为了克服端出料门吸入冷空气这一缺点，在出料口采取了一些封闭措施。常见的有：

（1）在出料口安装自动控制的炉门，开闭由机械传动，不出料时炉门是封闭的，出料时自动随推钢机一同联动开启。

（2）在均热段安装反向烧嘴，即在加热段与均热段间的端墙或侧墙上，安装向炉前倾斜的烧嘴，喷入煤气或重油形成不完全燃烧的火幕，一方面增加出料口附近的压力，另一方面漏入的冷空气可以参加燃烧。

（3）加大炉头端烧嘴向下的倾角，同时压低均热段与加热段的炉顶，利用烧嘴的射流驱散坯料表面低温的气体，使均热段气体进入加热段时阻力加大，均热段内的炉压增加，对减少冷风吸入有一定作用。

（4）在出料口挂满可以自由摆动的窄钢带或钢链，可以减少冷空气的吸入，并对向外的辐射散热起屏蔽作用。

（四）炉型尺寸

连续加热炉的基本尺寸包括炉子的长度、宽度和高度。它们是根据炉子的生产能力、钢坯尺寸、加热时间和加热制度等确定的。加热炉的尺寸没有严格的计算方法与公式，一般是计算并参照经验数据来确定。

1. 炉宽

炉宽根据钢坯长度确定：

单排料 $\qquad\qquad\qquad\qquad B = l + 2c$ （3.2.1）

双排料 $\qquad\qquad\qquad\qquad B = 2l + 3c$

式中　l——钢坯长度，m；

c——料排间及料排与炉墙间的空隙，一般取 $c = 0.15 \sim 0.30\text{m}$。

2. 炉长

炉子的长度分为全长和有效长度两个概念，如图 3.2.6 所示。有效长度是钢坯在炉膛内所占的长度，而全长还包括了从出钢口到端墙的一段距离。炉子有效长度是根据总加热

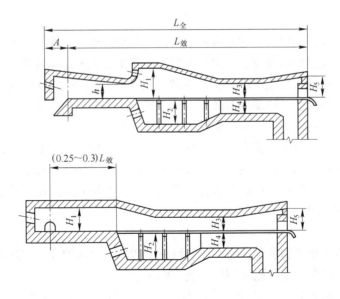

图 3.2.6　加热炉的基本尺寸

能力计算出来，公式为

$$L_{效} = Gb\tau / ng \qquad\qquad (3.2.2)$$

式中　G ——炉子的生产能力，kg/h；

　　　b ——每根钢坯的宽度，m；

　　　τ ——加热时间，h；

　　　n ——坯料的排数；

　　　g ——每根钢坯的质量，kg。

炉子全长等于有效长度加上出料口到端墙的距离 A，侧出料的炉子只要考虑能设置出料口即可，A 值大约在 1~3m。

炉子有效长度确定后，还必须用炉子允许的最大推钢长度予以校核。炉子推钢长度等于有效长度加上炉尾至推钢机推头退到最后位置之间的距离。最大推钢长度与钢坯的厚度、外形、圆角、长度、平直度、推力大小、推钢速度以及炉底状况等因素有关。目前，多采用允许推钢长度与钢坯最小厚度之比，即允许推钢比来确定或校核。

除了推钢长度过大容易发生拱钢的限制外，还要考虑料排过长时，由于钢坯之间的压力增加而发生粘钢现象。

预热段、加热段和均热段各段长度的比例，可根据坯料加热计算中所得各段加热时间的比例，以及类似炉子的实际情况决定。

三段式连续加热炉各段长度的比例分配大致如下：

（1）均热段（15%~25%）$L_{效}$；

（2）预热段（25%~40%）$L_{效}$；

（3）加热段（25%~40%）$L_{效}$；

（4）多点供热的炉子，其加热段较长，约占整个有效长度的 50%~70%，预热段很短。

3. 炉高

炉膛的高度各段差别很大，炉高现在不可能从理论上进行计算，各段的高度都是根据经验数据确定的。决定炉膛高度要考虑两个因素：热工因素和结构因素。

首先，炉高应保证火焰能充满炉膛，否则，火焰飘在上面，靠近坯料炉气温度较低，不利于传热。但炉膛太低，炉墙辐射面积减少，气层减薄，对热交换也不利。此外炉墙高度还要考虑端墙有一定的高度，以便烧嘴的安装。

加热段供给的燃料最多，应有较大的加热空间，如果用侧烧嘴高度可以降低一些。加热段下加热的高度比上加热低一些，如果太深吸入冷风多，将使下加热工作条件恶化。

预热段因为下部炉膛有支持炉底水管墙或支柱，又因炉底结渣使下部空间减少，故预热段下部炉膛高度稍大于上部炉膛高度。另外，预热段适当加大高度可以减少气流的阻力。

均热段炉膛高度低于加热段。为保证炉膛正压和炉气充满炉膛，加热段与均热段之间的压下越低越好，但必须至少比 2 倍坯料高 200mm。

全炉顶平焰烧嘴的炉子，炉膛高度较低，且各段高度相同。炉顶距料面高度仅 1~1.5m。如图 3.2.7 所示为 650 中型三段连续加热炉的尺寸。

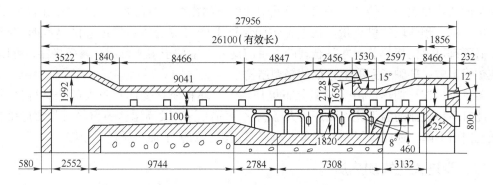

图 3.2.7 650 中型三段连续加热炉

(五) 多点供热的连续加热炉

由于轧机产量不断增加，要求炉子产量相应增加，原有三段式炉感到供热不足，于是出现了多点供热的连续加热炉。这种炉子的炉温制度仍属于三段式温度制度的特点。如五点供热式的供热点为：均热段、第一上加热、第二上加热、第一下加热、第二下加热。六点供热又多了一个下均热供热点。炉顶平焰烧嘴的使用，使供热点的布置与分配很方便，可以根据坯料品种不同，灵活调整各段的供热分配。

图 3.2.8 所示为六点供热的连续式加热炉。表 3.2.1 为一个多点供热炉子各段热量分配。

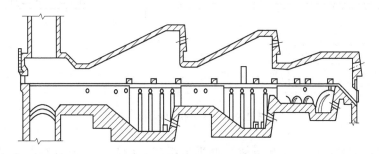

图 3.2.8 六点供热加热炉的供热分配

表 3.2.1 多点供热加热炉的供热分配

项 目	上加热占比例/%	下加热占比例/%	合计/%
均热段	6.18	10.2	16.38
第一加热段	7.00	11.3	18.3
第二加热段	12.7	16.96	29.66
预热段	15.26	20.4	35.66
合 计	41.14	58.86	100.0

这类炉子的特点是在进料端的有限长度内，供给大部分热量，约占总热量的 65%，而第一加热段和均热段供给的比例只有 35%。在某种意义上预热段已经不是传统的概念，坯料一入炉就以大热流量供给，因为低碳钢允许快速加热，不致产生温度应力的破坏，加

强预热段的给热改变了传统炉子只有半截炉膛供热的概念。当需要在低生成率条件下工作时，可以减少预热段的供热量。在这种炉温制度下废气带走的热量占总供热量的 60% 以上，必须有可靠的换热装置才是合理的。目前这种大型炉子主要发展金属换热器，可以安置在炉子上方，即炉子采取上排烟的轻型结构。

多点供热连续加热炉由于炉温分布更加均匀，坯料所接受的热量大部分是得自后半段，此时坯料表面的温度还不致造成大量氧化，而在前半段高温区停留的时间相应缩短，烧损也因而下降，还减少了粘连现象。所以多点供热的炉子加热质量也较好。

二、步进式连续加热炉

步进式加热炉是各种机械化炉底炉中使用最广发展最快的炉型，是取代推钢式加热炉的主要炉型。20 世纪 70 年代以来，国内外新建的热轧车间，很多采用了步进式炉。

（一）步进式加热炉钢料的运动

步进式加热炉与推钢式加热炉相比，其基本的特征是钢坯在炉底的移动靠炉底可动的步进梁作矩形轨迹的往复运动，把放置在固定梁上的钢坯一步一步地由进料端送到出料端。图 3.2.9 为步进式炉内钢坯运动轨迹的示意图。

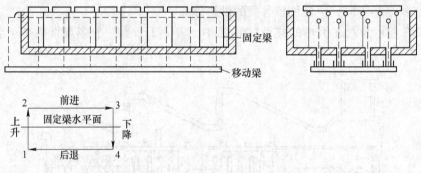

图 3.2.9　步进式炉内钢坯的运动

炉底由固定梁和移动梁（步进梁）两部分组成。最初钢坯放置在固定梁上，这时移动梁位于钢坯下面的最低点 1。开始动作时，移动梁由 1 点垂直上升到 2 点的位置，在到达固定梁平面时把钢坯托起，接着移动梁载着钢坯沿水平方向移动一段距离从 2 点到 3 点；然后移动梁再垂直下降到 4 点的位置，当经过固定梁水平面时又把钢坯放到固定梁上。这时钢坯实际已经前进到一个新的位置，相当于在固定梁上移动了从 2 点到 3 点这样一段距离；最后移动梁再由 4 点退回到 1 点的位置。这样移动梁经过上升—前进—下降—后退四个动作，完成了一个周期，钢坯便前进（也可以后退）一步。然后又开始第二个周期，不断循环使钢料一步步前进。移动梁往复一个周期所需要的时间和升降进退的距离，是按设计或操作规程的要求确定的。可以根据不同钢种和断面尺寸确定钢材在炉内的加热时间，并按加热时间的需要，调整步进周期的时间和进退的行程。

移动梁的运动是可逆的，当轧机故障要停炉检修，或因其他情况需要将钢坯退出炉子时，移动梁可以逆向工作，把钢坯由装料端退出炉外。移动梁还可以只作升降运动而没有前进或后退的动作，即在原地踏步，以此来延长钢坯的加热时间。

（二）步进式加热炉的结构

1. 炉底结构

从炉子的结构看，步进式加热炉分为上加热步进式炉、上下加热步进式炉、双步进梁步进式炉等。上加热步进式炉顾名思义只有上部有加热装置，固定梁和移动梁是耐热金属制作的，固定炉底是耐火材料砌筑的。这种炉子底较低，只能单面加热，一般用于较薄钢坯的加热。

与推钢式加热炉一样，为了满足加热大钢坯的需要，步进式炉也逐步发展了下加热的方式，出现了上下加热的步进式加热炉。这种炉子相当于把推钢式炉的炉底水管改成了固定梁和移动梁。结构如图 3.2.10 所示，固定梁和移动梁都是用水冷立管支承的。梁也由水冷管构成，外面用耐火可塑料包扎，上面有耐热合金的鞍座式滑轨，类似推钢式加热炉的炉底纵水管。炉底是架空的，可以实现双面加热（步进式炉钢坯与钢坯不是紧靠在一起，中间有空隙，可认为是四面受热）。下加热一般只能用侧烧嘴，因为立柱挡住了端烧嘴火焰的方向，如果要采用端烧嘴，需要改变立柱的结构形式。上加热可以用轴向端烧嘴，也可以用侧烧嘴或炉顶烧嘴供热。考虑到轴向烧嘴火焰沿长度方向的温度分布和各段温度的控制，某些大型步进式炉在上加热各段之间的边界上有明显的炉顶压下，而下加热各段间设有段墙，以免各段之间温度的干扰；因此这样的步进式炉沿炉子长度温度调节有更大的灵活性，如果炉子宽度较大，火焰长度又较短时，可以在炉顶上安装平焰烧嘴。图 3.2.11 为上下加热用于钢坯加热的步进炉。这种炉型主要用于大型热连轧机钢坯的加热。

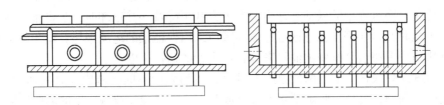

图 3.2.10　步进式炉底结构

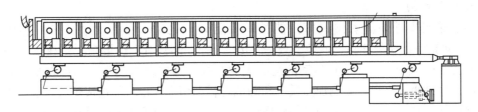

图 3.2.11　上下加热的步进式加热炉

2. 传动机构

步进式炉的关键设备是移动梁的传动机构。传动方式分机械传动和液压传动两种。目前广泛采用液压传动的方式。现代大型加热炉的移动梁及上面的钢坯重达数百吨，使用液压传动机构运行稳定、结构简单，运行速度的控制比较准确，占地面积小，设备重量轻，比机械传动有明显的优点。液压传动机构如图 3.2.12 所示。

图 3.2.12(b)、图 3.2.12(c)、图 3.2.12(d) 三种结构形式目前是比较常见的。我国

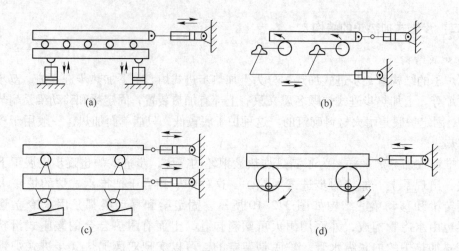

图 3.2.12　步进机构形式

（a）直接顶起式；（b）杠杆式；（c）斜块滑轮式；（d）偏心轮式

应用较普遍的是图 3.2.12（c）所示的斜块滑轮式。以斜块滑轮式为例说明其动作的原理：步进梁（移动梁）由升降用的下步进梁和进退用的上步进梁两部分组成。上步进梁通过辊轮作用在下步进梁上，下步进梁通过倾斜滑块支承在辊子上。上下步进梁分别由两个液压油缸驱动，开始时上步进梁固定不动，上升液压缸驱动下步进梁沿滑块斜面抬高，完成上升运动。然后上升液压缸使下步进梁固定不动，水平液压缸牵动上步进梁沿水平方向前进，前进行程完结时，以同样方式完成下降和后退的动作，结束一个运动周期。

为了避免升降过程中的振动和冲击，在上升和下降及接受钢坯时，步进梁应该中间减速。水平进退时开始与停止也应该考虑缓冲减速，以保证梁的运动平稳，避免钢坯在梁上擦动。办法是用变速油泵改变供油量来调整步进梁的运行速度。

由于步进式炉很长，上下两面温度差过大，线膨胀的不同会造成大梁的弯曲和隆起。为了解决这个问题，目前一些炉子将大梁分成若干段，各段间留有一定的膨胀间隙，变形虽不能根本避免，但弯曲的程度大为减轻，不致影响炉子的正常工作。

3. 密封机构

为了保证步进炉活动梁（床）能正常无阻碍地运动，在活动梁（床）和固定梁（床）之间要有足够的缝隙，缝隙一般为 25mm 或 30mm，对步进梁来说则在梁支撑（或水管）穿过炉底部分有保证它运动的足够大的开孔。这些缝隙或开孔的存在虽然是必要的，但也容易吸入冷风，影响加热质量和降低燃料利用率，也可能造成炉气外逸，危害炉底下部设备，对轧钢用步进炉则必须考虑密封问题，目前有两种密封结构，一是滑板式密封，一是水封，前者密封较差，尤其当滑板受热变形后更不能起到密封作用，水封是用得最多的结构，密封效果比较好，水封由水封槽和水封刀两部分组成，分开式和闭式两种结构，开式结构有动床和定床二重水封刀（见图 3.2.13），便于清渣；闭式结构（见图 3.2.14）仅有动床水封刀，优点是占用空间小、紧凑。动床端头水封槽的宽度要保证大于动床水平行程的长度，水槽下部开有集渣斗，由炉底缝隙中掉落的氧化铁皮随水流定期放出。

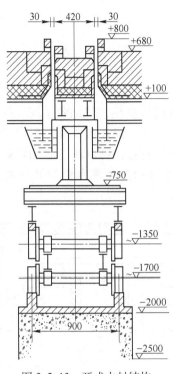

图 3.2.13 开式水封结构

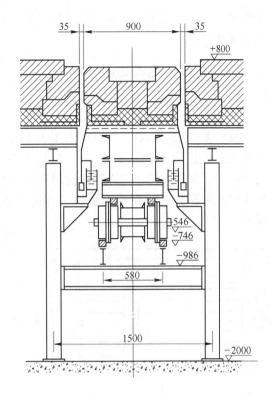

图 3.2.14 闭式水封结构

(三) 步进式加热炉的优缺点

和推钢式连续加热炉相比，步进式炉具有以下优点：

（1）加热灵活。在炉长一定的情况下，炉内坯料数目是可变的；而在连续加热炉中则是不可变的，那样加热时间就受到限制。例如炉子产量降低一半时，炉内坯料加热时间就会延长 1 倍，对有些钢种来说这是不利的，而步进炉在炉子小时产量变化的情况下可以通过改变坯料间距离来达到改变或保持加热时间不变的目的。

（2）加热质量好。因为在步进炉内可以使坯料间保留一定的间隙，这样扩大了坯料受热面，加热温度比较均匀，钢坯表面一般没有划伤的情况，两面加热时坯料下表面水管黑印的影响比一般推钢式连续加热炉的要小些。

（3）炉长不受限制。对连续加热炉来说炉长受到推钢长度的限制，而步进炉则不受限制。而且对于不利于推钢的细长坯料、圆棒、弯曲坯料等均可在步进炉内加热。

（4）操作方便。改善了劳动条件，在必要时可以将炉内坯料全部或部分退出炉外，开炉时间可缩短；由于不容易粘钢，因此可减轻繁重的体力劳动；和轧机配合比较方便、灵活。

（5）可以准确地控制炉内坯料的位置，便于实现自动化操作。

步进式炉存在的缺点主要是造价比较高，设备制造和安装技术要求较高，基建施工量大，要求机电设备维护水平高，在操作中要对炉底勤维护及时清渣，经常保持动床和定床平直以防坯料跑偏。其次，步进式炉（两面加热的）炉底支撑水管较多，水耗量和热耗量超过同样生产能力的推钢式炉。经验数据表明，在同样小时产量下，步进式炉的热耗量比推钢式炉高。

三、高效蓄热式加热炉

（一）高效蓄热式加热炉的工作原理

高效蓄热式加热炉工作原理如图 3.2.15 所示，由高效蓄热式热回收系统、换向式燃烧系统和控制系统组成，其热效率可达 75%，这种换向式燃烧方式改善了炉内的温度均匀性。由于能很方便地把煤气和助燃空气预热到 1000℃左右，可以在高温加热炉使用高炉煤气作为燃料，从根本上解决了因高炉煤气大量放散而产生能源浪费及环境污染的问题。

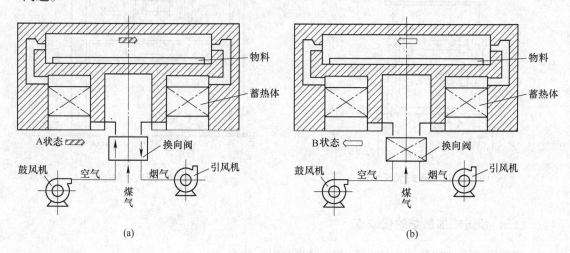

图 3.2.15　高效蓄热式加热炉工作原理
（图中未示出煤气流路）

高效蓄热式连续加热炉的工作过程说明如下：

（1）在 A 状态，如图 3.2.15（a）所示，空气、煤气分别通过换向阀，经过蓄热体换热，将空气、煤气分别预热到 1000℃左右，进入喷口喷出，边混合边燃烧，燃烧产物经过炉膛，加热坯料，进入对面的排烟口（喷口），由高温废气将另一组蓄热体预热，废气温度随之降至 150℃以下，低温废气通过换向阀，经引风机排出。几分钟以后控制系统发出指令，换向机构动作，空气、煤气同时换向到 B 状态。

（2）在 B 状态，如图 3.2.15（b）所示，换向后，煤气和空气从右侧通道喷口喷出并混合燃烧，这时左侧喷口作为烟道，在引风机的作用下，使高温烟气通过蓄热体排出，一换向周期完成。

蓄热式连续加热炉就是这样通过 A、B 状态的不断交替，实现对坯料的加热。

高效蓄热式加热炉取消了常规加热炉上的烧嘴、换热器、高温管道、地下烟道及高大的烟囱，操作及维护简单，无烟尘污染，换向设备灵活，控制系统功能完备。采用低氧扩散燃烧技术，形成与传统火焰迥然不同的新型火焰类型，空、煤气双预热温度均超过 1000℃，创造出炉内优良的均匀温度分布，可节能 30%~50%，钢坯氧化烧损可减少 1%。

(二) 蓄热式高风温燃烧技术

1. 高风温燃烧技术

高风温燃烧技术 (High temperature air combustion—HTAC 或 Highly preheated air combustion—HPAC) 亦称无焰燃烧技术 (Flameless combustion), 是 20 世纪 90 年代开始在发达国家研究推广的一种全新型燃烧技术。它具有高效烟气余热回收, 排烟温度低于 150℃, 高预热空气温度, 空气温度在 1000℃左右, 低 NO_x 排放等多重优越性。国外大量的实验研究表明, 这种新的燃烧技术将在近期对世界各国以燃烧为基础的能源转换技术带来变革性的发展, 给各种与燃烧有关的环境保护技术提供一个有效的手段, 燃烧学本身也将获得一次空前完善的机会。该技术被国际公认为是 21 世纪核心工业技术之一。

2. 国内外高风温燃烧技术的发展应用情况

1981 年英国 Hotwork 公司和 British Gas 公司合作研制成功了最早的蓄热式烧嘴, 体现了在烧嘴上进行热交换分散式余热回收的思路。两公司合作改造了不锈带钢退火生产线, 在其加热段设置了 9 对蓄热式烧嘴, 取得了良好的效果。之后该技术在欧洲、美国推广应用。

日本考察了该技术的应用情况之后, 决定引进优化, 降低 NO_x 的排放量, 以达到日本国标, 并于 1993 年启动一个 "高性能工业炉" 项目。1993~1999 年日本政府投资 150 亿日元用于该技术研究, 其目的要达到节能 30%, CO_2 排放量降低 30%, NO_x、SO_2 排放量降低 30%。日本政府确定 2000~2004 年为 "高效工业炉工业规模示范" 年, 仅日本工业炉株式会社 (Nippon Furnace Kogyo Kaisha Ltd—NFK) 在 1992~1998 的 6 年间, 已在近 150 台工业炉上应用高风温燃烧器近 900 台套。

我国在蓄热式高风温燃烧技术的研究应用方面尚处于起步阶段, 但该技术独特的优越性已经引起我国冶金企业界和热工学术界的极大兴趣。20 世纪 80 年代末, 我国开始研究开发适合中国国情的蓄热式燃烧器, 以液体、气体为燃料, 蓄热体为片状、微小方格砖、球体等系列的新型蓄热燃烧器, 适用于冶金、石化、建材、机械等行业中的各种工业炉窑。

3. 蓄热式高风温燃烧器的主要组成部分及特点

蓄热式高风温燃烧系统主要组成部分有蓄热体和换向阀等 (见图 3.2.16)。

传统的蓄热室采用格子砖作蓄热体, 传热效率低, 蓄热室体积庞大, 换向周期长, 限制了它在其他工业炉上的应用。新型蓄热室采用陶瓷小球或蜂窝体作为蓄热体, 其比表面积高达 $200\sim1000m^2/m^3$, 比老式的格子砖大几十倍至几百倍, 因此极大地提高了传热系数, 使蓄热室的体积可以大为缩小。由于蓄热体是用耐火材料制成, 所以耐腐蚀、耐高温、使用寿命长。

换向装置集空气、燃料换向一体, 结构独特。空气换向、燃料换向同步且平稳, 空气、燃料、烟气决无混合的可能, 彻底解决了以往换向阀在换向过程中气路暂时相通的弊病。由于换向装置和控制技术的提高, 使换向时间大为缩短, 传统蓄热室的换向时间一般为 20~30min, 而新型蓄热室的换向时间仅为 0.5~3min。新型蓄热室传热效率高和换向时间短, 带来的效果是排烟温度低 (150℃以下), 被预热介质的预热温度高 (只比炉温低 80~150℃)。因此, 废气余热得到接近极限的回收, 蓄热室的热效率可达到 85% 以上, 热回收率达 70%以上。

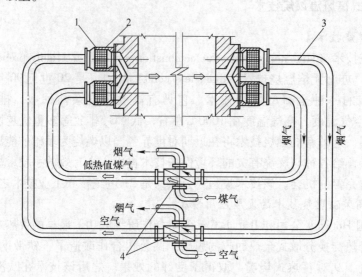

图 3.2.16 蓄热加热炉组织结构图

1—蓄热式烧嘴壳；2—蓄热体；3—管道；4—集成换向阀

蓄热式燃烧技术的主要特点是：

（1）采用蓄热式烟气余热回收装置，交替切换空气与烟气，使之流经蓄热体，能够最大限度地回收高温烟气的物理热，从而达到大幅度节约能源（一般节能 10%~70%），提高热工设备的热效率，同时减少了对大气的温室气体排放（CO_2 减少 10%~70%）。

（2）通过组织贫氧燃烧，扩展了火焰燃烧区域，火焰边界几乎扩展到炉膛边界，使得炉内温度分布均匀。

（3）通过组织贫氧燃烧，大大降低了烟气中 NO_x 的排放（NO_x 排放减少 40%以上）。

（4）炉内平均温度增加，加强了炉内的传热，导致相同尺寸的热工设备，其产量可以提高 20%以上，大大降低了设备的造价。

（5）低发热量的燃料（如高炉煤气、发生炉煤气、低发热量的固体燃料、低发热量的液体燃料等）借助高温预热的空气或高温预热的燃气可获得较高的炉温，扩展了低发热量燃料的应用范围。

4. 高效蓄热式燃烧技术的种类

高效蓄热式燃烧技术在解决了蓄热体及换向系统的技术问题后，发展速度加快了，目前从技术风格上主要有三种，即烧嘴式、内置式、外置式。以下简述这三种蓄热式加热炉的区别。

A 蓄热式烧嘴加热炉

蓄热式烧嘴加热炉多采用高发热量清洁燃料，空气单预热形式，并没有脱离传统烧嘴的形式，对于燃料为高炉煤气的加热炉应避免使用蓄热烧嘴，如图 3.2.17 为蓄热式烧嘴加热炉图。

B 内置蓄热室加热炉

内置蓄热室加热炉是我国工程技术人员经过十年的研究实验，在充分掌握蓄热式燃烧

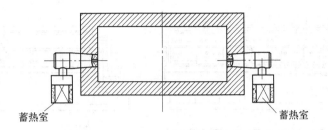

图 3.2.17　蓄热式烧嘴加热炉简图

机理的前提下，结合我国的具体国情，开拓性地将空、煤气蓄热室布置在炉底，将空、煤气通道布置在炉墙内，既有效地利用了炉底和炉墙，同时没有增加任何炉体散热面。这种炉型目前在国内成功使用的时间已经有 10 年，技术非常成熟，尤其适用于高炉煤气的加热炉。

内置蓄热室加热炉所特有的煤气流股贴近钢坯，煤气和空气在炉内分层扩散燃烧的混合燃烧方式，由于在钢坯表面形成的气氛氧化性较弱，从而抑制了钢坯表面氧化铁皮的生成趋势，使得钢坯的氧化烧损率大幅度降低（韶钢三轧厂加热炉加热连铸方坯实测的氧化烧损率仅为 0.7%；苏州钢厂 650 车间加热钢锭的加热炉停炉清渣间隔周期超过一年半）。对于加热坯料较长和产量较大的加热炉，由于对加热钢坯宽度方向上即沿炉长方向的温差要求较高，常规加热炉由于结构和设备成本的限制，烧嘴间距一般均在 1160mm 以上，造成炉长方向上温度不均而影响加热质量，而内置式蓄热式加热炉所特有的多点分散供热方式，喷口间距最小处为 400mm，并且布置上随心所欲，不受钢结构柱距的限制，炉长方向上温度曲线几近平直，使得加热坯料的温度均匀性大大提高。

内置蓄热室加热炉对设计和施工要求较高，施工周期相对较长，对现有的加热炉的改造几乎无法实现，但对新建加热炉非常适合，并且适用于任何发热量的燃料。

C　外置蓄热室加热炉

外置蓄热室加热炉（见图 3.2.18）是介于内置蓄热室加热炉与蓄热式烧嘴（RCB）加热炉之间的一种形式，将蓄热室全部放到炉墙外，体积庞大，占用车间面积大，检修维护非常不便。炉体散热量成倍增加，蓄热室与炉体连通的高温通道受钢结构柱距的限制，空气、煤气混合不好，燃烧不完全，燃料消耗高，更无法实现低氧化加热。它既没有蓄热式烧嘴（RCB）的灵活性，又没有内置蓄热室加热炉的合理性，但适用于任何发热量燃料的老炉型改造。

蓄热式加热炉目前在国内发展很快，但我们必须清醒地认识到还有许多有待完善的地方。特别是在选择炉型的问题上，必须结合现场实际情况，不能盲目照搬，做到稳妥可靠。

【任务实施】

一、实训内容

连续式加热炉炉膛尺寸确定。

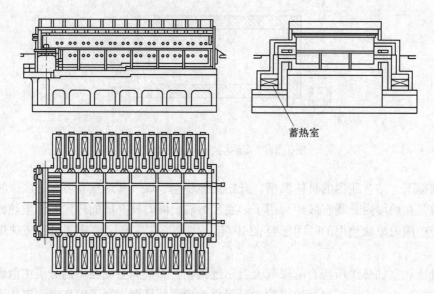

图 3. 2. 18　外置蓄热室加热炉

二、实训目的

（1）利用给出的条件确定炉长。

（2）利用给出的条件确定炉宽。

（3）根据经验确定炉高。

（4）画出炉型示意图。

让学生掌握炉子基本尺寸的计算方法，从而锻炼他们学习和应用知识的能力。

三、实训相关知识

连续式加热炉的基本尺寸包括炉子的内宽、有效长度和炉高。

计算条件：三段推钢连续式加热炉，加热钢坯种类为 45 号钢，其断面尺寸为 280mm×380mm×8000mm；炉子生产率：120t/h。

（1）炉子长度确定：计算钢坯加热时间（h）；换算炉子生产率 G（kg/h）；确定钢坯单重；确定炉子有效长度；校核推钢比；确定炉子预热段、加热段、均热段的长度；确定炉子全长。

（2）炉子宽度确定：确定坯料与炉墙缝隙；确定炉宽；确定炉尾加宽。

（3）炉子高度确定（根据经验数据取）：加热段，预热段，均热段，压下炉高，炉尾抬高。

（4）作出炉型示意图。

【任务总结】

通过本实训项目，使学生掌握连续式加热炉炉膛尺寸的计算和确定方法，从而理解影响炉子尺寸的各种因素，也起到理论联系实际的作用。通过本次实训也使学生对于炉子结构和炉型有一个更全面的认识。

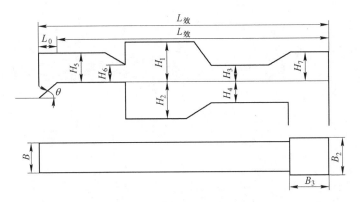

图 3.2.19　炉型示意图

【任务评价】

表 3.2.2　任务评价表

任务实施名称			连续式加热炉炉膛尺寸确定		
开始时间		结束时间	学生签字		
			教师签字		
评价项目	技 术 要 求			分值	得分
操　作	(1) 方法得当； (2) 计算过程规范； (3) 正确使用公式； (4) 团队合作				
任务实施报告单	(1) 书写规范整齐，内容翔实具体； (2) 实训结果和数据记录准确、全面，并能正确分析； (3) 回答问题正确、完整； (4) 团队精神考核				

思考与练习题

1. 简述连续式加热炉特点及各段的作用。
2. 简述连续式加热炉炉型特点。
3. 简述连续式加热炉的节能途径。
4. 与推钢式连续加热炉相比，环形炉和步进炉有何特点？
5. 连续式加热炉炉膛尺寸如何确定？
6. 蓄热式炉子的特点是什么，简述其工作过程。
7. 有哪几种形式的蓄热式加热炉，各有何特点？

加热炉的操作与维护

任务一　钢坯的装出炉操作

【任务描述】

熟练地进行加热炉装、出炉操作以及推钢操作，是管理、控制加热炉的最基本要求。学习相关的操作规程、程序、要求以及注意事项，是学习操作技术的基础，也是完善操作水平的捷径，对避免相关事故起到非常重要的作用。

【能力目标】

(1) 掌握装炉操作要求、注意事项；

(2) 掌握推钢操作要求、注意事项；

(3) 掌握出钢操作要求、注意事项；

(4) 具有与他人沟通、互相学习的能力。

【知识目标】

(1) 装炉操作；

(2) 推钢操作；

(3) 出钢操作。

【相关资讯】

一、装炉操作

（一）装炉程序及要求

(1) 钢坯装炉必须严格执行按炉送钢制度。装炉前，装炉工必须认真按照装炉指示板逐项核对坯料钢印的钢种、炉批号及规格是否相符，确认无误后方可装炉。为了均匀出钢，装炉时对同一炉号不同规格的钢坯，要均衡地装入各条道。为了便于区别不同熔炼号的钢坯，在每条道上该炉最后一块钢坯角部压上两块隔号砖，也有的是在新炉号第一块坯料上面放上一、二块耐火砖作隔号砖。轧制不同品种钢时，要在相邻铸坯间加一支隔离坯。隔离坯断面不允许与加热坯料断面相同，以免混淆。

（2）装炉应先装定尺料，后装配尺料；配尺料的装炉顺序是单重小的先装，单重大的后装。

（3）挂吊时要挑出那些有严重变形，或者超长、过短、过薄等不符合技术标准的钢坯，有严重表面缺陷的钢坯也不得装入炉内，并及时与当班班长和检查员联系，妥善处理。

（4）装入炉内的钢坯，表面铁皮要扫净。

（5）装入炉的钢坯必须装正，以不掉道、不刮墙、不碰头、不拱钢为原则，发现跑偏现象，要及时加垫铁进行调整，避免发生事故。装入连续式加热炉内的钢坯端部与炉墙及两排坯料之间的距离，一般应在 250mm 以上。装入轻微瓢曲的钢坯时，要将凹面朝上。当轧制品种多、原料厚度差很大时，相邻坯料的厚度差，一般不能大于 50mm。最后的坯料与最薄的相差很大时，这两种坯料不能相邻装入，而应逐渐过渡，这一方面是为了推钢稳定，防止拱钢；另一方面有利于炉子热工操作。因为相邻坯料的厚度差太大时，无法确定一个兼顾厚、薄两种坯料的热负荷，往往顾此失彼。

（6）吊挂钢坯时，操作者身体应避开吊钩正面，手握小钩的两"腿"中部，两小钩应按钢坯中心对称平挂，然后指挥吊车提升，在小钩钩齿与钢坯刚接触时立即松手后撤；如小钩未挂好，可指挥吊车重复上述操作，直至挂好挂稳为止。挂好钢坯后，即指挥吊车将钢坯吊到炉尾装炉。在指挥吊车时手势、哨音要准确。

（7）吊挂回炉炽热钢坯时，应首先指挥操纵辊道者将回炉钢坯停在吊车司机视野开阔、挂钩操作条件好的位置上，再指挥吊车将吊钩停在钢坯几何中心点上方，装炉工在辊道两侧站稳，压低身体，迅速将小钩按前述原则在钢坯上对称挂好，立即起身离开后，指挥吊车起吊。若未吊好，重复上述操作。直至挂好后再指挥吊车将回炉钢坯吊放到指定地点或跟号装炉。要坚决杜绝用钢绳吊运回炉品。在挂回炉品时，切不可站在辊道上作业，也不得跨越辊道。

（8）要经常观察炉内钢坯运行情况，发现异常，及时调整解决。

（二）装炉安全事故的预防

1. 飞钩、散吊等物体打击事故的预防

装炉小钩飞钩伤人，是装炉操作中最大的安全事故。

A　主要原因

（1）小钩折断，钩齿或钩体飞出。

（2）小钩钩齿变形或防滑纹严重磨损，在吊挂钢环滑脱的同时，小钩带钢绳一起飞出。

（3）吊钩未挂好，钩齿与钢坯接触部位过少。

（4）吊车运行不稳，造成钢坯大幅度摆动或振动。

B　预防措施

从设备方面讲，应保证小钩的材质和加工工艺合理。而预防是否有效，最主要的还在于装炉工本身的操作和平时的安全基础工作。

（1）交接班做好安全检查是避免飞钩的第一道保障，一定要认真仔细进行，不能敷衍了事。发现小钩不合格应立即更换，切不可对付使用，以致酿成大祸。

（2）装炉挂吊时一定要把小钩紧贴在钢坯端头上，两钩对称挂吊。对料宽 700mm 以下者，一次可挂两块，但应摆成十字交叉形；对 1000mm 以上的料，一次只能挂吊一块。在装炉间隙时，不允许让吊车挂着钢坯待装。

（3）装炉工不论在挂钩或摘钩时，都不应将身体正对钩身，起吊后应立即闪开；吊车吊料运行时，装炉工应避开吊车运行路线，以防伤害。

（4）在挂吊及处理操作事故时，必须坚决杜绝多人指挥吊车现象，防止因号令不一，乱中生祸。

2. 烧烫伤事故的预防

装炉是高温作业岗位，工作环境恶劣，较易发生烧、烫伤害事故，必须认真注意做好预防工作。

炉尾高温烟气或火苗外窜，是造成烧伤的主要原因。防止烧伤的主要办法是：勤装钢，不要等推钢机推至最大行程已靠近进炉料门时再装炉。装炉时必须穿戴好劳动用品，尤其要戴好手套和安全帽，当离炉尾较近时，应将头压低，手臂伸前进行工作，以免烧伤面部，燎掉眉毛、睫毛。进料炉门应尽可能放的低些。

装炉工受烫伤威胁主要是隐藏在吊挂回炉热坯的作业中，挂回炉品时，首先要确认脚下无油，以免摔倒在热坯上被烫伤；作业时要站稳，并尽力压低身体，减少身体接受的热辐射；挂好钩后立即撤回，然后再进行吊挂作业。

3. 挤压伤害事故的预防

挤压伤害常常发生在挂吊、加垫铁等的作业之中，主要是马虎大意所致，稍加注意就可避免。为此，在挂钩作业时，切记两手握钩的位置不可过低过高（过低易被钢坯挤伤，过高易被钢绳勒着）；钢坯加垫调整时，握垫铁的手不得伸入钢坯之间的缝隙内。

二、推钢操作

（一）作业前的准备

推钢工在上岗前应按要求进行对口交接班，重点了解炉内滑道情况，炉内钢坯规格、数量、分布情况，核对交班料与平衡卡及记号板上的记录是否一致，有无混钢迹象，检查推钢机、出炉辊道、炉门及控制器、电锁、信号灯等是否灵活可靠。如有问题应设法解决，对较大问题要立即向有关领导汇报，并同上班人员一起查明原因，妥善处理。

（二）推钢操作

1. 推钢操作要求

接到出钢工出钢的信号，推钢工应立即开动推钢机推动钢坯缓缓向前（炉头方向）运行，动作要准确、迅速，待要钢信号消失后，迅速将控制器拉杆拉至零位。若是步进式加热炉，则由液压站操作台控制步进梁的正循环、逆循环、踏步等。

推钢出炉时要特别注意坯料运行情况，观察有无拱钢、推不动等现象，发现异常立即停车并出外观察，查明无问题或问题处理完毕后，继续进行操作。

如果炉外发生拱钢，马上停止推钢，打倒车，以便装炉工撬钢加垫铁，或调换钢坯方向、顺序；炉内发生拱钢时，推钢工一定要听从装炉工的指挥，密切配合，或从炉尾拽钢坯，或把钢坯推倒，推钢动作都要轻缓，幅度要小。

推钢工必须掌握正要出炉坯料的宽度，即熟悉生产计划，掌握装出炉坯料情况。如果一次推钢行程已达到出炉钢坯宽度的 1.5 倍，要钢信号尚未消失，要立即停止推钢，并向出钢工反送一个信号，以示询问；如果对方依然坚持要钢，说明钢坯还未出炉，要马上查出是否发生掉钢或炉内拱钢、卡钢等事故，待排除事故或否定其存在的可能性后，方可继续出钢。

如果出钢工指令有误或对要钢信号有疑问时，推钢工要了解清楚出钢本意后，再行操作。如出钢工大幅度跳越多种规格连续从一条道要钢或隔号要钢时，在未查明是否出钢工误操作而发错指令前，不应继续进行推钢操作。

当某道正在进行装坯时，出钢工发来要钢信号，而此道又来不及出钢，应立即给出钢工发一信号，以示当前此道无法出钢。如对方改要另一条道的钢坯，推钢工即可进行相应的操作。如出钢工连续闪动这条道的要钢信号，或推钢工确认这块料是正在出炉的这批钢坯最后一块时，应立即暂停装炉，迅速将这块钢坯推出炉外，以免耽误生产。

推钢时要注意推杆的有效行程，以免一时疏忽推杆伸出过远，使推杆下的齿条与齿轮脱离啮合状态而出现掉头。推钢至一定位置后，要将控制器拉杆拉向身体一侧，使推杆向后运行，以便装炉；推杆后退行程视装料规格、块数而定，一般比一次装入坯料总宽度大100mm 即可。后退行程过小，装炉操作不便，过大则是对能源和时间的浪费。装完坯料后，要使推杆与钢坯靠严，动作要轻缓，最好是开动推钢机后，在推杆尚未接触坯料前的一段距离处，将控制器置于零位，让推杆靠惯性靠紧钢坯。这一点对于钢坯留有缝隙或坯料变形的情况特别重要，因为如果猛地将推杆推向钢坯，很可能使坯料受推力不均造成整排料向一面偏移。

对于有两排炉料的炉子来说，一般装料都是两条道交替进行的。这时推钢工必须准确判断出钢工的下一个出钢目标，并迅速将下次不出钢的这台推钢机推杆退回。这不仅需要推钢工准确掌握炉中坯料情况，还要了解出钢工的要钢习惯，以便相互默契配合。但正常情况下，要钢都是两道交替进行的。如果新学推钢，一时难以掌握炉头钢坯情况，应在刚刚出过料的道上装钢。

在装料的同时，推钢工要记录好入炉坯料规格及块数，指挥装炉工正确设置隔号砖。这个记录是只为核对钢坯装炉顺序，提示当前装炉进度的一种记录，可采用较简单的计数工具。

2. 推钢操作事故的预防与处理

这里主要介绍推钢式加热炉经常发生的异常情况和操作事故，有跑偏、碰头、刮墙、掉钢、拱钢及混钢等。

A　钢坯跑偏的预防与处理

炉内钢坯跑偏是造成炉内钢坯碰头、刮墙及掉钢的主要原因，必须注意预防和及时纠正，以减少装炉操作事故的发生。

导致钢坯跑偏的原因主要是：钢坯有不明显的大小头，装炉时没注意和妥善处理；钢坯扭曲变形或炉内辊道及实炉底不平、结瘤，造成推钢机在钢坯两侧用力不均；装钢时操作不当，致使两钢坯之间一头紧靠，一头有缝隙，推钢时由于受力不均而跑偏。

要预防跑偏事故，装炉工首先必须做到经常观察炉内情况，检查坯料运行状态是否符合要求，发现异常现象立即查明原因，进行调整或处理。对于变形严重的钢坯，装炉时应在宽度尺寸较小一侧和相邻钢坯的缝隙中，加垫铁进行预调整，以保证钢坯两边所受推力均匀一致。对炉底不平造成的跑偏，除了加强检修维护，及时打掉炉底滑道上的结瘤，保证两条道标高一致外，还应适当降低炉温。

对于已经发生的钢坯跑偏现象，可以在跑偏侧推钢机推杆头与钢坯间或两块相邻钢坯之间，加垫铁进行纠正。在处理较严重的跑偏时，要十分谨慎，不可操之过急，一次加垫铁不宜太厚，应每推一次钢加一次垫铁，逐渐纠正。如果一次加垫铁过厚，有可能造成炉内钢坯 S 形跑偏，两侧刮墙，使事故更难于处理，甚至被迫停炉。

如果炉内纵向水管滑道一条高一条低，钢坯在运行中总向一面偏斜，这时可根据实际情况，有意将钢坯偏装向滑道较高的一侧，以使钢坯运行到炉头时恰好走正。在炉内两条滑道水平高低不一致时，应尽可能避免装入较短的钢坯。

B　钢坯碰头及刮墙的预防

钢坯碰头、刮墙的主要原因是：钢坯在炉内运行时跑偏，个别坯料超长，装炉时将钢坯装偏等。钢坯卡墙，如不及时发现和处理，可能把炉墙刮坏或推倒，造成停产的重大事故。

对于刮墙及碰头事故要坚持预防为主的原则，关键在于：一要预防钢坯跑偏；二要把住坯料验收关，不合技术规定的超长钢坯严禁入炉；三要严格执行作业规程，保证坯料装正。

对于已发生的轻微刮墙及碰头事故，要及时纠偏。对于严重的碰头，可用两推钢机一起推钢，将其推出炉外。对发现较晚又有可能刮坏炉墙的严重刮墙现象，应该停炉处理。

C　掉钢事故的预防与处理

掉钢事故是指钢坯从纵向水管滑道上脱落，掉入下部炉膛或烟道内的事故。造成这类事故的主要原因是钢坯跑偏，一般多见于短尺钢坯。

当炉温高，滑道或炉底不平，以及不明原因发生钢坯持续跑偏的情况时，要特别注意纠偏，防止短坯掉钢事故发生。

在操作中，如发现推钢机推钢行程已超过出炉钢坯宽度的 1.5 倍，仍不见钢坯出炉，而炉内又未发生拱钢事故时，即可断定是发生了掉钢事故。此外，在发生掉钢事故时，推钢机无负重感，炉内传来闷响，并且烟尘四起。

掉钢事故一般不影响生产。对掉下的钢坯，可安排在小修时入炉取出，或用氧气枪割碎扒出。

D　拱钢、卡钢事故的预防与处理

拱钢是常见的操作事故，多发生在炉子装料口，有时也在炉内发生。出现拱钢事故会造成装出炉作业中断，处理不好还可能卡钢，甚至造成拱塌炉顶、拉断水管等恶性事故，应尽力避免。造成拱钢事故的原因有：

（1）钢坯侧面不平直，是凸面，或带有耳子，或侧面有扭曲或弯曲；断面梯形，圆角过大。这种钢坯装炉后，钢坯间呈点线接触，推料时产生滚动，使钢坯拱起。

（2）炉子过长，坯料过薄，推钢比过大；或大断面的钢坯在前，后边紧接小断面钢坯，大小相差太悬殊。

（3）炉底不平滑，纵水管与固定炉底接口不平，或均热段实炉底积渣过厚。卡钢，这里指的是由于拱钢造成的钢坯侧立，嵌入纵水管滑块之间的现象。炉内发生拱钢和卡钢事故如何判断？当推钢机已经推进了一块坯料宽度的行程，钢坯还未出炉时，从炉尾观察即可判断是否拱钢。如果卡钢就会出现推钢机推不动，电动机发生异常声音，推钢机推杆发生抖动等现象。

对拱钢事故的预防，一是要做好检修维护工作，消除炉底不平和滑道衔接不良等设备隐患；二是要保证装炉钢坯规格正确，侧边不凸起、没耳子、不脱方、不扭曲、不弯曲变形；钢坯断面不能过小，以免装炉后相邻钢坯断面差太大；三是装炉工要调整弯曲坯料的装入方向，挑出弯度和脱方超过规定的钢坯，找出可能引起拱钢的坯料，在两钢坯相靠但接触不到的位置上加垫铁调整，保证钢坯之间接触良好，受力均匀。

处理炉外拱钢事故的办法是：找出引起拱钢的坯料，倒开推杆，用撬棍将拱起的钢坯落下，然后加垫铁调整，或调整相互位置及摆放方向。

炉内拱钢事故如何处理？如果发生在进炉不远处，可从侧炉门处设法将其扳倒叠落在其他钢坯上面，然后用推钢机杆拖拽专门工具，将钢坯拽出重新装炉。如果事故发生在深部，则应设法将其别倒平行叠落在其他钢坯上面，一起推出炉外。

有时拱起的钢坯会连续叠落好多块，这时还必须考虑这些钢坯能否出炉，如有问题还得再行处理。

卡钢主要是拱钢事故在均热段发生又发现不及时所致，若能及时发现和处理就可有效的预防。其处理方法同拱钢一样。

E　混钢事故的预防

将不同熔炼号的钢混杂在一起，应视为加热炉操作的重大事故。

造成混钢事故的唯一原因是装炉时未能很好的确认。为了杜绝此类事故，必须在装炉前和装出炉时进行认真细致的检查，严格遵守按炉送钢制度。

三、出钢操作

本节所说的出钢指的是要钢、托出机与输送辊道的操作。

（一）作业前准备

出钢工在上岗作业前，除认真进行交接班，检查设备状况，了解一般生产情况外，要侧重了解炉内钢种、规格及其分布和钢温等情况，熟悉当班作业计划，掌握加热炉的状况，准备好撬棍等工具。

（二）出钢操作

1. 出钢操作要求

（1）要贯彻按炉送钢制度，本着均匀出钢的原则，各炉各排料交替出钢。一般应按照装炉单重的顺序，各排料同一规格的都出完后，才可要下一个规格的料。当遇炉子出现事故等特殊情况，绝不允许切断正在轧制钢种尾号而直接出下一炉炉号的钢。如遇特殊情况，也要及时征得检查人员的同意方可断号。

（2）当轧机正常出钢信号灯亮时，应及时出钢。出钢应视轧机节奏和钢温状况均衡出钢，尽量避免轧机待钢现象。

（3）当用托出机出钢时，只有炉头钢坯到达出钢位置及推钢机的允许出钢信号灯亮时，才能操作主令控制器，提升炉门，当炉门下底面超过炉内钢坯下表面时，启动托出机托杆，水平进入炉内，当托头超过炉头钢坯2/3后，方可抬起托杆，平衡托起钢坯后，后退将钢坯平稳放置在出钢辊道中间位置，托杆降至最低位，然后启动辊道送走钢坯。最后降下炉门，各主令控制器打回零位停止出钢。如果是侧出料炉子，用出钢机出钢时，炮杆与坯料要对准，严禁倾斜出料；炮杆将坯料推出炉后，应立即将炮杆退回炉外，以免烧坏或发生变形，退回时要到位，将主令控制器打回零位，不允许将炮杆留在炉门内烘烤；出钢时要密切观察钢坯在炉内的运行情况，发现异常或有粘钢、卡钢等现象时，应立即通知推钢工停止推钢，并及时报告班长和有关人员处理，不准用推杆顶撞或横移拨料。

（4）做好坯料出炉记录，出炉记录应与实际情况及装钢记录相符，如有不符立即检查，未弄清前不得出钢，当一个批号出完后，应通知轧机操作室下批钢种、规格等信息。

（5）当推钢机、托出机或出钢机、炉头辊道出现故障后，应首先将主令控制器打回零位，关闭电锁，通知有关人员处理。

（6）板坯出炉后，开动相应的辊道将钢坯送去除鳞，同时准确无误地填写好出炉记录。为了尽量减少辊道运输中钢坯的散热损失，保证轧机要求的开轧温度，出钢时应在满足轧机生产速度的前提下，相对晚些出钢，以免钢坯在辊道上停留过久；对那些因操作不当、温度过高而且容易出现再生氧化铁皮的钢坯，不宜推迟出钢，以防温度继续升高而产生大量的再生氧化铁皮。

要钢后，应随时注意观察出炉钢坯上有无隔号标记，特别是当两炉批号不同的钢种相连接处，尤其要注意。如发现出钢标记与卡片和过号黑板的记录不一致时，应立即做好记录，以备查明真相，防止发生混钢事故。

如果通过观察发现两座加热炉的实际加热能力各不相同，钢温有高有低，而坯料又都是均等装炉的，应及时通知记号工和看火工进行调整。如果这时轧制规格单一，为了避免因一个炉子炉温过低而待热，可根据情况先要高温炉的钢，以便给低温炉一个调整提温的时机，使之满足轧制的要求。但这种情况不能维持太久，因为有可能打乱每次出钢规格、从小到大的次序，应特别注意提醒轧钢工当前所送坯料的规格。

2. 辊道操作

运转辊道是通过操纵控制器来实现的，一般向前推控制把手为正转，向后拉是反转，中间是停止。

在运送钢坯时，出钢工可根据需要开动一组或几组辊道使之向要求方向转动。

为了节约电能，出炉辊道应在钢坯即将下落时开动，钢坯离开辊道后立刻停止，整个输送钢坯的作业要像接力赛一样，一个接一个地启动和停止，不允许空转。

在操作中，由正转变为反转时，要有停转的过渡期，不允许立即由正转变为反转，以防辊道电动机负荷过大而烧毁或损坏机械。

在钢坯输送过程中，如发现隔号砖还留在钢坯上面，要在运行中把砖头打掉。

3. 其他操作

换炉出钢和待轧保温时，出钢工应及时关闭加热炉出料炉门，以减少炉子辐射热损失，防止炉头钢坯温度下降。出钢前则应切记打开出料炉门，否则钢坯卡在坡道里难以处理。

　　由于轧机事故出现回炉品时，出钢工要将回炉钢坯运送至吊车司机能够看见、视野较宽阔的位置，以便挂吊。

　　在辊道上有人撬钢或吊挂回炉品时，出钢工一定要注意瞭望，听从上述作业人员的指挥，做好配合，停止一切设备转动。

　　4. 出钢异常情况的判断与处理

　　凡是不能及时按要求出钢或不能正常输送到轧前辊道上时，都应视为出钢异常情况。这些异常往往是事故先兆或伴生现象，如能及时做出准确判断，迅速妥善处理，就可避免一些事故的发生。炉内的掉钢、拱钢、卡钢及混钢事故，常常都最先在出钢过程中暴露出来。

　　A　炉内拱钢、掉钢、粘钢、碰头的判断

　　对于端进端出推钢式连续加热炉，推钢机行程达到1.5倍出料宽度而出钢信号依然亮着时，说明炉内有异常情况，应立即到炉尾观察。如果从炉尾钢坯上表面看去，整排料基本呈平面排料，说明未发生拱钢事故。如果从炉尾看，两排料前沿距出料端墙有十分明显的差异，则应到炉头进一步观察，即打开第一个侧炉门观察第一块钢坯的位置，如果第一块钢坯前沿距滑道梁下滑点尚有半块坯料宽度以上的长度时，可以断定发生了掉钢事故。

　　一般掉钢时，炉尾会感觉到有烟尘，并听到声音。如果第一块钢坯呈悬臂支出状，第一、二两块钢坯接触面在滑道梁下滑点以外，则说明出现了粘钢事故，这时一般炉温、钢温较高，炉墙及钢坯呈亮白色。如两块钢坯碰头，也可能发生横向粘接，这时从炉尾看两块钢坯呈斜线悬臂支出状。对粘钢事故的处理，最好是靠钢坯自重来破坏两坯间的接合，即在有人指挥的情况下继续推钢，但推钢时不允许顶炉端墙。如果钢坯不能断开滑下的话，就需要加外力破坏其粘接力，可用吊车挂一杆状重物自侧炉门伸入炉内，压迫钢坯，使之出炉。

　　B　卡钢

　　卡钢是前述事故的延续和发展，事故的性质较严重。跑偏、碰头、粘钢、拱钢均可造成卡钢。卡钢又可分为炉墙卡钢、滑道卡钢和坡道卡钢。

　　坡道卡钢可能是由于坡道烧损、钢坯变形或跑偏造成，多出现在坡道下部，一般出钢工都能发现；滑道卡钢是由于拱钢发现不及时造成；炉墙卡钢则可能由于刮墙、粘钢或拱钢后钢坯叠落太多造成。坡道卡钢如未及时发现和处理，也可能导致炉墙卡钢。

　　发生滑道和炉墙卡钢事故时，推钢机有明显的负重感，推杆行走慢，推钢机及电动机声音改变，甚至电动机冒烟。卡钢对炉体及机电设备危害极大，应极力避免。一旦发生卡钢事故，要立即停炉处理。

　　C　出钢与要钢不符

　　在生产中可能出现出钢工要的某炉某排料没有出钢，而另一排却出钢，或要一块却一连下来两块，或两道各下一块等情况，这都不正常。出钢工在发出要钢信号后，要十分注意观察出钢情况，如果一次从一条道连续下两块料，可能是炉内粘钢或因装料不当，或因推钢工未及时停止推钢造成。前者两块料几乎同时落下，而后者两块料出炉有一段时间间隔。发生这种情况，出钢工要做好记录，并将要钢信号连续闪动两次，告诉对方下了两块坯。对于已出炉的料，只要不是下一炉号的钢，应一并轧了，但要注意其规格的变化，及时告知轧钢工。由于拱钢而叠落在一起的钢坯也是一起出炉的，有时可能是3块一起出炉，这种情况不做异常处理，但由于叠落一起出炉的钢坯一般都加热不透，可按回炉品处理。

由于钢坯碰头或粘钢有时会两条道同时出钢，这时出钢工亦应给推钢工一个信号，即两信号同时闪动一次，表示两条道各出一块钢。对出炉的钢坯处理原则同前。

有时钢坯不是从出钢工想要的那排料出来的，这时出钢工要检查一下是否信号发错了，如没错则可能是对方误操作；如果连续出现两次这种问题，应检查一下信号机是否出现故障，特别是检修以后，看看两条道信号是否接反。信号机故障还可能造成推钢与要钢联系中断，影响生产，应及时找电气检修人员处理。

有时出炉钢坯上隔号砖的放置与推钢工所给信号不一致，遇此情况，出钢工一定要查明原因，对可能发生混钢事故的任何蛛丝马迹都不能放过，要做好记录。对误操作或其他原因出炉的下号钢坯，不能与上号一起轧制，必须打回炉。

思考与练习题

1. 什么是按炉送钢制度，装炉事故有哪些，如何防止？
2. 对装炉有哪些要求，装炉前要做好哪些准备工作？
3. 推钢过程中有哪些事故，如何防止？
4. 出钢有哪些要求，出炉前要做好哪些准备工作？
5. 出钢过程有哪些事故，如何防止？

任务二　加热炉加热操作与维护

【任务描述】

加热炉的加热操作决定了钢坯加热产量和加热质量，而日常维护和检修对产量和质量起到了保证作用。从炉子的干燥、烘炉，到炉况的观察、分析判断，从煤气的使用到烧钢操作，每一项都对加热工的基础知识、操作能力和水平提出了较高的要求。

【能力目标】

(1) 了解加热炉的日常维护的内容及要求；

(2) 了解煤气使用的要求、注意事项；

(3) 了解炉子干燥与烘炉的要求、注意事项；

(4) 了解加热炉汽化冷却系统操作要求；

(5) 了解加热炉各部分检修的要求、注意事项；

(6) 掌握看火操作、烧钢操作、炉况分析判断的方法；

(7) 具有与他人沟通、互相学习的能力。

【知识目标】

(1) 炉子的干燥与烘炉；

(2) 看火操作；

(3) 烧钢操作的优化；

(4) 炉况的分析判断；

(5) 煤气的安全使用；

(6) 汽化冷却系统操作；

(7) 加热炉的日常维护；

(8) 加热炉的检修。

【相关资讯】

一、炉子的干燥与烘炉

加热炉炉体的绝大部分是由耐火砖或耐火混凝土砌筑而成，一般均在低温下砌筑，在高温下工作，因此，新建成或经大、中、小修的炉子竣工后其耐火砌体内含有大量的水分和潮气，不能直接进入高温状态下工作。必须仔细地进行干燥和烘炉，以便砌体内的水分和潮气逐渐逸出；否则，砌体就会因剧烈膨胀而受到损毁。

（一）炉子的干燥及养护

烘炉前必须对炉子进行风干，风干时应将所有炉门及烟道闸门打开，使空气能更好地在炉内流通，加快干燥速度。炉子的干燥时间依修炉季节、炉子的大小、砌体的干燥情况而定。一般为24~48h，或更长一些时间。

当炉子从修砌竣工到开始烘炉之间的时间较长时，砌体的干燥情况已较好，这段时间实际上就是炉子的干燥期。

在炉子进行大修时，往往由于炉内温度较高，砌体内的潮气在修炉过程中就很快蒸发掉了，因而在这种情况下也就不需要专门的干燥过程了。

对于用耐火混凝土构筑的炉子，当现场捣固成型后，必须按养护制度进行养护，耐火混凝土的养护制度见表4.2.1。

表 4.2.1　耐火混凝土的养护制度

种　类	养护制度	养护温度/℃	最少养护时间/d
磷酸耐火混凝土	自然养护	720	3~7
矾土水泥耐火混凝土	水中或潮湿养护	15~25	3
水玻璃耐火混凝土	自然养护	15~25	7~14
硅酸盐水泥耐火混凝土	水中或潮湿养护	15~25	7

（二）烘炉

1. 烘炉前的准备工作

在烘炉之前必须对炉子各部分进行仔细检查，并纠正建筑缺陷，在确认合格并经验收、清扫干净后才能点火。因此，在烘炉点火前必须做好以下准备工作：

（1）清除碎砖，拆去建筑材料及所有拱架。

（2）检查砌体的正确程度、砌缝的大小及泥浆的填满情况，这些工作应在砌砖过程中进行；检查炉子砌体各部分的膨胀缝是否符合要求，因为在烘炉过程中往往会因膨胀缝不合适而使炉子遭到严重破坏；检查砖缝的布置，不允许有直通缝，应特别注意砌砖的错缝和砖缝厚度，检查每层的水平度及炉墙的垂直度。

（3）进行机械设备的试车和试验，确保运转无误；鼓风机正常运转，水、电、蒸汽均要接通；仪表正常运转以及烘炉的检测仪器、工具、记录齐全。

（4）检查煤气或油管道、空气管道、冷却水管道、蒸汽管道是否畅通及严密，所有管道必须在2~3倍使用压力下进行试压，确保安全生产；在开始烘炉前通知气化冷却系统（包括余热锅炉）放水，使炉筋管和水冷部件全部通入冷却水；煤气空气管路开闭器、盲板、切断阀、调节器、烧嘴放散管、水封、蒸汽管等要齐备，符合要求。

（5）检查所有炉门是否开闭灵活，关闭是否严密，各人孔、窥视孔均有盖板并严密覆盖。

（6）检查烧嘴是否与烧嘴砖正确地相对，烧嘴头要在适当的位置上，烧嘴调整机构要灵活。

（7）检查炉子计量仪表是否齐全，仪表空运转是否正常，烘炉工具、记录齐备。

（8）检查炉底滑道焊接是否牢固，膨胀间隙是否符合要求，沿推钢方向有无卡钢可能，滑道之间是否水平，装出料口是否平整，炉底水管绝热包扎是否完整和符合要求。

（9）连续炉为了防止炉筋管及滑轨在烘炉过程中的翘曲或变形，在炉温还不超过100℃时就应装入废钢坯压炉，并根据具体情况将坯料沿整个炉膛的炉筋管长度装满。

（10）检查炉门和烟道闸门的灵活性，闸板与框架之间空隙要符合规定。烟道内应无严重渗水现象。如果烟囱和烟道是新的或冷的，那么在烘炉前应先烘烟囱和烟道，最简便的方法是用木柴烘烤，将烟囱的温度烧到 200~300℃，这时烟囱才具有一定的抽力。

（11）安全防护设备措施要齐全，确保安全生产。当烟囱和烟道是新的或冷的时，产生不了抽力，在烘炉之前要先烘烟囱。在烟道和烟囱根部的入孔处堆放干木柴点火烘烤，将烟囱的温度烘到 200~300℃，使之具有抽力。在烘烟囱和烘炉的全过程，都应随时检查烟囱表面，发现裂纹时应及时调整升温速度，烘干后出现裂纹应及时补修。已经烘干的砖烟囱，冷却后应再次紧钢箍。

2. 烘炉燃料

在上面的准备工作完成后，即可进行烘炉工作。烘炉燃料可用木柴、煤、焦油、重油或煤气。采用木柴烘炉时，在炉底适当的位置放置木柴火堆，关闭所有炉门，逐渐提高炉温；若用重油或煤气烘炉，则必须设有特殊设备。如煤气烘时可采用 50~60mm 的管子，管子一端堵死，在管子上开一排小孔，煤气从小孔喷出后燃烧。不论用哪种燃料和采用哪种方法烘炉，都应力求使炉内各部分的温度得到均匀分配。否则砌体将会因局部升温过快造成膨胀不均匀而使局部损坏。升温按烘炉曲线进行，当炉温提高到可直接燃烧加热炉所用燃料时，则使用加热炉的燃烧装置继续烘炉，直至达到加热炉的工作温度。

3. 烘炉制度

为了在烘烤时排除砌体中的附着水分、耐火材料中的结晶水和完成耐火材料的某些组织转变，增加砌体的强度而不剥落和破坏，制定出烘烤升温速度、加热温度和在各种温度的保温时间，即温度-时间曲线，称为烘炉曲线。当然在烘炉过程中想使炉温控制完全符合理想的烘炉曲线是很困难的，实际炉温控制总会有波动，但不应偏离烘炉曲线太远，否则可能产生烘炉事故。

制定烘炉曲线必须根据炉子砌体自然干燥情况、炉子大小、炉墙厚度与结构、耐火材料的性质等具体条件来定。

连续式加热炉在热修或凉炉两天之内时，可按照热修烘炉制度烘炉，热修烘炉可直接用上烧嘴炉，在炉温低于 300℃ 时，每小时温升不得大于 100℃，而低于 700℃ 时不得大于 200℃，700℃ 以上不受限制。凉炉两天以上至五天者，按小修烘炉，长期停炉后按中修或大修烘炉。一般大修炉子需要烘炉约 5~6 天（大炉子可达 10 天），中修需烘炉 3~4 天，小修烘炉 1~2 天。

制定烘炉曲线必须根据具体情况。下面列举几种烘炉方案，供参考。

A 耐火黏土砖砌筑加热炉的烘炉制度

原则是：在 150℃ 时保温一个阶段以排除泥浆中的水分，在 350~400℃ 缓慢升温以使结晶分解，在 600~650℃ 时要保温一段时间，以保持黏土砖的游离 SiO_2 结晶变态，在 1100~1200℃ 时要注意黏土砖的残存收缩。一般加热炉，砌体又不甚潮湿时可简化烘炉曲线，只有一个保温阶段，其余阶段控制升温速度。

B 耐火混凝土砌筑炉子的烘炉制度

耐火混凝土中含有大量的游离水和结晶水，前者在 100~150℃ 的温度下大量排出，后者在 300~400℃ 的温度下析出，一般在 150℃ 和 350℃ 保温，考虑到厚度方向传热的阻力，在 600℃ 再次保温，以利于水分充分排除。

耐火混凝土在烘烤过程中很容易发生爆裂，烘烤时必须注意：

（1）常温至350℃阶段最易引起局部爆裂，要特别注意缓慢升温，如在350℃保温后仍有大量蒸汽冒出，应继续减缓升温速度。

（2）在通风不良、水气不易排出的情况下，要适当延长保温时间。

（3）用木柴烘烤时，直接接触火焰处往往局部温度过高，应加以防护。

（4）用重油烘烤时，要防止重油喷在砌体表面，以免局部爆裂。

（5）新浇捣的耐火混凝土，至少要3天后才可进行烘烤。

C　耐火可塑料捣制炉体的烘炉制度

耐火可塑料捣制炉体的烘炉过程中有140℃、600℃、800℃三个保温阶段。耐火可塑料和其他材料相比，含有更多的水分，设置三个保温阶段，主要是为了排出附着水分和结晶水分，同时可塑料炉子的烘烤升温速度要比其他砌体慢得多。

为了在烘炉过程中有利于大量水分排出，在可塑料打结后，要在砌体表面位于锚固砖之间每隔150mm的距离锥成$\phi 4 \sim 6mm$的孔，孔深为可塑料砌体的2/3。同时，打结时由于模板作用而形成的光滑表面要刮毛。这样在烘炉过程中砌体表面层虽然硬化，但内部水分仍可通过小孔和粗糙的表面顺利排出。如果打结后不进行锥孔和表面刮毛，烘炉过程中表面层首先干燥硬化，而砌体内部尚含有大量水分，当继续烘烤时，内部水分无法逸出，到一定程度时水气就会将已经硬化的表面鼓开，使耐火可塑料砌体一块块剥落，剥落块的厚度一般为50～100mm，使砌体遭受严重的破坏。

在烘炉前如果发现由于某些原因锥好的孔洞闭合，在补锥之后才可烘炉。

D　黏土结合耐火浇注浇捣炉体的烘炉制度

黏土结合耐火浇注浇捣炉体在烘炉过程中有150℃、350℃、600℃、800℃四个保温阶段，主要是为了排出炉体中游离水和结晶水。

黏土结合耐火浇注料是一种较新的不定型耐火材料。它是由颗粒不大于12mm的矾土熟料为骨料和矾土熟料细粉以及耐火生黏土细粉混合的一种散状材料。在使用时，将按一定比例配制的混合料加入定量的外加剂，用强制搅拌机搅拌，再加定量的水，再搅拌，然后像浇灌混凝土那样浇捣炉体。

配料时必须保证料的配合比准确，加入的水水质必须清洁，水量不能超过规定。在满足正常施工的前提下，浇注料的用水量和促凝剂量要尽量少加，以保证浇注料的质量，延长炉体使用寿命。浇捣完成后至拆模前要有一段养护时间，养护时间长短视季节和气温而定，当常温耐压强度达到0.98MPa以上时，方可拆模。拆模后到烘炉前应该有一段自然干燥期，尤其在深秋和冬季施工，充分干燥是十分必要的。在烘炉过程中烘烤温度必须均匀，严禁局部温度过高和升温过快，必须使整个炉体温度均衡地沿烘炉曲线上升，以免产生炉体破裂剥落。

用耐火可塑料或黏土结合浇注料炉体预制块，按炉体各部位尺寸设计预制块的结构、形状和大小，事先由耐火材料厂捣打预制块并进行烘烤。这样现场吊装砌筑方便，可以缩短筑炉时间；由于预制块经过了烘烤，烘炉时间可以缩短。用预制块砌筑，在炉体损坏、局部更换和拆炉时比浇捣的炉体容易操作，但预制块炉体的气密性和整体性没有浇捣炉体的好。

4. 烘炉操作程序

（1）首先进炉内检查炉膛内有无杂物，如有，需进行清理。

（2）检查炉顶的密封情况，如有空隙，采用灌浆法进行封闭。

（3）检查炉砌体的垂直度，如发现垂直度不合格，则应停止所有工作，重新拆砌。

（4）检查炉内的气化管是否全部包扎。

（5）检查测温元件的安装情况，确认烘炉开始后才能有正确的炉温反馈。

（6）检查炉门及烟闸的活动是否自如。

（7）检查烟道内杂物清理是否完全彻底及换热器的通畅程度。

（8）炉内水冷件送水，检查水管是否堵塞。

（9）检查气化冷却系统是否合乎要求。

（10）检查风机、推钢机试车是否正常。

（11）与仪表工联系温度显示系统是否进行校验，并与仪表工配合对自控的执行机构进行试车（包括风的执行机构、煤气的执行机构、气化放散的执行机构、转动烟闸的执行机构、升降烟闸的执行机构等）。

（12）开动气化冷却的助循环启动阀门。

（13）如烘炉使用煤气，进行炉内烘炉用煤气燃烧装置的接通，如使用木柴进行木柴倒运，并将木柴按规定堆放在炉内的需放位置。

（14）检查炉用蒸汽管路是否畅通。

（15）关闭所有的炉门，烟闸少留空隙。

（16）经请示点火。

（17）熟悉并掌握烘炉制度及烘炉曲线的温度要求及时间长短。

（18）按烘炉曲线要求升温，并注意观察砌体的情况。

（19）到一定的时间炉温停止变化时，并且炉温已达到炉子生产使用燃料的着火温度时，燃料管路扫线试通。

（20）供给正常的燃料，只开少量的燃烧器。一般沿炉长方向只开前端的喷嘴 2~3 个；供油或煤气前，请打开烟道烟闸的 50%。

（21）注意炉头砌体有无变化，以控制温升速度。

（22）按炉温曲线要求升温和保温。

（23）炉子保温温度超过 800℃时，请打开部分喷嘴。

（24）与气化冷却系统联系，看气化冷却系统是否进行自然循环。

（25）提升炉温至生产需要的温度。

5. 烘炉时应注意的事项

（1）烘炉曲线中在 150℃、350℃、600℃都需要保温，这三个温度有时掌握烘炉操作不当就会使砌体遭受破坏。在烘炉时要注意在 150℃时保温一个阶段以排出泥浆中的水分，在 350~400℃缓慢升温以使结晶水析出，在 600~650℃时需要保温一段时间，以保持黏土砖的游离 SiO_2 结晶变态，在 1100~1200℃时要注意黏土砖的残存收缩。烘炉时间大致为：小修 1~2 天，中修 3~4 天，大修或新炉 5~6 天，或更长一些。

（2）烘炉的温度上升情况应基本符合烘炉曲线表的规定。温度的上升不应有显著的波动，也不应太快，否则将产生不均匀膨胀，导致砌体的破坏。连续式加热炉要特别注意炉顶的膨胀情况，对用硅砖砌筑的炉顶应倍加注意，因为硅砖在 200~300℃之间和 573℃时，由于高低型晶型转变，体积将骤然膨胀，因此烘炉时在 600℃以下，升温不宜太快

（在高低型晶型转变温度保温一个阶段），做法是在炉顶的中心线上做几块标志砖，以便观察炉顶的情况，如果膨胀不均匀，应调整该部位的火焰。另外应密切注意热工仪表是否准确，以免发生事故。

（3）新建或大修后烘炉，连续式加热炉应关上炉门，并使炉内呈微小的负压，炉温达700℃以上转为微正压，并且在烘炉时不要长时间打开炉门。

（4）在使用煤气的时候，应经常检查煤气管道上是否有漏气现象，在低温时，应随时观察炉内火苗，防止熄火和不完全燃烧；炉温逐步提高后，根据炉内燃烧情况给予适当的空气，严禁不完全燃烧，以避免在换热器或烟道内积存，造成爆炸条件和浪费燃料。

（5）用木柴烘炉改为重油时，不要开风过大，以免将炉内的火堆吹散、吹灭。

（6）烘炉的开始，使用的热工仪表应采用手动操作，当炉温达900℃以后，才能转入自动。

（7）在烘炉过程中，应经常检查烟囱的吸力情况，如果烟囱吸力不足，影响烘炉速度时，应在烟囱底部点火，以增加烟囱抽力。

（8）砌体如有漏火现象要及时灌泥浆。

（9）炉内膨胀及金属结构的变形情况都要做记录。

二、看火操作

看火操作即加热炉的加热操作，是热轧生产中最重要的操作项目之一，对轧钢生产的安全、优质、高产、低耗有举足轻重的影响。使用不同燃料的连续式加热炉，由于其炉型结构、燃料的燃烧方式、燃烧特点、燃料的供给方式等方面的不同，其操作方法也各不相同，下面分别介绍燃气和燃油加热的操作方法。

（一）燃油加热炉加热操作要点

加热工的职责范围是负责燃料燃烧过程，看火、调节炉温、控制炉压，使之符合加热规范的工艺要求，为轧钢生产提供符合要求数量和加热质量的原料。

1. 重油的准备

重油燃烧前的准备工作是十分重要的，它包括重油的卸出、储存、沉淀、脱水、过滤、预热、输送和压力的调节等。

燃烧重油装置的好坏对炉子的工作起着重要作用，同时重油准备工作的好坏，供油系统及设备的好坏也直接影响炉子工作状态的好坏、产量的大小和能耗的高低。例如：油的加热温度不够高时，油的黏度大，会造成雾化质量不好；油压不稳定时，可能造成火焰不稳定和炉温的波动；油泵能力不足时，喷嘴能力就达不到要求，炉子热负荷就可能不够；油压过高时，又会使喷嘴能力剧增，并可能破坏喷嘴雾化的最佳条件和失去油风的比例关系；油的过滤不好，可能造成流量仪表的损坏和管路或喷嘴的堵塞；脱水不净、含水过高时，会增加燃烧热损失，也容易造成喷嘴火焰不连续；操作管理不当，油路系统缺乏必要的安全措施时，又会引起火灾等事故发生。

为了做好重油燃烧前的准备和合理组织重油的燃烧，必须掌握所用重油的使用性能，主要是重油的黏度、凝固点、闪火点、含水量、含硫量、掺混性等。

在实际使用时，一些地方对黏度、温度及其他指标要求如下。

A　黏度

（1）输油泵的允许黏度：齿轮泵和螺杆泵为 $10\sim200°E$；离心泵为 $15\sim30°E$；蒸汽往复泵为 $70\sim80°E$。

（2）油路系统：管路中要求黏度在 $7\sim12°E$，也可以适当大些。

（3）油在喷嘴前的黏度：为了保证重油的雾化质量，不同形式的喷嘴对油的黏度有不同的要求：低压空气雾化喷嘴 $3\sim5<8°E$；压缩空气雾化喷嘴 $4\sim6<15°E$；蒸汽雾化喷嘴 $4\sim6<15°E$。

B　温度

（1）油罐的油温。重油油罐的油温一般为 $70\sim80℃$；原油油罐的油温一般为 $40\sim50℃$。加热温度一般低于油闪火点 $20\sim30℃$，加热温度过高时容易发生火灾，重油加热温度过高还容易发生油罐冒顶事故。加热温度高，不但不安全而且散热损失也大。

（2）油在喷嘴前的油温。为了达到要求的黏度，重油品种不同，所需要加热的温度也应不同。重油的供应很不稳定，各炼油厂的重油也无一定标准，这就给黏度操作带来很大困难。在喷嘴前一般将重油加热到 $95\sim120℃$ 温度。如不考虑油品，一律将重油加热到固定不变的温度，是不合理的。严格讲，随来油黏度的不同，预热温度亦应随之改变。

喷嘴前的油温加热不足，不仅对油的输送不利，流量减少，而且影响喷嘴雾化质量，致使燃烧条件恶化；影响流量计的准确性，也会给自动控制带来困难。喷嘴前油温加热太高，又会引起重油的剧烈气化和起泡沫，造成燃烧不稳定或断火（气塞），并且容易析出黏状与块状的炭，堵塞管路或喷嘴。所以要求喷嘴前重油最高加热温度不得高于 $130℃$。

进一步的要求是，各炼油厂应按一定标准供油，对每一批油测定出黏度-温度曲线，按曲线调节油的加热温度。

C　其他指标

（1）闪火点。又称闪点，主要用来决定油的易燃等级，作为判断发生火灾可能性的依据。在储存和加热油料时，最高温度不能超过其闪点；同时必须严防火种靠近，以免发生火灾。油罐里油的加热温度应低于闪点 $20\sim30℃$，并且不超过 $90℃$。在压力容器或管道中油的加热温度可以高于闪点。

使用闪点在 $60℃$ 以下的油时，必须采用蒸汽吹扫管道；当使用闪点大于 $60℃$ 的油时，才允许使用压缩空气扫线。

（2）含硫量。含硫量过高，对加热钢材质量有影响，还会增加烟气中 SO_2 含量，污染环境。加热炉用油要求硫含量不大于 1%，我国大部分地区重油含硫量都在 1% 以下。同时含硫量愈高，油的黏度也就愈高。

（3）水分。水分对燃烧不利，不仅水分蒸发时会消耗大量的热，降低燃料的发热量，水分过多时（$10\%\sim15\%$）还会造成喷嘴火焰不稳定。一般希望油中水含量不大于 2%。事实上，一般炼油厂来油含水量较高，加上转运过程中，采用蒸汽直接加热的方法卸油，更使含水量增加。

在操作上应保证油在油罐中有储存沉淀时间，使水分离、排掉。大多数燃油系统中，只有油罐一处可以排水，所以操作时应严格把关，在储存期间要及时排掉沉淀水分，使水含量达到燃烧要求。

油掺水乳化燃烧是另外一回事，掺水的油要经过弹簧哨或乳化管乳化，目前还有加入化学乳化剂，形成乳化液。因为均匀稳定的油水乳化液中，油颗粒表面上附着一些小于4μm的水颗粒，在高温下这些水变成蒸汽，蒸汽压力将油颗粒击碎成更细的油雾，即第二次雾化。由于雾化的改善，用较小的空气消耗系数便能得到完全燃烧。国内经验表明，采用乳化油燃烧后，化学性不完全燃烧可以降低 1.5%～2.2%，火焰温度不仅没有下降，反而提高了 20℃左右。由于过剩空气量的减少，使燃烧烟气中的 NO_x 含量降低，减少了大气污染。乳化油燃烧的关键是乳化的质量，如不能得到均匀的乳化液，则不能达到改进燃烧过程的目的。

不同来源的重油，其化学稳定性不同，当把它们互相掺混使用时，有时会产生一些固体沉淀物或胶状半凝固体，这样就会堵塞供油系统，严重的会导致停产事故。这在国内曾多次发生。

生产实践证明，同一来源不同牌号的重油可以混合使用；同一来源的不同牌号的焦油也可以混合使用；但是不同来源的焦油则不能随便混合；尤其不能随便将重油和焦油混合使用。

为了防止发生事故，在混合使用不同来源的燃料油时，必须先做掺混性试验。

2. 送油操作

送油操作是指从储油罐向加热炉上的喷嘴前输送重油的操作。对新建和经过长时间停炉检修后的炉子，送油操作应遵循如下程序：

（1）油泵房操作工提前打开油罐加热器进气和出水阀门，使罐内重油逐渐升温到70～80℃。当油库距油喷嘴较远时，往往在储油罐的预热器与喷嘴之间的一段管道用蒸汽保温以防止油温下降。还可以另敷设两条和油管路平行的蒸汽管并用绝热材料将两管包在一起，或将油管套在蒸汽管内。检查油过滤器前后阀门并将两台过滤器中一台的前后阀门关闭。安装两个并排的过滤器（目的是在一个过滤器清理时，还可以用另一个过滤器工作）。检查油泵进出口、流量计前后及旁路阀门，检查调压阀及所有蒸汽阀门。检查并打开疏水器前的蒸汽阀门。

（2）打开保温管和加热器进汽阀门，使管路和加热器预热。

（3）检查与炉前送油的联系信号是否畅通。

（4）打开储油罐出油阀门。

（5）炉前加热工检查各喷嘴、阀门等安装是否正确。

（6）炉前加热工巡视总阀门以内的所有炉前管道，熟悉并复查管路安装是否正确，热管道保温层是否完好。

（7）打开炉前保温管蒸汽总阀门，通气预热炉前油管，并检查末端疏水器前阀门是否开启，疏水器是否好用。继续打开吹扫喷嘴蒸汽阀门吹扫一下喷嘴，检查喷嘴是否堵塞，同时使喷嘴得到预热，然后将吹扫蒸汽阀门关严。

（8）当检查一切正常后，通知油泵房操作工送油。泵房操作工得到送油通知后，打开供油泵前输油管路上各种阀门，使输油管路畅通，同时打开输油套管蒸汽闸阀，加热输油管路。

（9）打开储油罐的出油闸阀，使供油泵前各输油管充满燃油（以供油泵前小阀门打开后能流燃油为准）。

（10）少许打开供油泵出油闸阀，启动油泵供油，同时调整供油泵后闸阀和总回油闸阀，使油压调节到适应喷嘴需要的参数（泵后压力表指针在 0.4~0.6MPa）。这时如果全部送油管路无异常变化，无泄漏点，而且循环正常、油压稳定、油温适合、流量计指针走动正常，至此即可认为送油操作合格。

应当着重指出，新建的油管路在试压检漏的同时必须对管路进行彻底清扫，将管道内可能存在的氧化铁皮、电焊渣等物清除干净，否则将长期影响炉子的正常运行；停炉检查时油管路也要进行认真扫线，将油管路内的残油清扫干净。

3. 点炉操作

重油点火操作要遵循下列程序：

（1）在送油操作已经完成，重油已送到喷嘴前，按炉子需要即可进行点火。在点燃喷嘴之前，首先检查喷嘴中心与烧嘴砖中心是否重合，检查油管及蒸汽管路的阀门及开闭器是否在正确的位置，并将所有的油管雾化剂管路上的开关和调节阀全部关闭。

（2）点火前，首先开动助燃风机；高压雾化喷嘴可打开炉前总蒸汽阀门或炉前总压缩空气阀门。

（3）打开烟道闸门及靠近喷嘴处的炉门，为了使未燃烧的易燃气体容易逸散和防止爆炸，应在要点燃的喷嘴前点燃火堆或准备好油棉纱火把。

（4）将喷嘴进风阀微开，打开喷嘴的雾化剂阀门，向喷嘴供入适量的雾化剂。

（5）打开喷嘴进油阀，这时人应在喷嘴侧面，以免被喷出的火焰烧伤。如果喷嘴喷出的可燃物没有着火或点着又熄灭，这时必须迅速将油阀关闭，停上数分钟后，使炉内可燃混合物充分排除，分析原因，进行处理后，再点燃。

（6）当喷嘴点燃后，调节油量不要太大，等火焰稳定后，开大油阀和风阀，调节风、油量使燃烧正常。燃烧正常时，火焰应明亮、无黑烟。

（7）喷嘴喷出的火焰，不应与喷口的耐火砖接触，否则可能产生喷口堵塞或中心线错动。一个喷嘴点着后，再点相近的喷嘴就比较容易点着。点燃喷嘴的数量和时间根据需要的炉温决定。根据炉内情况及时调节好烟道闸门，使炉内为正压，以炉门冒出少许火焰为宜，或用仪器测之。

（8）正常生产时，应经常进行巡回检查，当发现喷嘴堵塞、油量调节不当、火焰熄灭等现象，应及时处理。

4. 燃烧操作

从点炉到正常生产过程都要把重油烧好，在燃烧时出现一些问题要及时处理。

（1）点不着火的原因一般有：油温低；油中含水多；供风量过大；雾化剂压力高和油流股相遇时反压大，把油封住；炉膛温度太低等。处理时要分析原因，有针对性地进行处理。

（2）正常燃烧的火焰有时突然熄灭，产生灭火。灭火的原因有时与点不着火的原因相同，除此之外，低压喷嘴空气量过大、油量过小时也容易产生灭火，此时应当减少风量适当增加油量；高压蒸汽雾化喷嘴，蒸汽量过大也容易灭火，此时应适当减少雾化蒸汽量。

（3）有时可能产生喷出的可燃混合物在远离喷口一段距离才有火焰，产生脱火。此时应适当减少助燃空气量，使火焰移近喷口，达到燃烧稳定。

（4）喷嘴火焰不连续，产生喘气一样的气塞现象。多因为油中含水过多，油的加热温度过高或油泵故障，油压不稳所造成。此时要将油中水排除，控制含水量2%以下，降低油的加热温度到120℃以下，检查油泵，消除故障使油压稳定。

（5）在燃烧过程中，有时喷嘴头部和喷嘴砖会结焦。产生结焦的原因有：重油雾化不良；喷嘴安装不正或喷嘴砖孔径、张角太小；流股冲碰喷嘴砖，油滴凝聚受热裂解而积炭结焦；喷嘴关闭时，喷嘴头部留有残油，炉内辐射热使残油裂化结焦。为此，要改进重油雾化质量；改进喷嘴安装和喷嘴砖的内孔尺寸；当停用个别喷嘴时，要及时插好喷嘴安装板上的插板，封闭喷嘴砖孔；如果停炉较长，在停炉时将喷嘴用蒸汽吹扫干净。

（6）喷嘴有时会堵塞。其原因一是结焦，二是油渣堵塞。为减少结焦堵塞，喷嘴停用时要插好挡板，在停炉时吹扫干净，同时油喷嘴要定期更换风套中的油枪，更换下的油枪要用轻质油清洗干净。喷嘴被油渣堵塞是由于重油过滤不好或管路中有焊渣引起的。油过滤器要符合要求，过滤器要定期更换和清洗。

（7）重油燃烧不好会冒黑烟。冒黑烟不仅浪费能源，而且污染环境。冷炉点火和空气不足时容易冒黑烟。冷炉点火时应注意开启烟道闸门，开始油量给得不要太多，配合适当的风量，点着后慢慢增加油量和风量；逐渐提温，避免开始在炉膛温度很低，油与空气混合和燃烧速度很慢的情况下供入大量油，不能燃烧而冒黑烟。

（8）燃烧操作时，应使重油良好雾化。影响重油雾化的因素很多，油温低往往是雾化不良的重要原因。因此，要提高油的加热温度，降低油的黏度；如油温提不高，需要检查油加热保温蒸汽压力是否足够，如果饱和蒸汽压力太低，要采取措施解决。低压喷嘴内部调风机构失灵也会造成雾化不良，要定期清洗和检修喷嘴。另外，雾化剂和油的喷出速度直接影响雾化质量。要注意控制风压、风量和调节喷嘴出风口的截面积；控制油压和调节喷油口的直径。

（9）燃烧操作时要注意经常观察重油的燃烧状况并进行调节。重油燃烧要做到火焰具有良好的稳定性，燃烧完全，没有火星存在，不冒黑烟。在保证完全燃烧的情况下，力求减少空气量。燃油烟气的含氧量应在0.5%~2%之间。调节燃烧时，增油时要先增加雾化剂量和助燃空气量，而后增加油量；减油时要先减少油量，而后减少助燃空气量和雾化剂量。喷嘴不应在最大和最小负荷状态下运行，调节量不够时，应开启和关闭喷嘴个数。

5.停炉操作

（1）首先关闭喷嘴的进油阀门，使喷嘴熄火。

（2）通知油泵工，关闭油泵停止送油。

（3）如果是停炉保温可以停止鼓风机供风，并关闭烟道闸门。如果是停炉检修，应加快炉子冷却，继续供风，并开大烟道闸门。

（4）打开吹扫喷嘴的蒸汽阀门，将各喷嘴中残油吹到炉内烧掉，将喷嘴吹净。打开重油管路的吹扫阀门，用蒸汽将管路中的残存重油吹扫到中间罐或中间包内。然后关闭总油门和吹扫阀门，关闭保温管蒸汽阀门。高压喷嘴则可关闭雾化剂总开关，停供雾化剂。

（5）炉底水管水冷或气化冷却循环系统应照常供水，等炉温降到一定温度才可停止供水。

（6）油泵工用蒸汽吹扫整个供油管道，排尽剩油。

（二）燃煤气加热炉的操作及注意事项

1. 送煤气前的准备

（1）送煤气之前本班工长、看火工及有关人员应到达现场。

（2）检查煤气系统和各种阀门、管件及法兰处的严密性，检查冷凝水排出口是否正常安全，排出口处冒气泡为正常。

（3）检查蒸汽吹扫阀门（注意冬季不得冻结）是否完好，蒸汽压力是否满足吹扫要求（压力不低于 0.2MPa）。

（4）准备好氧气呼吸器、火把（冷炉点火）、取样筒等。

（5）通知与点火无关人员远离加热炉现场及上空。

（6）通知调度、煤气加压站，均得到允许后方可送煤气。

（7）通知仪表工、汽化站及电工、钳工等。

2. 送煤气操作

（1）向炉前煤气管道送煤气前，炉内严禁有人作业。

（2）烧嘴前煤气阀门、供风阀门关闭严密，关闭各放水管、取样管、煤气压力导管阀门。

（3）打开煤气放散阀。

（4）连接胶管或直接打开吹扫气源阀门及各吹扫点旋塞阀，吹赶煤气管道内原存气体，待放散管冒蒸汽 3~5min 后，打开放水阀门，放出煤气管道内冷凝水，关闭放水阀门。

（5）开启煤气管道主阀门，关闭热汽吹扫阀门，使煤气进入炉前煤气管道。

（6）煤气由放散管放散 20min 后，取样爆发试验，需做三次，均合格后，方可关闭放散阀门，打开煤气压力导管，待压力指示正常，方可点火。点火时如发生煤气切断故障，上述"放散"及"爆发试验"必须重新进行，合格后方可点火。

（7）关闭空气总阀后再起动鼓风机，等电流指针摆动稳定后，打开空气总阀。

（8）开启炉头烧嘴上的空气阀，排除炉膛内的积存气体和各段泄漏的煤气，送煤气前炉内加明火，确信炉内无煤气，方可进行点火操作。

3. 煤气点火操作

A　点火程序

（1）适量开启闸板，使炉内呈微负压。

（2）点火应从出料端第一排烧嘴开始向装料端方向顺序逐个点燃。

（3）点火时应三人进行，一人负责指挥，一人持火把放置烧嘴前 100~150mm，另一人按先开煤气，待点着后再开空气的顺序，负责开启烧嘴前煤气阀门和风阀，无论煤气阀还是风阀均都徐徐开启。如果火焰过长而火苗呈黄色则是煤气不完全燃烧，应及时增加空气量或适当减少煤气量；如果火焰过短而有刺耳噪声则是空气量过多，应及时增加煤气量或减少空气量。

（4）点燃后按合适比例加大煤气量和风量，直到燃烧正常。然后按炉温需要点燃其他烧嘴；最后调节烟道闸门，使炉膛压力正常。

（5）点不着火或着火后又熄灭，应立即关闭煤气阀门，向炉内送风 10~20min，排尽炉内混合气体后再按规定程序重新点燃，以免炉膛内可燃气体浓度大而引起爆炸。查明原因经过处理后，再重新点火。

B　点火操作安全注意事项

（1）点火时，严禁人员正对炉门，必须先给火种，后给煤气，严禁先给煤气后点火。

（2）送煤气时不着火或着火后又熄灭，应立即关闭煤气阀门，查清原因，排净炉内混合气体后再按规定程序重新点燃。

（3）若炉膛温度超过900℃时，可不点火直接送煤气，但应严格监视其是否燃烧。

（4）点火时先开风机但不送风，待煤气燃着后再调节煤气、空气供给量，直到正常状态为止。

4. 升温操作

（1）炉膛温度在800℃前时，可启动炉子一边烧嘴供热，并且定期更换为另一边供热。

（2）不供热的一边、一组或某个烧嘴的煤气快速切断阀，及空煤气手动阀门处于关闭状态。

（3）四通阀处于供风状态。

（4）排烟阀处于关闭状态，排烟机启动。

（5）用风量小时，必须适当关小风机入口调节阀开口度，严禁风机"喘振"现象发生。

（6）当要求某一边或某一组烧嘴供热时，先打开煤气快速切断阀（在仪表室控制），然后打开嘴前手动空气阀，再打开嘴前煤气手动阀，调节其开启度在30%，稳定火焰。

（7）根据炉子升温速度要求逐渐开大空煤气手动阀门来加大烧嘴供热能力，观察火焰，调节好空燃比。

（8）升温阶段远程手控下烟道闸板，使炉膛压力保持在10~30Pa。

5. 换向燃烧操作

某厂蓄热式加热炉换向燃烧操作步骤如下：

（1）当均热段炉温升到800℃以上时，方可启动蓄热式燃烧系统换向操作。

（2）打开压缩空气用冷却水，启动空压机调整压力（管道送气直接调整压力），稳定工作在0.6~0.8MPa，打开换向阀操作箱门板，合上内部电源空气开关，系统即启动完毕。

（3）系统启动后，将手动、自动按钮旋至手动状态。

（4）启动引风机，延迟15s后，徐徐打开引风机前调节阀，开启度为30%。

（5）将空气流量调节装置打到"自动"方式。

（6）参考热值仪数据，确定空燃比，调整燃烧状态为最佳。空燃比一般波动在0.7~0.9，可通过实际操作试验找到最佳值。

（7）炉压控制为"自动"状态，控制引风机入口处废气调节阀使炉膛压力控制在5~10Pa。

（8）手动调节空气换向阀废气出口的调节阀，使其废气温度基本相同。

（9）当各段炉温稳定达到800℃以上时，换向方式改为"联动自动方式"。

（10）在生产过程中若出现气压低指示红灯亮、电铃报警且气动煤气切断阀关闭，说明压缩空气压力低于0.4MPa，这时应按下音响解除按钮、修理空压机、调整压缩空气压力至0.6~0.8MPa。

（11）在生产过程中若Ⅰ组、Ⅱ阀板有误指示红灯亮，电铃报警且气动煤气切断阀关闭，说明换向阀阀位的接近开关损坏、阀板动作不到位超过16s。这时应按下音响解除按钮，首先查看阀板是否到位，阀板不到位，检查是否气缸松动使阀杆运行受阻，是否电磁换向阀、快速排气阀堵住或损坏。若阀位正常，应检查接近开关或接近开关连线。

（12）在生产过程中若出现Ⅰ组、Ⅱ组超温指示红灯亮，电铃报警且气动煤气切断阀关闭，说明排烟温度超过设定温度，这时应关闭气动煤气切断阀和引风机前蝶阀，检查测量排烟温度热电偶或温度表是否完好，重新确认温度设定。

6. 正常状态下的煤气操作

（1）接班后借助"煤气报警器"对煤气系统，尤其是嘴前煤气阀门、法兰连接处等认真巡视检查，如发现煤气泄漏等现象，立即报告上级有关单位或人员，并采取紧急措施。煤气系统检查严禁单人进行，操作人员应站在上风处。

（2）仪表室内与煤气厂煤气加压站的直通电话应保持良好工作状态，发现故障立即通知厂调度室。

（3）看火工应按规定认真填写岗位记录。

（4）当煤气压力低于2000Pa时，应关闭部分烧嘴，当煤气低压报警（1000Pa）时，应立即通知调度和加压站，并做好煤气保压准备。

（5）发现烧嘴与烧嘴砖接缝处有漏火现象，应立即用耐火隔热材料封堵严实，发现烧嘴回火，不得用水浇，应迅速关闭烧嘴，查明原因，处理后再开启使用。

（6）看火工必须根据煤气发热量情况，对煤气量和风量按规定比例进行调节。

（7）在加热过程中，加热工应经常检查炉内加热情况及热工仪表的测量结果，严格按加热制度要求控制炉温。在需要增加燃料量时，应本着先增下加热，后增上加热；先增炉头，后增炉尾的原则进行，在需要减燃料操作时，则与之相反。

（8）每班接班后必须排水一次。

7. 换热器的操作

某厂换热式加热炉换热器操作步骤如下：

（1）换热器入口烟温允许长期不高于750℃，短期不超过800℃；煤气预热温度允许长期不高于320℃，短期不超过370℃。

（2）入口烟温及煤气预热温度超温时，应依次关闭靠近炉尾的烧嘴，紧急情况下可关闭嘴前所有煤气阀门。

（3）热风放散阀应做到接班检查，发现异常及时通知仪表工。

（4）风温允许长期不高于350℃，短期不超过400℃。如超温，采取如下措施：1）热风全放散；2）按换热器操作第（2）条执行。

（5）一旦换热器出现泄漏，立即采取补漏措施。

8. 停炉操作

A　正常状态下停炉的操作程序

（1）停煤气前，首先与调度、煤气站联系，说明停煤气原因及时间，并通知仪表工。

（2）停煤气前应由生产调度组织协调好吹扫煤气管道用蒸汽，蒸汽压力不得低于 0.2MPa。

（3）停煤气前加热班工长、看火工及有关人员必须到达现场，从指挥到操作，分配好各自职责。专职或兼职安全员应携带"煤气报警器"做好现场监督。负责操作的人员备好氧气呼吸器。

（4）按先关烧嘴前煤气阀门，后关空气阀门顺序逐个关闭全部烧嘴。注意：风阀不得关死，应保持少量空气送入，防止烧坏烧嘴。

（5）关闭煤气管道两个总开关，打开总开闭器之间的放散管阀门。

（6）关闭各仪表导管的阀门，同时打开煤气管道末端的各放散管阀门。

（7）如炉子进入停炉状态则应打开烟道闸板。

（8）打开蒸汽主阀门及吹扫阀门将煤气管道系统吹扫干净，之后关闭蒸汽阀门，关闭助燃鼓风机，有金属换热器时要等烟道温度下降到一定程度再停风机。

（9）如停煤气属于炉前系统检修或炉子大、中、小修，为安全起见，应通知防护站监检进行堵盲板水封注水。检修完成后，开炉前由防护站负责监检，抽盲板、送煤气。

（10）操作人员进炉内必须确定炉内没煤气，并携带煤气报警器，二人以上工作。

B　正常状态下停炉操作时的注意事项

（1）停煤气时，先关闭烧嘴的煤气阀门后关闭煤气总阀门，严禁先关闭煤气总阀门，后关闭烧嘴阀门。

（2）停煤气后，必须按规定程序扫线。

（3）若停炉检修或停炉时间较长（10 天以上），煤气总管处必须堵盲板，以切断煤气来源。

C　紧急状态下停煤气停炉的操作程序

（1）由于煤气发生站、加压站设备故障或其他原因，造成煤气压力骤降，发出报警，应立即关闭全部嘴前煤气阀门，并打开蒸汽吹扫，使煤气管道内保持必要压力，严防回火现象发生，同时与调度联系，确认需停煤气时，再按停煤气操作进行。

（2）如遇有停电或风机故障供风停止时，亦应立即关闭全部嘴前煤气阀门，待恢复点火时，必须按点火操作规程进行。

（3）如加热炉发生塌炉顶事故，危及煤气系统安全时，必须立即通知调度和加压站，同时关闭全部烧嘴，切断主煤气管道，打开吹扫蒸汽，按吹扫的程序紧急停煤气。

D　紧急状态下停煤气停炉时的注意事项

（1）若发现风机停电，或风机故障，或压力过小时应立即停煤气，停煤气时按照先关烧嘴阀门，后关总阀门操作，严禁操作程序错误，并立即查清原因，若不能及时处理，煤气管道按规定程序扫线；待故障消除，系统恢复正常后，按规定程序重新点炉。

（2）若发现煤气压力突降，应立即打开紧急扫线阀门，然后关闭烧嘴煤气阀门，关闭煤气总阀门，打开放散阀门。因为当管内煤气压力下降到一定程度后，空气容易进入煤气管道引起爆炸。

三、烧钢操作的优化

优化烧钢操作是以最小的消耗满足轧机的要求所进行的操作。影响加热炉生产和消耗的因素很多，归纳起来，操作上的因素不外乎燃烧情况、热负荷、炉子热工制度等几个方面，而优化操作也应从这些方面着手。

（一）正确组织燃料燃烧

正确地组织燃料燃烧就是保持炉内燃料完全燃烧。燃料入炉后如能立即完全燃烧，将有效地提高炉温，并能增加炉子生产率，降低燃料单耗，这对满足增产节能两方面的要求，有非常重要的意义。

从操作上来讲，正确地组织燃料的燃烧，有很多工作要做，如以前所述对燃料使用性能的了解；对风温、风压的控制都是十分重要的问题；燃烧器的安装、使用、维护保养对燃料燃烧情况的好坏都有很大的影响。在以上因素合理控制的基础上，燃料与空气的配比是影响燃烧和燃料节约的主要问题。

从节约燃料的观点出发，在保证燃料完全燃烧的条件下，在炉子操作中应尽可能地降低空气消耗系数。以前，用给定空气消耗系数来维持空、燃比例，但往往由于燃料热值的波动破坏正常的空、燃比例，实现低氧燃烧比较困难。近年来发展用氧化锆连续测定烟气中的氧含量作为自动控制燃烧的信号，用于控制燃料与空气的供给量；而且还可以进行分段控制，以每段各自分析测定烟气中的氧含量为信号，来控制各段的空燃比。如果在操作中对空气消耗系数的大小心中无数，完全靠观察、靠经验进行调节，会出现不完全燃烧的情况。

在操作中也常常出现只调燃料不调空气，或只调空气而不调燃料的错误操作。这些都是造成燃料浪费的原因，应该及时改进。

（二）合理控制热负荷

在加热操作时，应根据炉子生产变化情况调节热负荷，使其控制在最佳的单耗水平，这样对加热质量、炉体寿命、能源消耗均有利。

冶金工业部《关于轧钢加热炉节约燃料的若干规定》中规定，"操作规程中应规定加热不同品种规格坯料和不同轧机产量的经济热负荷制度，做到不往炉内供入多余的燃料"。

目前，加热炉的热耗比较高，主要是在低产或不正常生产时没有严格控制好向炉内供入的燃料造成的。在低产或不正常生产时还必须充分注意调节好炉子各段的燃料分配。理想的温度制度是三段式温度制度（即预热、加热、均热），均热段比加热段炉温低，能使钢坯断面温差缩小到允许范围之内，使钢坯具有良好的加热质量；适当提高加热段的温度，实行快速加热，允许钢坯有较大的温差，可提高炉子生产率；预热段不供热，温度较低，充分利用炉气预热钢坯，降低出炉烟气温度，可提高炉子热效率。三段式加热制度对产量的波动有较大的适应性和灵活性。当炉子在设计产量下工作时，炉子可按三段制度进行操作，随着炉子产量的降低，可逐渐减少加热段的供热，从炉尾向炉头逐渐关闭喷嘴，当炉子产量低于设计产量很多时，可完全停止加热段的供热，将均热段变成加热段，加热段变成预热段，即延长预热段，出炉烟气温度也降低，炉子变成二段制操作。随着炉子产量的波动，不向炉内供入多余燃料，出炉烟气带走的热量可以保持在一个最佳数值上，炉子单耗就可以降低。

在生产过程中，炉子待轧时间是不可避免的，研究制定待轧时的保温、降温和开轧前的升温制度，千方百计地降低待轧时的燃料消耗是极其重要的问题。必须发挥热工操作人员的积极性才能收到较好的效果。

炉子在待轧时必须按待轧热工制度减少燃料和助燃空气的供给量，适当调节燃料和空气的配比，使炉子具有弱还原性气氛；调节炉膛压力使之比正常生产时稍高些；还要关闭装出料口的炉门及所有侧炉门；要主动与轧钢工段联系，了解故障情况，分析预测需要停车时间的长短，决定炉子保温和降温制度。掌握准确的开轧时间，适时增加热负荷，以便在开轧时把炉温恢复到正常生产的温度。表 4.2.2 的待轧保温制度可作参考。

表 4.2.2 待轧降温表

待轧时间/min	降温温度/℃	注 意 事 项
≤30	基本不变	
≤60	50~100	(1) 待轧期间要减少燃料量，同时要减少风量；
≤120	100~200	(2) 关闭所有炉门和观察孔；
≤180	200~250	(3) 关闭烟道闸板，保持炉内正压，防止吸冷风；
≤240	250~350	(4) 待轧 4h 以上，炉温降至 700~800℃

(三) 合理控制钢温

按加热温度制度要求，正确控制钢的加热温度，同时还要保证钢坯沿长度和断面上温差小，温度均匀。过高的钢温，增加单位热耗，造成能源浪费，氧化烧损增加，容易造成加热缺陷和粘钢；但钢温过低，也会增加轧制电力消耗，容易造成轧制设备事故，因此应合理控制钢温。

在加热段末端与均热段，钢温与炉温一般来说相差 50~100℃，怎样正确地控制钢温以满足轧制的需要呢？

对于不同的钢种，加热有其自身的特点，对于普碳钢来讲，轧制时钢温的要求不太严格，由于普碳钢的热塑性较好，轧制温度的范围较宽，生产中即使遇到了钢温不均或钢温较低的情况，也可继续轧制。但对于合金钢来说，有的合金钢轧制温度范围很窄，所以就需要有较好的钢温来保障，不同种类的钢应掌握不同的温度，正确地确定钢的加热温度，对于保证质量和产量有着密切的关系，一般可以通过仪表测量出炉钢温及炉温，但仪表所指示的温度一般是炉内几个检测点的炉气温度，它有一定的局限性，所以，加热工如果想正确地控制钢温，必须学会用肉眼观察钢的加热温度，以便结合仪表的测量，更正确地调节炉温。钢坯在高温下温度与火色关系见表 4.2.3。

表 4.2.3 钢坯在高温下火色与温度的关系

钢坯火色	温度/℃	钢坯火色	温度/℃
暗棕色	530~580	亮红色	830~880
棕红色	580~650	橘黄色	880~1050
暗红色	650~730	暗黄色	1050~1150
暗樱桃色	730~770	亮黄色	1150~1250
樱桃色	770~800	白 色	1250~1320
亮樱桃色	800~830		

（四）合理地控制、调整炉温

在加热炉的操作中，合理地控制加热炉的温度，并且随生产的变化及时地进行调整是加热工必须掌握的一种技巧。一般加热炉的炉温制度是根据坯料的参数、坯料的材质来制定的，而炉膛内的温度分布，预热段、加热段和均热段的温度，又是根据钢的加热特性来制定的；加热时间是根据坯料的规格、炉膛温度的分布情况来确定的。一般对于含碳量较低、加热性能较好的钢种，加热温度就比较高，但随着钢的含碳量的增加，钢对温度的敏感性也增强，钢的加热温度也就越来越低。如何合理对钢料进行加热，怎样组织火焰，并且能使燃料的消耗降低，就是一个技巧上的问题。

炉温过高，供给炉子的燃料过多，炉体的散热损失增加，同时废气的温度也会增加，出炉烟气的热损失增大、热效率降低、单位热耗增高。炉温过高炉子的寿命受到影响，同时也容易造成钢烧损的增加和钢的过热、过烧、脱碳等加热缺陷，还容易把钢烧化，侵蚀炉体，增加清渣的困难，引起粘钢事故。

对于一个三段连续式加热炉来说，经验的温度控制一般遵循如下的规定：预热段温度不高于 780℃；加热段最高温度不高于 1350℃；均热段温度不高于 1200℃。

炉温控制是与燃料燃烧操作最为密切的，也就是说炉温控制是以增减燃料燃烧量来达到的，当炉温偏高时应减少燃料的供应量，而炉温偏低时又应加大燃料供应量。多数加热炉虽然安装有热工仪表，但测温计所指示的温度只是炉内几个点的情况。因此，用肉眼观察炉温仍是非常重要的。

同时，要掌握轧机轧制节奏来调节炉温以适应加热速度。轧机高产时，必须提高炉子的温度；而轧机产量低时，必须降低炉子的温度。这样可以避免炉温过高产生过烧、熔化及粘钢，或炉温过低出现低温钢等现象。

连续式加热炉同时加热不同钢种的钢坯时，炉温应按加热温度低的加热制度来控制，在加热温度低的钢坯出完后，再按加热温度高的加热制度来控制。当然在装炉原则上，应该尽量避免这种混装观象。

在有下加热的连续式加热炉上，应尽量发挥下加热的作用，这样既能增加产量又能提高加热质量。

（五）炉压控制

炉压的控制是很重要的。炉压大小及分布对炉内火焰形状、温度分布以及炉内气氛等均有影响。炉压制度也是影响钢坯加热速度、加热质量以及燃料利用好坏的重要因素。例如某些炉子加热时由于炉压过高造成烧嘴回火，而不能正常使用。

当炉内为负压时，会从炉门及各种孔洞吸入大量的冷空气，这部分冷空气相当于增加了空气消耗系数，导致烟气量的增加，更为严重的是由于冷空气紧贴在钢坯表面严重恶化了炉气、炉壁对钢的传热条件，降低了钢温和炉温，延长了加热时间，同时也大大增加了燃料消耗。据计算，当炉温为 1300℃，炉膛压力为−10Pa 时，直径为 100mm 的孔吸入的冷风可造成 130000kJ/h 的热损失。

当炉内为正压时，将有大量高温气流逸出炉外。这样不仅会恶化劳动环境，使操作困难，而且会缩短炉子寿命，并造成了燃料的大量浪费。当炉压为 +10Pa 时，100mm 直径的孔洞逸气热损失为 380000kJ/h。

加热炉是个不严密的设备，吸风、逸气很难避免，但正确的操作可以把这些损失降低到最低程度。为了准确及时掌握和正确控制炉压，现在加热炉上都安装了测压装置，加热工在仪表室内可以随时观察炉压，并根据需要人工或自动调节烟道闸门的开启度，保证炉子在正常压力下工作。

一般连续加热炉吸冷风严重的地方是出料门处，特别是端出料的炉子。因为端出料的炉子炉门位置低、炉门大，加上端部烧嘴的射流作用，大量冷风会从此处吸入炉内。

在操作中应以出料端钢坯表面为基准面，并确保此处获得 0~10Pa 的压力，这样就可以使钢坯处于炉气包围中，保证加热质量，减少烧损和节约燃料。此时炉膛压力约在 10~30Pa，这就是所谓的微正压操作。在保证炉头正压的前提下，应尽量不使炉尾吸冷风或冒火。

当做较大的热负荷调整时，炉膛压力往往会发生变化，这时应及时进行炉压的调整。增大热负荷时炉压升高，应适当开启烟道闸门；减少热负荷时，废气量减少，炉压下降，则应关闭烟道闸门。

当炉子待轧熄火时，烟道闸门应完全关闭，以保证炉温不会很快降低。

在正确控制炉膛压力的同时，还应特别重视炉体的严密性，特别是下加热炉门。由于炉子的下加热侧炉门及扒渣门是炉膛的最低点，负压最大，吸风量也最多，因此，当下加热炉门不严密或敞开时，会破坏下加热的燃烧。在实际生产中，有些加热炉把所有的侧炉门都假砌死，这对减少吸冷风起到了积极作用。

在生产中往往有一些炉子炉膛压力无法控制，致使整个炉子呈正压或负压。究其原因，前者是由于烟道积水或积渣，换热器堵塞严重，有较大的漏风点，造成烟温低，烟道流通面积过小，吸力下降；而后者则是由于烟囱抽力太大之故。对于炉压过大的情况要查明原因，及时清除铁皮、钢渣，排出积水，并采取措施，堵塞漏风点；而对于炉压过小的情况，可设法缩小烟道截面积，增加烟道阻力。

（六）采用正确的操作方法

正确的操作是实现加热炉高产、优质、低耗的重要条件。在多年生产实践中，人们总结出了不少好的操作经验。"三勤"操作法就是比较成熟的操作方法。一个优秀的加热工应该十分认真地执行"三勤"操作法。所谓"三勤"就是勤检查、勤联系、勤调整。

勤检查就是要经常检查炉内钢坯运行情况，注意观察燃料发热量波动情况、燃烧状况以及各段炉温和炉膛压力变化，正确判断炉内供热量及其分配是否合理，判断钢坯在各段内的加热程度；经常检查冷却水的水压、水量、水温及水质变化，掌握生产情况，并及早发现未来可能影响生产的一切征兆，以便对症采取措施。

勤联系就是经常与有关方面联系，搞好与其他各生产工序或岗位的配合衔接。

要经常与轧钢或调度室联系，了解轧制钢材的规格、速度、待轧时间及换辊、处理事故时间等，做到心中有数。

当煤气发热量及压力发生较明显的波动时，应立即通过调度室与煤气加压混合站取得联系，问明情况，以便做出相应的调整。

要经常与质量检查人员取得联系，掌握加热质量情况。

当检查发现入炉冷却水水质污浊，有明显的杂质，如木块、破布等物以及水压低于0.2MPa或水温过高（入炉水温超过35℃）时，应及时通过调度向给水部门反映，此处获得0~10Pa的压力，这样就可以使钢坯处于炉气包围之中，要求立即给予调整。

当检查发现重大设备隐患及安全隐患时，应及时向主管部门汇报，以便及早决策，制定和采取措施，消除隐患。

勤调整就是根据检查和了解到的情况，勤调节炉况，使之适应不断变化的生产要求。当轧机轧制节奏、加热钢种、规格发生变化时，要掌握适当的时机改变热负荷，在保证合适的钢加热温度前提下，尽可能降低炉温，以低限热负荷满足生产。当加热断面尺寸小的钢坯时，可不开或少开加热段烧嘴；当加热较大钢坯时，轧制速度快，加热时间短，则应加大加热段的供热量，以强化加热，增加炉子加热能力。在调整热负荷的同时切记还要调整好空燃比和炉膛压力，否则，仅仅采用调热负荷的做法很可能达不到预期的调节效果和目的。

在一些较先进的炉子上一般都有燃烧的自动比例调节装置，如模拟量调节器，单、多回路调节器等，特别是形成闭环控制的单回路调节系统，自动化程度很高，操作很容易，只要改变设定值就行了。在这种情况下，人们往往会产生依赖思想。应该强调指出，即使在这种情况下，"三勤"操作法还是非常重要而且是必不可少的。因为，只有根据轧制情况经常改变设定值才能烧好钢。

四、炉况的分析判断

炉子工作正常与否，可以通过分析某些现象来判断。掌握分析判断的方法，对热工操作是十分有益的。

（一）煤气燃烧情况的判断

煤气燃烧状况可以用以下方法判断：从炉尾或侧炉门观察火焰，如果火焰长度短而明亮，或看不到明显的火焰，炉内能见度很好，说明空燃比适中，燃料燃烧正常；如火焰暗红无力，火焰拉向炉尾，炉内气氛混浊，甚至冒黑烟，火焰在烟道中还在燃烧，说明严重缺乏空气，燃料处于不完全燃烧状态；如果火焰相当明亮，噪声过大，可能是空气量过大，但对喷射式烧嘴不能以此判断。

煤气燃烧正常与否还可以通过观察仪表进行分析判断。当燃烧较充分完全时，空气与煤气流量比例大致稳定在一数值，这一数值因燃料发热量不同而不同。

有一些加热炉上已安装了氧化锆装置以检测烟气含氧量，这就使燃烧情况的判断变得更简单了。当烟气中含氧量在1%~3%时，燃烧正常；含氧量超过3%为过氧燃烧，即供入空气量过多；含氧量小于1%为氧化锆"中毒"反映，说明空气量不足，是欠氧燃烧。当然，氧化锆安装位置不当，取样点不具有代表性，所测得的数据不能作为判断依据。

（二）加热过程中钢坯温度的判断

准确地判断钢坯加热温度，对于及时调节炉子加热制度提高烧钢质量，是十分重要的，即使是在加热炉上装有先进的测温仪表，用目测法判断钢温仍是很有必要的。作为一名优秀的加热工应该练好过硬的目测钢温本领。目测钢温主要是观察并区别开钢的火色。在有其他光源照射的情况下，目测钢温时，应该注意遮挡，最好是在黑暗处进行目测，这样目测的误差会相对小些。

通过观察钢的颜色，就能够知道钢温，但被加热的钢料在断面上温度差的判断又是一个问题，所以看火工在判断出钢温以后，第二要做的就是要观察钢料是否烧透。一般钢料中间段的温度与钢料两端的温度相同时，说明钢料本身的温度已比较均匀；若端部温度高于中间部分温度，说明钢料尚未烧透，需继续加热；若中间段的温度高于端部的温度，则说明炉温有所降低，此时便要警惕发生粘钢现象。钢温与炉子的状况有着直接的联系，如有时料的端头温度过高，多是因为炉子两边温度过高，坯料短尺交错排料时，两头受热面大，加热速度快或炉子下加热负荷过大，下部热量上流，冲刷端头引起的。钢长度方向温度不均，轧制延伸不一致、轧制不好调整，也影响产品质量。端头温度低，轧制进头率低，容易产生设备事故，影响生产，增加燃料和电力消耗。

钢加热下表面温度低或有严重的水管黑印，轧制时上下延伸不同容易造成钢的弯曲，同时也影响产品质量。下加热温度低的原因是下加热供热不足，炉筋水管热损失太大，水管绝热不良，下加热炉门吸入冷风太多或均热时间不够。此时就应采取如下措施：提高下加热的供热量；检查下加热炉门密封情况；观察炉内水管的绝热情况，如有脱落现象发生，在停炉时间进行绝热保护施工，以保证炉筋管的绝热效果。有些加热操作烧"急火"，钢在出炉以前的均热段加热过于集中，炉子是二段制的操作方法，均热段变成了加热段，加热段变成了预热段或热负荷较低的加热，这样，容易造成均热段炉温过高，损坏炉墙炉顶，烧损增加，均热时间短，黑印严重或外软里硬的"硬心"。烧"急火"的原因，是因为产量过高或待轧降温、升温操作不合理，轧机要求高产时，由于加热制度操作不合理没有提前加热，为了满足出钢温度要求或加热因滑道水管造成的黑印，在均热段集中供热，或者因待轧时温度调整过低，开车时为赶快出钢，在出钢前集中供热，使局部温度过高，钢坯透热时间不够，钢坯表面温度高，内部温度偏低，影响轧机生产，使各种消耗增加。

（三）炉膛温度达不到工艺要求的原因分析

在加热生产中，经常可能遇到因炉温低而待热烧钢的现象。是什么原因使炉温下降，不能满足轧机的要求呢？大致可从以下几方面分析：

（1）煤气发热量偏低。

（2）空气换热器烧坏，烟气漏入空气管道。

（3）空气消耗系数过大或过小。

（4）煤气喷嘴被焦油堵塞，致使气流量减少。

（5）煤气换热器堵塞，致使煤气压力下降。

（6）炉前煤气管道积水，致使气流量减少。

（7）炉膛内出现负压力。

（8）烧嘴配置能力偏小。

（9）炉内水冷管带走热量大，或炉衬损坏，致使局部热损失大。

（10）煤气或空气预热温度偏低。

（四）炉膛压力的判断

均热段第一个侧炉门下缘微微有些冒火时，炉膛压力为正合适；如果从炉头、炉尾或侧炉门、扒渣门及孔洞都往外冒火，则说明炉膛压力过大。当看不见火焰时，可点燃一小纸片放在炉门下缘，观察火焰的飘向，即可判断炉压的概况，合适的炉压应使火苗不吸入炉内或微向外飘。炉压过大的原因可从以下几方面分析：

（1）烟道闸门关得过小。

（2）煤气流量过大。

（3）烟道堵塞或有水。

（4）烟道截面积偏小。

（5）烧嘴位置布置不合理，火焰受阻后折向炉门，烧嘴角度不合适，火焰相互干扰。

（五）燃料燃烧不稳定的原因分析

燃料燃烧不稳定的原因可从以下几方面分析：

（1）煤气中水分太多。

（2）煤气压力不稳定，经常波动。

（3）烧嘴喷头内表面不够清洁或烧坏。

（4）烧嘴砖选择不当。

（5）冷炉点火，煤气量少。

（六）换热器烧坏的原因分析

换热器烧坏的原因可从以下几方面分析：

（1）煤气不完全燃烧，高温烟气在换热器中燃烧。

（2）换热器焊缝处烧裂，大量煤气逸出，并在换热器内遇空气燃烧。

（3）空气换热器严重漏气。

（4）换热器安装位置不当。

（5）停炉时换热器关风过早。

（七）空气或煤气供应突然中断的判断

生产中有时会由于多种原因造成燃料及助燃空气的供应中断，在这种情况下，及早做出正确的判断，对防止发生安全事故是极其重要的。

当煤气中断供应时，仪表室及外部的低压警报器首先会发出报警声、光信号，烧嘴燃烧噪声迅速衰减。煤气中断时，只有风机送风声音，炉内无任何火焰，仪表室各煤气流量表、压力表指向零位，温度呈线性迅速下降。

当空气供应中断时，室内外风机断电报警铃同时报警，烧嘴燃烧噪声迅速降低，炉内火焰拉得很长，四散喷出，而且火焰光色发暗，轻飘无力。当系统总的供电网出现故障时，还会造成全厂停电，仪表停转，警报失灵。

（八）炉底水管故障的判断

炉底水管故障常见的有水管堵塞、漏水及断裂三种。这些故障处理不及时就可能造成长时间停产的大事故，因此要给予足够的重视。

（1）水管堵塞。原因主要是冷却水没有很好过滤，水质不良；或者安装时不慎将焊条或破布等杂物掉进管内，没有清除。

水管堵塞的现象是出口水温高、水量少，有时甚至冒蒸汽。

（2）水管漏水。原因有以下几种：一是安装时未焊好，或短焊条留在水管（立管）中将水管磨漏；二是冷却水杂质多、水温高、结垢严重，影响管壁向冷却水传导热量，管壁温度过高而氧化烧漏。在这种情况下，水管绝热砖的脱落对烧漏水管起到一定促进作用。

水管漏水往往都发生在靠墙绝热包扎砖容易脱落部位水管的下边。当炉膛内水管漏水时，可以看到喷出的水流和被浇黑的炉墙或铁渣。当水管在砌体内漏水时，可以观察到砌体变黑的现象。严重漏水时，出水口能检查到水流小、温度高的情况。

（3）水管断裂。一般都发生在纵水管上。由于卡钢或水管断水变形等原因，可能造成纵水管被拉裂的事故。当水管断裂时，大量冷却水涌入炉内，会造成炉温不明原因的突然下降，冷却水大量气化和溢出炉外，回水管可能断水或冒气。

必须特别指出，当检查发现上述水冷系统故障时，应立即停炉降温进行处理。对于漏水的情况，在炉温未降到200℃以下时，不能停水，以免整个滑道被钢坯压弯变形。

（九）通过仪表判断炉况

加热炉热工参数检测所用的仪表不外乎温度、流量、压力、成分几种。根据投资规模和设计要求，仪表设置的多寡不一。但是，均、加热段的温度，风、燃料流量和压力显示及控制仪表必不可少。它们可以将加热炉的运行状态集中反映出来，使操作者一目了然。在仪表使用过程中遇到的问题简介如下。

（1）一般情况下，仪表系统正常时，操作过程中常会遇到下面几种情况。

1）仪表系统正常，炉况正常，煤气流量一定，仪表显示工艺参数有变化，某段温度有缓慢下降趋势，这可能是由于轧制节奏加快，炉子生产率提高，使投料量增加，钢坯在炉内吸热增多引起，属于生产过程中的正常现象，只要适当调整煤气量和供风量就可以使温度缓慢上升，恢复正常。

2）仪表系统正常，生产率较稳定，燃料发热量不变，煤气量、供风量一定，但仪表显示各段温度缓慢下降。通常这可能是由于煤气压力突然下降造成的；反之，则是煤气压力升高引起的（在加热炉运行过程中，煤气压力很重要，它直接关系到加热炉各段温度的稳定性）。这时应调整煤气阀门的开启度。

3）加热炉炉况正常，生产率在某一范围内稳定不动，煤气压力正常，风、煤气给定值都能满足生产率的要求，炉温缓慢下降。这时应观察风、煤气量显示值之比是否在规定范围之内，或者观察氧量分析仪显示参数（正常时含氧量应为1%~3%左右）。如果风、煤气比偏大或含氧量偏高，温度低是燃料发热量降低造成的，这时应根据实际情况适当降低供风量，增大煤气量；反之，增大供风量，减少煤气量，直至空燃比适宜或氧含量参数显示正常时为止。

4）加热炉正常运行过程中，煤气压力、煤气量、风量等均按正常操作给定，燃料发热量一定，生产率变化不大，下加热或下均热段温度有下降的趋势，含氧量正常，同时，从炉子里出来的钢坯阴阳面大。这时应立刻检查炉内火焰情况，如果某处火焰颜色呈红色、橘红色或暗红色并且分布在纵、横水管周围，很可能是炉底水管漏水造成。应马上将该段压火进一步检查，同时通知有关人员处理。

（2）当加热炉运行正常时仪表系统出现异常的一些现象以及判断和解决方法。

1）某段温度突然上升或下降，变化幅度超过 100℃ 且不再恢复正常。该现象一般是热电偶损坏或变送器故障所引起。这时应凭借以往的操作经验，借助该段瞬时流量参数进行调整，同时通知有关人员进行处理。一般而言，当炉型和炉体结构固定不变时，供热量与温度之间都有一定的规律，遵循这个规律，短时间盲调不影响正常生产。

2）对新建、改建或停炉检修后，经过点火、烘炉过程投入生产的炉子，当其外部条件都正常，煤气量、供风量按先前的规律给定，这时加热炉该段温度应达到某一温度范围，但实际显示没有达到。这一般是由于测温热电偶插入深度不正确所致。一般来说，平顶炉插入深度应为 80~120mm 左右，拱顶炉则在 120~150mm 之间。插入太少仪表显示温度偏低，不能真实反映炉温，而且过多消耗燃料，容易造成粘钢；插入太深，反映的温度可能是火焰温度，这也失去了意义，而实际钢温将偏低，直接影响加热质量。所以，如显示温度差距较大，多半是因为热电偶插入深度不正确引起，但也可能是温度显示仪表出现故障，这时应及时通知有关部门处理。

3）仪表显示各工艺参数正常。由于轧制节奏改变引起生产率变化，伴随发生炉温的升降，这时操作者必然要调整风、煤气量，可是当操作器给定值已调整了 50%~80% 的范围时，煤气或风的流量计的瞬时值还在原位停滞不动，一般这是执行器失灵造成。

4）与第三种现象相反，当操作器给定值刚刚微动了很小的调整范围，流量计显示变化量特别大，观察炉内火焰情况没有大起大落现象，一般可能是执行器阀位线性化不好所致。对于 3）、4）两种情况，都需要仪表管理部门处理。

五、煤气的安全使用

煤气是大型钢铁联合企业轧钢厂加热炉中最常用的燃料，它一方面有燃烧效率高，燃烧装置简单，易于控制，输送、操作方便等许多优点；另一方面还有极易产生煤气中毒和煤气爆炸的缺点，有时甚至造成厂毁人亡的严重后果。为了避免煤气事故的发生，每个加热工都应具有一定的安全知识，在日常操作上必须严格遵守煤气安全技术规程。

（一）煤气中毒事故的预防及处理

1. 发生煤气中毒的原因

煤气中使人中毒的成分有 CO、C_2H_4 和一些重碳氢化合物、苯酚等，其中以 CO 的毒性最大，CO 能与血液中的红血球相结合，使人失去吸收氧气的能力，从而使人中毒和死亡，中毒的特征是头痛、头晕等。为了预防中毒，做到安全生产，在操作时应特别注意。

一氧化碳的密度同空气相近，一旦扩散就能在空气中长时间不升不降，随空气流动。由于它是一种无色无味的气体，人的感官很难发现，所以往往使人在不知不觉中中毒。

2. 煤气中毒事故的预防

新建、改建、大修后的加热炉煤气系统，在投产前必须经过煤气防护部门的检查验收。煤气操作注意事项如下：

（1）对煤气设备要定期检查，如管道、阀门、放散管、排水器等。

（2）凡在煤气区作业必须到防护站办理作业票，防护站到现场检查，发现问题及时处理。

（3）利用风向，在上风头工作不允许时，可根据现场 CO 浓度决定工作的时间长短。国标规定 CO 浓度及工作时间见表 4.2.4。

表 4.2.4　国标规定的 CO 浓度及工作时间

CO 浓度/mg·m^{-3}	允许工作时间	CO 浓度/mg·m^{-3}	允许工作时间
30（即 24×10^{-6}）	可以长期工作	100（即 80×10^{-6}）	可以工作 30min
50（即 40×10^{-6}）	可以工作 1h	200（即 160×10^{-6}）	可以工作 15min 但间隔 2h

（4）上炉子工作时至少 2 人以上，点火时至少 3 人以上操作，并且必须配戴煤气报警器。

（5）严禁在煤气区休息、打盹、用煤气水洗衣服等。

（6）所有报警器每班使用前校对一次。

（7）新建或改建大修后的煤气设备要进行严密性试验，符合标准才能使用。

（8）凡进行煤气放散前，要通知调度室，并由调度室通知气化人员，严禁自行放散。

（9）煤气设备检修时应有可靠的切断煤气源装置。

（10）扫线时胶管与阀门连接处捆绑铁丝不得少于两圈。开阀门时应侧身缓慢进行。扫线完毕拆胶管时应缓慢进行，把管内残气排净，方可拆掉，以免蒸汽烫伤人。

（11）带氧气呼吸器工作，应检查是否好用，是否有足够氧气。

（12）煤气作业区应常通风，CO 含量应合格。

3. 煤气中毒事故的处理

发生煤气中毒事故时应立即用电话报告煤气防护站到现场急救，并指派专人接救护车。同时将中毒者迅速救出煤气危险区域，安置在上风侧空气新鲜处，并立即通知附近卫生所医生到现场急救。检查中毒者的呼吸、心脏跳动及瞳孔等情况，确定煤气中毒者的中毒程度，采取相应救护措施。

必须注意，当中毒者处于煤气严重污染区域时，必须戴好防毒面具才能进行抢救，不可冒险从事，扩大事故。对轻微中毒者，如只是头痛、恶心、头晕、呕吐等，可直接送附近卫生所或医院治疗。

对较重中毒者，如有意识模糊、呼吸微弱、大小便失禁、口吐白沫等症状，应立即在现场补给氧气，待中毒者恢复知觉，呼吸正常后，送医院治疗。

对意识完全丧失、呼吸停止的严重中毒者，应立即在现场施行人工呼吸，中毒者未恢复知觉前，不准用车送往医院治疗。未经医务人员允许，不得中断对中毒者的一切急救措施。

为了便于抢救，应解开中毒者的领扣、衣扣、腰带，同时注意冬季的保暖，防止患者着凉。

发生煤气中毒事故后，必须查明原因，并立即处理和消除，避免重复发生同类事故。

（二）煤气着火事故的预防及处理

1. 煤气着火事故的预防

在冶金企业中，发生煤气着火事故是比较常见的，这方面的教训是深刻的，经济损失也比较严重。

发生煤气着火事故必须具备一定的条件，一是要有氧气或空气；二是有明火、电火或达到煤气燃点以上的高温热源。

大多数的煤气着火事故都是由于煤气泄漏或带煤气作业时，附近有火源或高温热源而产生的，因此，防止煤气着火事故的根本办法就是严防煤气泄漏，带煤气作业时杜绝一切火源，严格执行煤气安全技术规程。

在带煤气作业中要使用铜质工具，无铜质工具时，应在工具上涂油而且使用时十分小心慎重。抽、堵盲板作业前，要在盲板作业处法兰两侧管道上各刷石灰液 1~2m，并用导线将法兰两侧连接起来，使其电阻为零，以防止作业产生火花。在加热煤气设备上不准架设非煤气设备专用电线。

带煤气作业处附近的裸露高温管道应进行保温，必须防止天车、蒸汽机车及运输炽热钢坯的其他车辆通过煤气作业区域。在煤气设备上及其附近动火，必须按规定办理动火手续，并可靠地切断煤气来源，处理净残余煤气，做好防火灭火的准备。在煤气管道上动火焊接时，必须通入蒸汽，趁此时进行割、焊。

2. 煤气着火事故的处理

凡发生煤气着火事故应立即用电话报告煤气防护站和消防队到现场急救。

当直径为 100mm 以下的煤气管道着火时，可直接关闭闸阀止火。

当直径在 100mm 以上的煤气管道着火时，应停止所有单位煤气的使用，并逐渐关闭阀门 2/3，使火势减小后再向管内通入大量蒸汽或氮气，严禁关死阀门，以防回火爆炸，让火自然熄灭后，再关死阀门。煤气压力最低不得小于 50~100Pa，严禁完全关闭煤气或封水封，以防回火爆炸。

如果煤气管道内部着火应封闭人孔，关闭所有放散管，向管道内通入蒸汽灭火。

当煤气设备烧红时，不得用水骤然冷却，以防管道变形或断裂。

（三）煤气爆炸事故的预防及处理

空气内混入煤气或煤气内混入了空气，达到了爆炸范围，遇到明火、电火花或煤气燃点以上的高温物体，就会发生爆炸。煤气爆炸可使煤气设施、炉窑、厂房遭破坏，人员伤亡，因此必须采取一切积极措施，严防煤气爆炸事故的发生。各种煤气的爆炸浓度及爆炸温度见表 4.2.5。

表 4.2.5　部分煤气的爆炸浓度和爆炸温度

气体名称	气体在混合物中的浓度/%		爆炸温度/℃
	下　限	上　限	
高炉煤气	30.84	89.49	530
焦炉煤气	4.72	37.59	300
无烟煤发生炉煤气	15.45	84.4	530
烟煤发生炉煤气	14.64	76.83	530
天然气	4.96	15.7	530

1. 产生煤气爆炸事故的主要原因

（1）送煤气时违章点火，即先送煤气后点火，或一次点火失败接着进行第二次点火，不做爆发试验冒险点火，造成爆炸。

（2）烧嘴未关或关闭不严，煤气在点火前进入炉内，点火时发生爆炸。

（3）强制通风的炉子，发生突然停电事故，煤气倒灌入空气管道中造成爆炸。

（4）煤气管道及设备动火，未切断或未处理净煤气，动火时造成爆炸。

（5）煤气设备检修时无统一指挥，盲目操作，造成爆炸。

（6）长期闲置的煤气设备，未经处理与检测冒险动火，造成事故等。应当指出：煤气爆炸的地点是煤气易于淤积的角落，如空煤气管道、炉膛及烟道和通风不良的炉底操作空间等，其中点火时发生爆炸的可能性最大。

2. 煤气爆炸事故的预防

既然加热炉点火时最易发生爆炸事故，那么预防爆炸事故首先就要做好点火操作的安全防护工作。

点火作业前应打开炉门，打开烟道闸门，通风排净炉内残气，并仔细检查烧嘴前煤气开闭器是否严密，炉内有无煤气泄漏，如炉内有煤气必须找到泄漏点，处理完毕并排净炉内残气，确认炉内、烟道内无爆炸性气体后，方可进行点火作业。

点火作业应先点火，后给煤气；第一次点火失败，应在放散净炉内气体后重新点火，点火时所有炉门都应打开，门口不得站人。

在加热炉内或煤气管道上动火，必须处理净煤气，并在动火处取样做含氧量分析；含氧量达到 20.5% 以上时，才允许进行动火作业，管道动火应通蒸汽动火，作业中始终不准断汽。

在带煤气作业时，作业区域禁止无关人员行走和进行其他作业，周围 30m 内（下风侧 40m）严禁一切火源和热渣罐、机车头、红坯等高温热源及天车通过，要设专人进行监护。

在煤气压力低或待轧、烧嘴热负荷过低以及烘炉煤气压力过大时，要特别注意防止回火和脱火，酿成爆炸事故。切不可因非生产状态而产生麻痹思想。

如果遇有风机突然停运及煤气低压或中断时，应立即同时关闭空、煤气快速切断阀及烧嘴前煤气、空气开闭器，要特别注意首先要关闭煤气开闭器，切断煤气来源，止火完成后，通知有关部门，查明原因，消除隐患后，才可点火生产。

3. 煤气爆炸事故的处理

发生煤气爆炸事故时，一般都伴随着设备损坏，并发生煤气中毒和着火事故，或者产生第二次爆炸。因此，在发生煤气爆炸事故时，必须立即报告煤气防护站及消防保卫部门；切断煤气来源，迅速处理净煤气，组织人力，抢救伤员。煤气爆炸后引起的煤气中毒或煤气着火事故，应按相应的事故处理方法进行妥善的处理。

4. 回火预防

生产时，还应注意燃烧器的回火现象，回火就是煤气和空气的可燃混合物回到燃烧器内燃烧的现象。

回火的产生是由于煤气与空气的混合物从喷嘴喷头喷出的速度小于火焰传播速度。根据理论分析和现场操作实践总结出以下情况容易发生回火：

（1）煤气的压力突然大幅度降低。

（2）烧嘴的热负荷太小，混合可燃气体的喷出速度过低。

（3）烧嘴混合管内壁不光洁，混合可燃气体产生较大的涡流。

（4）关闭煤气的操作不当时，例如在关闭煤气时没有及时关闭风阀，空气就会窜入煤气管道中造成回火。

（5）混合气体喷出速度分布不均匀（在喷出口断面上）也容易引起回火，这是因为回火是在喷出速度小于燃烧速度（即火焰传播速度）的情况下发生的，而喷出速度不是指该处的平均速度，而是指最小速度，因此在流速分布不均匀时，虽然混合气体的平均喷出速度大于燃烧速度，但其最小速度有时可能小于燃烧速度而造成回火。

（6）焦油及灰尘的沉析，也容易引起回火。特别是对使用发生炉煤气的炉子上，这种现象是相当严重的，一般发生炉煤气中的焦油在 270℃ 以上就会大量析出炭黑，它不但经常使喷嘴堵塞，并且还会成为点燃物，从而使煤气过早自燃而引起回火，为此，有的单位将空气预热温度控制在 300℃ 以下，以防止回火现象。当烧嘴回火时，要关闭烧嘴，检查处理。如果烧嘴回火时间较长，已将烧嘴混合管烧红，应冷却混合管后再点燃。在实际操作中，要掌握煤气压力过低时不能送煤气这一点。

在实际操作中只要保证混合气体的喷出速度在 30~50m/s 就可以了，过大的喷出速度将使燃烧不稳定，火焰断续喘气，甚至熄火。这就是说在一定条件下，除考虑防止回火问题外，还必须注意"灭火"问题。

六、气化冷却系统操作

（一）气化冷却系统操作程序

气化冷却在连续式加热炉上是广为采用的。气化冷却的上水、排污、放散、容器内部的污垢清理、水质的化验、水处理等工作环节对气化冷却的正常运行影响很大。下面主要介绍上水操作、排污操作、放散操作、容器内污垢的清理操作、检修后的试压配合操作、停炉操作等。了解这些操作的顺序、方法和步骤对气化冷却的操作工来说是十分必要的。这些操作也是操作工应必须掌握的技能，下面介绍其操作步骤和方法。

1. 检修过程与专业人员的试压配合操作

加热炉运行一年后，往往在设备检修期间，气化冷却系统同样要进行系统的检修工作，这些检修工作包括各阀门的更换、压力表的校验、执行机构的检修、各种显示仪表的校验、容器内的污垢清理，等等。在检修完毕后，按照国家的规定要进行本系统的打压试验，试验的目的是在系统工作压力的规定倍数下检查各焊口、各个阀门的严密情况。气化冷却操作工要对职能部门的检验进行配合。配合试压工作的程序和步骤如下：

（1）在试压前，操作工要首先对系统的各部位进行检查，检查的内容包括气包与主蒸汽联箱的阀位、排污阀位、放散阀位、显示仪表的阀位、系统与外界连接管道各处的阀位情况，应该关闭的要全部关闭，应打开的要全部打开，各步准备工作的检查情况符合要求后，再进行下步操作，如果发现不符合规定的现象，要及时反映给职能部门的工作人员。

（2）给上水系统的各电泵接通电源，检查询问接通情况与仪表接通情况，查询各显示仪表正常与否，如没有问题，再进行下一步操作。

（3）上水操作。告诉各部门参与试压的工作人员，查询有关情况，如无问题，接通上水泵电源，电泵起动。查询电泵的正倒转情况，密切注意水位指示仪表的水位，与现场水位情况进行对证，沟通情况。

（4）水位在控制室内的仪表显示超出范围后要与现场人员联系，查询放散阀位是否已有水流出，如水从放散阀门流出说明水满，如无流出继续上水。

（5）水满后停泵，按下停止按钮，泵停后待下步操作。

（6）经职能部门同意，关闭放散阀门。

（7）询问现场工作人员有无漏水现象，如有要进行处理；如果没有漏水现象，请示有关人员进行下一步操作。

（8）观察各部阀门处及焊接缝情况，有无漏水情况。

（9）经请示，开动蒸汽上水泵，首先要将蒸汽泵的出口阀门稍稍打开，逐渐加大蒸汽量，提高供水量。

（10）观察各部阀门处及焊缝情况，有无漏水情况。

（11）升压。各步正常，请示有关人员升压，稍稍打开蒸汽泵出口阀门，逐渐提高蒸汽泵的蒸汽量，密切注意系统的压力显示仪表的读数指针，当达到规定的数值时，压低蒸汽泵出口开度，小量度上水，注意观察压力表读数。

（12）当达到规定值时，停泵关闭蒸汽阀门，并严密观察回水逆止阀的密封情况，观察压力表指针读数能否保持压力，如能，保持压力至规定时间。

（13）试验完毕后，卸压，按规定执行机构卸压至某一压力值，继续保持一定时间，然后再继续释放压力。

（14）查询各部阀位、焊缝有无漏水现象，有无渗水现象。

（15）试压完毕。

（16）在试验书上签写操作人员姓名。

2. 点炉时气化操作工的操作

（1）开动蒸汽上水泵或电泵，使本系统水量达中水位。

（2）当烧火工通知温度达到一定数值时，要打开蒸汽助循环的管道阀门，使蒸汽通入上升管内，提高上升管内的水温。

（3）判断循环是否开始。循环是否处于稳定状态，一般可用倾听上升管中气水混合物的流动声是否连续来加以辨别。当下降管设有流量计时，可观察流量达到一定数值后，用流量波动幅度的大小来判断循环的稳定性，波动幅度越小越稳定。一般加热炉加热段炉温达到 $800 \sim 1000 ℃$，循环即趋于稳定。在引射过程中，装置的启动性能与外部蒸汽压力有关。对启动性能差的装置，要求外部蒸汽压力较高；反之，蒸汽压力可以较低。当外部蒸汽压力一定时，对于启动性能较差的装置，为了减弱其振动和响声，在引射停止前，气包压力应控制在略低于外部蒸汽压力。根据生产经验，在启动上，一般气包压力升至 $0.3 \sim 0.4 MPa$ 时，振动和响声均可消除，表示循环已趋稳定，即可停止引射。对于启动性能较好的装置，为了达到较好的引射效果，在整个启动过程中，气包压力可以控制得低一些。

（4）如循环开始，关闭助循环蒸汽阀门。

（5）检查系统产生的压力是多少，系统蒸汽压力是否提高了。

（6）保持中水位。

3. 运行操作

操作的主要任务是保证气化冷却装置和加热炉的安全运行，并保证蒸汽的参数、品质满足生产的要求。运行的基本操作如下：

（1）保持均衡给水，使气包保持正常水位，不允许超过最高和最低水位（一般为正常水位线±50mm）。

当采用手动给水时，要经常密切注意气包水位的变化，随时调节给水阀的开度，力求给水量变化平稳，避免猛加猛减。

当采用自动给水时，也要经常密切注意气包水位，并检查水位计和给水调节阀的正确性和可靠性。

（2）气包的水位计应定期冲洗（一般每班冲洗 1~2 次），使其保持完好状态。远方指示或记录式的水位计，一般每隔 4h 与气包水位计校对一次。装有高低水位警报器时，每周至少试验一次，并同时检查所有水位计（包括气包水位计）的指示是否一致和可靠。

（3）应维持适合于装置的正常给水压力，如发现给水压力过低和过高时，应及时进行检查和调整。经常注意给水泵的运行，倾听运转声响是否正常。备用给水泵应经常调换工作，一般每周调换一次。

（4）应经常维持气包压力稳定，不宜波动过大，以保证气化冷却装置循环稳定和用户要求。当压力过低时，应及时调整。当压力过高，超过运行压力时，气包上的安全阀应能自动开启向外排气。安全阀的动作灵敏性及可靠性试验，一般每周应进行 1~2 次。

（5）为了保证气包、上升管、下降管内部的清洁，避免炉水发生泡沫和炉水品质变坏，必须进行排污。定期排污次数通常每班进行 1~2 次，若设有连续排污装置，应调节连续排污阀排污，以保证炉水的品质在规定范围内。排污量应根据炉水化验结果计算确定。为了不破坏水循环，所有定期排污阀不能同时打开，排污时，排污阀全开的时间，不宜超过 30s。

（6）应经常注意装置的各管道阀门、配件是否有损坏或泄漏现象，每周应检查一次，并作好检查记录。

（7）在气化冷却装置中，要保证运行中给水、炉水和蒸汽品质符合标准，防止由于水垢或腐蚀而引起管道及部件的损坏，确保安全运行。因此，给水水质每班化验 1~2 次，当化验结果超过规定指标时，应及时进行调整。

4. 排污操作

（1）进行水质化验，检查碱度是否超标，如已超标，进行下步操作。

（2）水位情况是否具备排污条件，如具备，进行下一步。

（3）打开下排污阀门，排污。

（4）上水保持中水位。

（5）在某一气压下排污水量已够标准，停止排污。

（6）取样罐放水，判断取样罐的余水放尽与否；如已放尽，取样化验水的碱度。

（7）如碱度不超标，则操作完毕。

5. 放散操作

（1）气包内蒸汽压力是否超标，如已超标进行下一步。

（2）打开放散阀门。

（3）观察气包内蒸汽压力情况，如已符合标准，停止放散。

（4）放散操作完毕。

6. 清污垢操作

清污垢操作也是操作工一年来自己对水质化验情况判断分析正确与否的检验，水垢太多，说明一年来对化验分析方法掌握的不够准确，应加强分析与化验的准确性。气化冷却器内的水垢越多，说明炉内受热部分管道的垢越厚，水垢太厚是十分危险的，它直接影响生产。水垢太多，水管受热不均，易造成水管弯曲，致使生产受到影响。清污垢操作一般采用机械清理的方法，操作步骤如下：

（1）将气包内的存水用下排污排净。

（2）打开气包人孔。

（3）清理污垢。

（4）职能人员验收。

（5）合格后关闭人孔。

（二）气化冷却系统事故及处理

气化冷却系统在运行中，遇到下列情况之一时，应立即停炉。

（1）气包水位低于水位表的下部可见边缘。

（2）不断加大给水及采取其他措施，但水位仍继续下降。

（3）水位超过最高可见水位（满水），经放水仍不能见到水位。

（4）给水泵全部失效或给水系统故障，不能给水。

（5）水位表或安全阀失效。

（6）设备损坏，气包构架被烧红等。

（7）其他异常情况，危及气包及运行人员安全。

紧急停炉操作，根据具体使用的燃料不同、管道设施及其他设备的不同而不同。最主要的操作主要为水系统、燃料系统等处的阀门切换。

1. 停炉操作

气化冷却装置的停炉，有正常停炉和事故停炉两种，现分述如下：

（1）正常停炉。加热炉熄火后，气化冷却装置应停止向外供气。随热负荷逐渐降低，气包压力随之下降。为了保证装置的水循环正常，应维持缓慢降压，同时应逐渐减少气包的进水量，以维持气包内水位正常。对使用给水自动调节器的装置，也必须注意水位变化，当在低负荷调节器不灵时，可切换为手动调节。随炉温继续降低，气压继续下降，若水循环出现异常现象时（如响声、管系振动等），可启动辅助循环设施（打开蒸汽引射或启动循环泵），直至炉温降至 400℃ 以下时，方可停止辅助循环设施运行。

对加热炉停炉时间不长，气化冷却装置本体又不需要检修时，可在停炉后仍保持气包压力在 0.1MPa 左右，以便使气包内炉水有一定温度，以利于再次启动。

长期停炉有冻结可能时，应考虑采取防冻措施。

（2）事故停炉。一般事故停炉可分为两种：一种是由于突然停电而电源在短期内又不能恢复所引起的；另一种是由于其他事故经处理无效所致。现分述如下：

突然停电时，首先切除电动给水泵，然后紧急启动气动给水泵，由专人监视水位，将全部自动调节改为手动操作。当电源不能恢复时，为了尽可能减少给水消耗，充分利用给水箱和气包内的存水，使水循环能维持装置在原工作压力下运行，或使降压尽可能缓慢，直至炉温低于400℃，方可安全停炉。

当其他事故经处理无效，装置必须迅速停运时，应在加热炉熄火降温过程中控制气包降压速度不宜过快。为了保证炉底管的安全，应在加热段炉温降至 800～1000℃，气压降至 0.4MPa 以下时，启动辅助循环设施，直至炉温降至400℃以下，方可停炉。在整个停炉过程中，应对装置进行全面检查，并做好记录。

2. 停炉保养

A　干保养法

对已安装好并进行了水压试验而又不能及时投入运行的或需停止运行一个较长时间（一个月以上）的气化冷却装置，为了防止管道和气包内部金属表面腐蚀，可采用干保养法，其步骤如下：首先将气包和管道内的全部积水放尽，并将气包内的污垢彻底清除、冲洗干净后，用微火烘烤或用其他方法将系统内湿气除净，再用 10～30mm 的块状石灰分盘装好，放入气包内（一般按气包每 $1m^3$ 空间放 8kg 计算用量）。也可用硅胶作干燥剂分袋装好，或分装于容器中（要求容器大于硅胶体积，以便在硅胶吸湿后膨胀成散状时，仍不致溢出容器）放入气包内，然后将所有的人孔、手孔、管道阀门等关闭严密。每 3 个月检查一次，若生石灰碎成粉状或硅胶吸湿成散状，应更换新的石灰或硅胶。

B　湿保养法

当装置停运时间较短（小于 1 个月）时，可采用湿保养法，其步骤如下：在装置停止运行后，将全部积水放尽，并彻底清除内部污垢、冲洗干净，重新注入给水至全满，并将炉水加热到 100℃，使水中气体排出，然后关闭所有阀门。当气候寒冷易结冻时，不宜采用湿保养法。

（三）运行事故分析与处理

运行事故按损坏程度可分为三类：爆炸事故、被迫停炉的重大事故和不需停炉的一般事故。事故发生的主要原因有两个方面：一是属于气化冷却装置的事故，二是操作、管理不善引起的。当发生事故时，操作和管理人员应做到以下几点：

（1）运行操作人员在任何事故面前都要冷静，迅速查明发生事故的原因，及时准确地处理问题，并应如实向上级报告。

（2）运行操作人员遇到自己不明确的事故现象，应迅速请示领导或有关技术管理人员，不可盲目擅自处理。

（3）事故发生后，除采取防止事故扩大的措施外，不能破坏事故现场，以便对事故进行调查分析。

（4）在事故处理过程中，运行管理和操作人员，都不得擅自离开现场。

（5）气包事故消除后，必须详细检查，确认气包各部分都正常时，方可重新投入使用。

（6）气包事故消除后，应将事故发生的时间、起因、经过、处理方法、处理后检查的情况及设备损坏的部位和损坏程度，详细记录。现只介绍气化冷却装置一般事故原因及处理方法。

汽化冷却装置的事故，一部分由加热炉的事故引起，而另一部分则由装置本身的事故造成。前者主要有炉顶脱落、钢坯掉道、严重粘连、水冷部件的工业水突然停水和煤气事故等，当需要加热炉迅速停炉时，气化冷却装置应密切配合加热炉操作进行停炉。装置本身造成的事故主要有气包缺水、满水、气水共腾、炉管变形、突然停电和气包水位计损坏等。下面仅叙述装置本身的部分事故处理。

1. 气包缺水

气包上水位表指示的水位低于最低安全水位线时，称为气包缺水。气包缺水的原因是：（1）运行操作人员失职，或是对水位监视不严，或是由于擅离职守，当水位在水位表中消失时未能及时发现；（2）给水自动调节器失灵；（3）水位表失灵，造成假水位，运行人员未及时发现，产生误操作；（4）给水设备或给水管路发生故障，使水源减少或中断；（5）气包排污后，未关闭排污阀，或排污阀泄漏；（6）炉底管开裂。

当气包水位计中水位降到最低水位，并继续下降低于水位计下部的可见部分时，一般分两种情况进行处理：

如水位降低（即低于最低水位以下并继续下降）是发生在正常操作和监视下，且气包压力和给水压力正常时，应采取下列处理措施：首先应对气包上各水位计进行核对：（1）检查和冲洗，以查明其指示是否正确；（2）检查给水自动调节是否失灵，应消除由于给水调节器失灵造成的水位降低现象，必要时切换为手动调节；（3）开大给水阀，增大气包的给水量；（4）如经上述处理后，气包内水位仍继续降低，应停止气包的全部排污，查明排污阀是否泄漏，同时还应检查炉底管是否泄漏，如发现水位降低是由于排污阀或炉底管严重泄漏造成时，应按事故停炉程序使气化冷却装置停止运行。

如水位降低是由于给水系统压力过低造成时，则应立即启动备用给水泵增加水压，并不断监视气包水位。若水压不能恢复时，装置应降压运行，直至水压能保证给水为止。若降压运行后水压仍继续下降，水位随之降低至水位计下部的可见部分以下时，则应按事故停炉程序停止装置运行。

2. 气包满水

当气包水位计中水位超过高水位，并继续上升或超过水位上部的可见部分时，一般可以从以下方面进行处理：

（1）对气包各水位计进行检查、冲洗和核对，查明其指示是否正确。

（2）检查给水自动调节是否失灵，应消除由于给水调节器失灵造成的满水现象，必要时切换为手动调节。

（3）将给水阀关小，减小给水量。

（4）如经上述处理后，水位计中水位仍继续升高，应立即关闭给水阀，并打开气包定期排污阀；如有水击现象时还应打开蒸汽管或分气缸的疏水阀，待水位计中重新出现水位并至正常水位范围内时，即停止定期排污和疏水，稍开给水阀，逐渐调整水位和给水量，使之恢复正常运行。

3. 气水共腾

当气包内炉水产生大量气泡时，一般处理步骤如下：全开连续排污阀，并开定期排污阀，同时加强向气包给水，以维持水位正常，加强炉水取样分析，按分析结果调整排污，直至炉水品质合格为止。

如气水共腾产生严重的蒸汽带水，使蒸汽管中产生水击现象时，应开启蒸汽管和分气缸上的疏水阀加强疏水。

（四）炉管变形

1. 事故分析

炉底管变形一般分两种情况：一种是突发性的变形事故，另一种是逐渐发生的变形事故。前者一般是由于偶然性的恶劣施工质量原因，如管路堵塞，接管张冠李戴；或严重的误操作原因，如气包烧干，也有的是极不合理的设计原因。后者则一般是由于气化冷却系统设计不合理，或操作存在问题而导致炉底管发生逐渐变形，亦即积累变形。一般炉底管变形多属后者。

对于金属材料，在高温下长期作用载荷将影响材料的机械性能。对于碳钢，在 300~350℃ 以下，虽长期作用载荷其机械性能无明显变化；但当超过这一范围，且载荷超过某一范围，则材料就会发生缓慢变形，此变形为塑性变形，逐渐增大导致破坏，称为蠕变。加热炉气化冷却炉底管设计要求其使用温度（管壁温度）不得超过其冷却介质工作压力下饱和温度 80℃，超过这一温度就可能出现问题。当炉底管壁温度升高时，强度和刚度条件就可能不满足了，从而导致炉管的变形。那么是什么原因使得炉底管壁温度升高的呢？下面从气化冷却系统的结构和操作运行两个方面进行分析。

A 结构方面

气化冷却系统阻力系数偏大，导致水流速降低。循环回路的阻力包括局部阻力和沿程阻力，局部阻力指由于转向、扩张、缩径、分流等引起的阻力损失；沿程阻力指介质与回路管壁间的摩擦产生的阻力损失，它与路径长短有关。阻力越大，循环对运动压头的要求提高，致使水流速降低，可以从下降管的流量看出水流速的高低，炉底管内水流速偏低，使得水与炉管的换热减弱，表现为蒸汽产量降低，导致壁温升高。

B 不合理的操作也是导致炉底变形的重要因素

（1）气包一次补水过多导致管壁温度升高。气化冷却系统运行是以上升管中气水混合物和下降管中水的重力差作为循环动力的，如果气包一次补水量过多，则气包水的热焓量大大降低，这样进入炉管内水的"欠热"增加，水段长度延长，蒸汽产量降低，使得上升管中含气率降低，循环动力减弱，循环流速减小导致壁温升高。

（2）开停炉不当，导致炉管变形。比如开炉前不提前打开引射蒸汽并组织提高蒸汽压力，致使开炉时引射能力不足，加上升温速度快，炉管就会受损害。停炉前，当气包压力低于一定值时要打开蒸汽引射帮助循环，但有时开动不及时，也导致不良影响。

2. 气化冷却系统事故解决措施

（1）改变上升管、下降管路径，使其走最佳路径，减少转向和路途。

（2）限制气包一次补水量，并尽快实现自动补水。

（3）严格开炉、停炉操作，升温要缓慢。

七、加热炉的日常维护

（一）日常维护的意义与内容

炉子维护是否良好，对正常生产、炉子的使用寿命、单位燃料消耗和劳动环境有很大影响。炉子维护得好，炉子钢结构、砌体和炉门完好，始终保持炉子的严密性，不冒火、不吸风、散热少、炉筋水管不弯曲不变形，就能使推钢正常进行；水管包扎绝热层完整无缺，水管带走热损失减少，燃烧装置不漏不堵，灵活好使，则炉体寿命长，设备事故少，单位热耗低，劳动条件也改善。如果炉子维护不好，炉体冒火、吸风，钢结构和炉墙板变形，炉门损坏，大量散热，滑道变形，就会影响推钢；包扎脱落热量损失，燃烧装置滴漏、堵塞、调节失灵，则不能保持正常生产，炉子寿命短，单位热耗高，劳动环境也差。所以加热炉日常维护是一项很重要的工作。

炉子日常维护的内容有：炉底水管及其绝热层的维护；炉子砌体的维护；炉体钢结构、炉墙钢板及其他部件的维护；炉底的维护与清理；燃烧装置及各种管道的维护；烟道、闸门及换热器的维护等。

（二）日常维护规程

（1）每日检查加热炉的各种仪表是否正常，发现异常现象及时与仪表室联系处理。

（2）每日检查换热器的保护装置，热风放散阀的可靠性，要求进行班前试验。

（3）每日检查加热炉的各种管道煤气管、风管、水管等，杜绝跑、冒、滴、漏现象。

（4）随时检查加热炉冷却水管及水冷部件，不得断水，出水口水温不得高于45℃。

（5）在控制冷却水时，若发现阀门开启不正常，应通知管工及时处理。

（6）冷却水循环系统出现停水事故时，应立即停炉，并把所有炉门及烟道闸板打开降温，立刻与供水单位联系，供水正常后，方可提温生产。

（7）当有停风事故发生时，应严格按技术操作规程处理。

（8）换热器出现异常现象时，应严格按技术操作规程处理。

（9）看火工要随时观察炉况，按加热技术操作规程操作，发现异常情况及时与工段联系。

（10）交接班时，看火工要逐一检查烧嘴情况，做好记录。

（11）对加热炉的炉渣做到及时清理，严防流渣浸泡炉子钢结构。

（12）严禁天车吊料在加热炉顶停放，严禁吊料碰撞风管及炉子钢结构。

（13）交接班前检查炉炕情况，对上涨的炉炕要利用换辊或检修时间组织处理。

（14）加热炉要定期小修，周期一般为2~3个月，小修期间要做好如下工作：1）彻底检查加热炉各部位。2）炉底管找平。3）打压检查炉底有无漏水及破裂现象，发现问题及时处理。4）检查滑轨磨损情况，一般不得磨损纵水管。5）炉底管包扎。6）修补炉墙及砌破损的保护墙。7）处理生产时不易解决的问题。8）浇注炉头、斜坡及滑道修补。9）清理炉炕，上铺50~80mm的镁砂。

（三）加热炉各部分的日常维护

1. 耐火材料炉衬的维护

耐火炉衬直接接受高温炉气侵蚀和冲刷，其工作条件十分恶劣，做好维护工作十分重要。加热工要维护好炉衬必须做到以下几点：

（1）烘炉及停炉，特别是大、中修的烘炉，必须按规程规定的升、降温速度进行，防止急骤升温和快速降温。过快的升降温速度会使砌体内部产生较大的热应力，致使炉体崩裂。

（2）不允许炉子超高温操作。炉温过高不仅会产生严重的化钢现象，而且大大缩短炉子的使用寿命。一般连续式加热炉最高炉温不得超过 1350℃，应绝对禁止把炉温提到 1400℃，甚至更高温度的错误操作。必须明确超高温操作会影响炉衬的寿命，是绝对不允许的。

（3）要绝对禁止往高温砌体上喷水。在实际生产中，有的加热工因为急于清渣或进炉作业，用往高温炉衬上浇水的方法来加速炉子冷却。这种做法会对耐火材料产生极大的破坏作用，要坚决制止。

（4）应注意装炉操作，严防坯料装偏，或跑偏未及时纠正而刮炉墙、卡炉墙。要积极避免预热段发生拱钢事故，以防撑坏炉顶。

（5）应尽量减少停炉次数。每次停、开炉都会因砌体的收缩和膨胀而使其完整性受到破坏，影响使用寿命。炉子的一些小故障应尽可能用热修解决。检修周期与轧机相同。平时无检修时间的几座炉子，每炉停炉次数应大致相等，以免由于停炉集中于某一座炉子而使其砌体受损严重，无法工作到一个检修周期。

2. 炉子钢结构的维护注意事项

炉子钢结构的作用是保持砌体的建筑强度，支持砌体重量，抵抗砌体的膨胀作用以及维持砌体的完整性和密封性。钢结构是否完整对整个加热炉的寿命均有重大的影响。

（1）在生产、烘炉和停炉过程中注意检查钢结构状态，发现钢结构变形或开焊时，应及时处理。

（2）防止炉压太高，炉门、装料口等处大量冒火，保证炉门、着火孔、测试孔关闭和堵塞严密，防止冒火烤坏钢结构和炉墙板。

（3）在操作时应避免发生事故，特别是推钢操作要严防推坏炉体砌砖，因为砌体损坏就会导致钢结构被烧坏。

3. 炉底的维护

钢在炉内加热时，不可避免要产生氧化，氧化铁皮脱落将造成炉底积渣，引起炉底上涨。积渣的快慢与钢的加热温度、火焰性质以及钢的性质有密切关系。钢的加热温度高，火焰氧化性强时，钢的氧化加剧，积渣速度就快。特别是在炉温波动大时，氧化铁皮容易脱落，更易造成炉底上涨。炉底积渣过多时对钢的加热和炉子的操作都有不良影响，因此必须及时清理炉底，排除积渣。

避免炉内积渣过快最根本的方法是加热炉的正确操作。严格按加热制度控制炉温、不烧化氧化铁皮。因为烧化了的钢渣凝固后很坚硬，不容易用铁钎打掉。严格控制炉压，并防止炉温波动，以避免炉内吸入冷空气而增加氧化烧损，减少氧化铁皮的脱落，以防炉底过快积渣造成炉底上涨。

4. 架空炉底及炉底机械的日常维护

采用双面加热的炉子，除了要加强对实心炉底的清理与维护外，还应加强对架空炉底，即炉筋管、横向支撑水管及支柱水管的维护，以防止在高温下长期使用失去应有的结构强度和稳定性而造成塌陷，其维护要点如下：

（1）开炉前必须有压炉料，否则炉筋管等容易烧弯、烧坏。

（2）在装、出料时，要防止歪斜、弯曲坯料卡炉筋管。

（3）经常检查炉内各炉筋管、横向支撑水管及支柱水管绝热包扎层，并及时将损坏的地方加以修补。

（4）确保冷却水的连续供给，严格控制出口水温。

（5）炉筋管、横向支撑水管及支柱管经过一定的使用期后，在炉子检修时必须更换，勉强使用易造成事故。对于机械化炉底加热炉而言，炉底机械等的正常运行是加热炉顺利生产的前提条件，因此必须加强对炉子装、出炉设备和炉底机械的日常维护和检修。否则，一旦发生事故将被迫停产。

对炉底机械等的维护应从以下几个方面着手：

（1）经常检查各机械设备的运行情况。发现隐患，应利用一切非生产时间及时加以检修，防止设备带病工作。对于易损部件，应有足够的备品备件，以便能及时更换。

（2）加强对设备的润滑，对需要润滑的部位，应定期检查、加油。

（3）对炉底机械要采取隔热降温措施，需冷却的部件，必须保证冷却水的连续供给。

（4）加强对液压系统的检查与检修。在机械化炉底的加热炉中，许多炉底机械是采用液压系统控制的，如步进炉炉底的步进梁。液压系统能否正常工作，将直接影响炉底机械的正常运行，必须加以重视。

5. 水冷设施的维护

加热炉中的许多金属构件及设备需要冷却，如果不能保证冷却水的连续供给，加热炉是不能投入生产的。为此应加强对炉子水冷设施的维护工作。炉子的冷却方式主要分为水冷和气化冷却两种。对于炉门、炉门框、水冷梁等金属构件或机械设备等，一般均直接采用水冷；对于炉筋管、横向支撑水管及支柱水管，一般采用气化冷却方式。

A　水冷设施的维护

（1）经常检查水泵运行情况及管路状况，保证管路上各调节阀严密、灵活。

（2）防止管路系统，特别是冷却部件或设备漏水。

（3）严格控制出口水温，及时调节冷却水流量。

（4）水冷系统尽可能形成闭环，循环使用，以节约用水。

B　气化冷却系统的维护

（1）经常检查循环泵及循环系统所有管路的运行情况。

（2）严格控制气包水位、压力及温度。

（3）经常检查管路上各种阀门，如安全阀、调节阀、放散阀、排污阀和压力表、水位计等是否正常，应确保其严密性、灵活性、准确性。

（4）保证软化水的质量，并定期对水管过滤器进行清洗。对加热炉除了要加强对上述重点项目进行维护外，同时还要加强对金属构架、炉门、观察孔、换热器等的维护。煤气管道上的各种开闭器和调节阀要经常涂油，以确保其严密性、灵活性。

6. 燃烧装置的维护

A　注意事项

（1）要保持烧嘴或喷嘴的位置正确，烧嘴或喷嘴砖的中心线相一致。

（2）保证烧嘴或喷嘴不滴漏，烧嘴砖孔不结焦。

（3）燃烧器要经常维护，定期检修，及时清除结焦、油烟及其他杂物。

（4）经常检查各种炉前管道是否有跑、冒、滴、漏，如有，应立即处理；检查各种阀门开闭是否灵活，热管道保温层是否完好。

B　烧嘴的检查

烧嘴检查的内容如下：

（1）检查各个部件连接螺丝是否松动。

（2）检查嘴前所有阀门转动是否灵活，润滑是否良好。

（3）检查烧嘴及嘴前阀门是否泄漏。

（4）检查烧嘴与炉子接触部位是否冒火，如发现问题要及时进行处理或者采取措施，在处理过程中要遵守有关的安全规定。

C　燃煤气烧嘴的更换

更换步骤如下：

（1）切断烧嘴的煤气和助燃风的供应。

（2）确认没有残余的煤气后，把烧嘴与煤气和助燃风连接的法兰卸开。

（3）先卸开烧嘴的端盖螺栓，然后卸下风桶及煤气桶。

（4）把备用的风桶及煤气桶装上去，更换连接处的密封圈，拧紧端盖螺栓。

（5）把烧嘴与煤气、助燃风连接的法兰拧紧。

（6）打开煤气和助燃风的阀门，检查是否泄漏。

（7）把更换下来的部件收好，进行修理和清洗，以备再用。

7. 烟道、闸门的维护注意事项

检修后要清理干净烟道中的杂物，正常生产时注意检查烟道是否漏风，烟道有无漏水和积灰影响抽力，出现排烟不畅的现象，检查闸门有无变形、影响调节的情况。

8. 换热器的维护注意事项

A　空气换热器的维护

（1）一般换热器入口烟温，允许长期不高于800℃，短时最高不超过850℃；预热风温不超过500℃。

（2）热风自动放散阀是保护换热器的保护装置，为防止热风放散阀失灵，看火工每次接班后均应作手动试放散一次（即将给定值内500℃降至实际风温以下20~30℃），发现热风自动放散阀失灵应及时通知仪表工修复。

（3）全厂性停电前两小时，必须由调度室书面通知加热工段或当班工人停炉降温并关闭烟闸，确保停电之前换热器入口烟气温度降到600℃以下。

（4）为防止换热器管子外壁结垢堵塞，每使用6~12个月应仔细清灰一次。

B　煤气换热器的维护

（1）如遇有停电、停风、停煤气或加热炉发生塌炉顶等大事故时，按紧急状态下修煤气停炉制度处理。

（2）每使用5~6个月清灰检查一次；使用1年整体打压试漏一次。

9. 空、煤气系统的维护

经常检查空气、煤气管道有无泄漏，是加热工的一项重要工作。特别是煤气一旦泄漏，极可能引起着火、中毒、爆炸等恶性事故，因此需特别注意检查。在煤气区应挂上"煤气危险区"等标志牌，进入危险区作业应有人监护；特别检查高炉煤气管道时，应事先做好事故预测和安全措施，佩带氧气呼吸器。要用肥皂水试漏，不得采用鼻子嗅的方法检查管道泄漏。对查出煤气管道泄漏要马上处理，不准延误；对于空气管道泄漏，只要不影响生产可另找时间处理。

炉上一切空气、煤气阀门必须灵活可靠。加热工应经常检查，看是否符合上述要求，如关闭不严或转动不灵活，应立即通知煤气钳工来处理。

煤气管道积水常常造成煤气压力低或压力不稳定而影响生产，因此加热工应定期排放炉上煤气管道中的积水。放水时要先观察厂房内气流方向，站在上风口放水，听到气绝声立即闭死放水阀。

要特别注意冬季停炉处理煤气后，将煤气管道内积水排出，以免冻裂管道，造成煤气泄漏。

八、加热炉的检修

（一）检修的种类

加热炉检修可分为热修与冷修。冷修又分为小修、中修和大修。

1. 炉子的热修

热修属于事故抢修，是非计划检修。热修是在不停炉状态下，适当减少燃料供给量，但炉温仍相当高的情况下修补炉子的个别部分，如炉墙或炉顶。

如果加热炉拱顶被烧坏，在抢修之前，应先减少燃料供给量及降低炉膛压力，以减弱从破口处喷出的火焰，然后由筑炉瓦工进行抢修，在热修炉顶时，严格禁止站在炉顶上工作以避免意外事件发生。连续式加热炉的炉门及炉墙等损坏时，都可用热修的方法及时修补。

2. 加热炉的定期检修

停炉待其冷却以后进行的检修叫冷修。冷修一般是有计划的检修，根据检修工作量或时间的长短可分为小修、中修和大修。

如果炉子的钢结构有的部位需要修理，炉子热效率降低，炉子结构不合理，燃料消耗上升，使加热炉不能满足生产要求则需冷修。

连续式加热炉的小修，一般是根据车间的生产完成情况、燃耗情况、包扎层脱落程度及加热炉炉体损坏情况等，临时安排的检修。小修是炉子易损坏部位的局部检修。例如：更换滑轨和炉坑的局部砌砖；检修烧嘴砖墙；检修局部炉底水管；修补局部炉顶和炉墙；修补或更换炉底水管的绝热层等。

连续式加热炉中修主要将高温段进行拆修，中修是炉子的大半部分进行检修。例如：炉子均热段的炉墙、炉底、炉顶的烧嘴端墙；加热段的炉墙、炉底、炉顶和上下加热烧嘴处炉墙；部分炉底水管及绝热层、炉门和变形损坏的钢结构；部分烧嘴及其他损坏部件的检修。

连续式加热炉大修是炉子绝大部分砌体、部分钢结构和燃烧器、全部炉底水管及其绝热层和所有炉门的检修。连续式加热炉大修时，首先是拆除钢结构和炉子砌砖，同时还要清除炉子结渣，接着是施工阶段，首先是浇炉子基础，然后安装钢结构（加热炉立柱、炉底水管、换热器及附属设备等），炉体砌筑是先炉底及炉墙，然后是炉顶。最后是炉底水管包扎，上述各项在施工中为了加快检修速度均可交叉进行施工。检修全部完成后即可进行烘炉。大修每隔 2~4 年进行一次，时间一般为 3 个月左右。

检修之前应充分做好准备工作：（1）检修之前，应该充分做好准备工作，准备好检修所需要的各种材料，准备好更换的部件，并将材料运到加热炉附近现场。（2）作为施工队伍的安排，编制出检修进度图表，并召开检修工作会议，将检修进度安排、检修要求、安全及其他注意事项向参加检修人员交代清楚。

（二）检修注意事项

（1）连续式加热炉停炉检修时，为了加快炉子的冷却速度，要将烟道闸门和所有炉门全部打开以加强流通冷却。

（2）注意保证检修质量，保证检修进度，并做到材料节约。为减少材料消耗，拆下来的可以利用的耐火砖及钢材等应整齐堆放，以备再用。

（3）拆除旧的砌体及部件时，注意不要拆毁其他不需要检修的部分，保护不需检修部分不受损坏。

（4）对冷修砌筑质量要求与新建炉子相同，新旧砌体之间的接缝应平整而坚固。

（5）检修时对炉内冷却件的焊接质量必须保证良好，要求技术高、有经验的焊工焊接。安装炉底水管时，注意检查并清除管内氧化铁皮及杂物。每个冷却件安装后进行水压实验，无渗漏后才允许砌砖。

（6）加热炉检修是比较复杂的、需多工种相互配合完成的工作。各项工作都要做到密切配合，严格按照工程进度和检修要求进行。检修后，组织对所有检修项目进行详细检查验收，并组织消除检查出的缺陷，将加热炉周围环境打扫干净，检查后全部符合要求时，才能进行烘炉。

（三）大、中修完成的验收

炉子经过大、中修理后，要进行全面的修理质量验收工作。质量验收的主要依据来自于砌筑标准及图纸要求，验收工作包括下面三方面的内容：

（1）砌体质量的验收。

（2）金属结构安装质量的验收。

（3）设备检修质量的验收。

下面针对以上三方面中的砌体质量验收工作内容加以说明。

1. 砌体质量的验收

砌体质量检查验收包括以下内容：

（1）炉墙的砌法是否符合规定。

（2）膨胀缝的留法是否正确。

（3）炉墙的结构是否符合图纸要求。

（4）垂直度误差是否超出规定。

（5）水平度误差是否超出规定。

（6）泥缝的厚度是否超出规定。

（7）各种材质的耐火制品使用部位是否符合要求。

（8）炉顶的砌筑是否正确。

（9）沟缝部位是否全部完成。

（10）应浇灌泥浆部位是否全部完成。

（11）炉门的砌法是否正确。

（12）特殊部位的砌筑应符合图纸要求。

（13）应预留的孔洞是否全部预留。

（14）应砌筑是否已全部砌筑完毕。

砌体质量的验收工作，一般是在砌筑过程中完成的，待砌体完成后，如再发现不合规定，则返工需要较大的工作量。一般砌体的验收工作，由有经验的加热工在施工过程中通过盯质量的方法来完成，一旦在砌筑过程中发现问题，通过质量检验认为不合格者，则重新施工，一直到达要求为止。

2. 金属结构安装质量的验收

加热炉大修金属结构部分包括炉子立柱、横梁、炉内横纵水管的安装，工业水冷管道、水管梁、炉尾排烟罩、护炉铁板等，对这些金属结构的安装质量验收条件有着不同的要求，下面分别给予介绍。

A　护炉立柱的安装质量条件

（1）主柱的垂直度不超过图纸上的要求。

（2）所有的立柱都应靠拉绳定位，前后必须顺线。

（3）立柱底部的固定螺丝必须拧紧。

（4）立柱顶部的拉接横梁必须水平，焊接时需按图纸要求进行。

B　横纵水管的安装质量条件

（1）横水管安装前，必须使用水平仪测定横水管的安装位置，与图纸核定无误后方可施工安放。

（2）炉内横水管的上面必须在同一要求水平面上，安放并检查无误后，方可固定焊接。

（3）横水管的炉外连接管的焊接需按图纸要求进行，焊条、焊缝高度均应满足图纸要求。

（4）水管固定板必须与立柱焊接在一起。

（5）所有焊口质量均应在规定压力下做强度检验，以不渗漏为合格。

（6）纵水管的间距必须要符合图纸要求，纵水管的上面标高应作为安装的主要标准。

（7）纵水管接口的焊接质量以2倍工作压力下的强度检验不渗漏为合格。

（8）施工过程中，横纵水管内部不允许留有焊渣、杂物，必须保证水管畅通。

C　工业水冷管道的安装质量条件

（1）水冷管道的焊接应符合图纸要求，所有的管件均应有试压报告单。

（2）焊接部位以给水不渗漏时为合格。

（3）管道内部不应留有焊渣、异物，给水后应保证畅通无阻。

（4）管道的走向、安放位置要符合图纸要求。

思考与练习题

1. 炉子为什么要进行干燥?

2. 烘炉的目的是什么?

3. 烘炉前应做哪些检查?

4. 烘炉曲线上常有哪几个温度点是关键点,为什么?

5. 烧嘴在什么情况下易出现回火?

6. 送煤气时为什么要进行扫线?

7. 为什么点不着或着火后又熄灭,应立即关闭煤气阀门,向炉内送风 10~20min?

8. 煤气对人体会造成哪些伤害?

9. 煤气使人中毒的成分是什么,预防煤气中毒有哪些方法,发生煤气中毒时如何抢救?

10. 简述国标规定 CO 浓度及对应的允许工作时间。

11. 煤气发生爆炸的条件是什么,防止爆炸的具体措施是什么?

12. 煤气发生着火的具体原因是什么,发生煤气着火后如何处理?

13. 不完全燃烧和空气过多怎样判断?

14. 对煤气设备检修有哪些要求?

15. 如何合理控制加热炉温度?

16. 如何用肉眼观察钢的加热温度?

17. 炉压为负值时有哪些害处,炉压过大有什么缺点?

18. 如何控制炉压?

19. 什么是"三勤"操作法?

20. 换热器操作注意事项有哪些?

任务三　加热炉的热工仪表与计算机控制

【任务描述】

在冶金生产过程中，总希望加热炉一直处于最佳的工作状态，而靠人工来实现这一目标往往是不可能的。因此，一般都采用仪表将加热炉的工作参数显示出来并对其进行一些检测，以此来指导人们的操作和实现自动调节，从而达到增加产量、提高质量、降低热耗的目的。检测及调节的热工参数，主要是温度、压力、流量等几个基本物理量以及燃烧产物成分的分析等几个方面。对温度、压力、流量等可采用单独的专门仪表进行检测或调节，对燃烧产物成分可用专门的气体分析器进行检测或调节。这一类专用仪表称为基地式仪表，随着科学技术的发展，为了适应全面自动化的需要，要求检测及调节仪表系列化、通用化，因而在20世纪60年代初期开始出现单元组合仪表。如今在我国的轧钢加热炉上也广泛采用这一类仪表。

对热工参数进行检测，无论采用哪类仪表，通常由下列几部分组成：

（1）检测部分：它直接感受某一参数的变化引起的检测元件某一物理量发生的变化，而这个物理量的变化是被检测参数的单值函数。

（2）传递部分：将检测元件的物理量变化传递到显示部分去。

（3）显示部分：测量检测元件物理量的变化，并且显示出来，可以显示物理量变化，也可以根据函数关系显示待测参数的变化。前者多采用在实验室内；而工业生产中大多数用后者，因为它比较直观。

由于电信号的传递迅速、可靠，传递距离比较远，测量也准确、方便，所以常将检测元件感受到待测参数的变化引起的物理量变化，转换成电信号再进行传递，这类转换装置称为变送器。本任务介绍这些检测仪表的结构、工作原理及计算机自动控制。

加热炉的加热操作决定了钢坯加热产量和加热质量，而日常维护和检修对产量和质量起到了保证作用。从炉子的干燥、烘炉，到炉况的观察、分析判断，从煤气的使用到烧钢操作，每一项都对加热工的基础知识、操作能力和水平提出了较高的要求。

【能力目标】

（1）了解测压仪表、流量测量仪表的原理、组成；

（2）了解加热炉计算机自动控制的原理、组成；

（3）掌握常用测温仪表的原理、组成；

（4）具有与他人沟通、互相学习的能力。

【知识目标】

（1）测温仪表；

（2）测压仪表；

（3）流量测量仪表；

（4）加热炉的计算机自动控制。

【相关资讯】

一、测温仪表

用来测量温度的仪表称为测温仪表。温度是热工参数中最重要的一个，它直接影响工艺过程的进行。在加热炉中，钢的加热温度、炉子各区域的温度分布及炉温随时间的变化规律等，都直接影响炉子的生产率及加热质量。检测金属换热器入口温度对预热温度及换热器使用寿命起很大作用，故对温度的正确检测极其重要。加热炉经常使用的温度计有热电偶高温计、光学高温计和全辐射高温计三种。这里分别介绍它们的工作原理和结构。

（一）测温方法简介

要检测温度，必须有一个感受待测介质热量变化的元件，称为感温元件或温度传感器。感温元件感受到待测介质的热量变化后，引起本身某一物理量发生变化，产生一输出量。当达到热平衡状态时，感温元件有一稳定的物理量输出（μ）。μ可以直接观察出来，如水银温度计即是根据水银受热膨胀后的体积大小从刻度上读出所测温度。大多数的μ经过传递部分传送到显示仪表中将其变化显示出来，如图4.3.1(a)所示；在单元组合仪表中，感温元件的物理量μ的变化要经过变送器转换成统一的标准信号后再传递到显示单元中加以显示，如图4.3.1(b)所示。

图 4.3.1　测温原理

测温仪表的种类、型号、品种繁多，按其所测温度范围的高低，将测500℃以上温度的仪表称为高温计，测500℃以下温度的仪表称为温度计，最常用的分类方法是按测温原理，即感温元件是何种物理变化来分类。

（二）热电偶高温计

最简单的热电偶测温系统如图4.3.2所示。它由热电偶感温元件1，毫伏测量仪表2（动圈仪表或电位差计）以及连接热电偶和测量电路的导线（铜线）及补偿导线3组成。

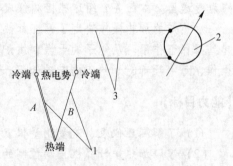

图 4.3.2　热电偶测温系统
1—热电偶 AB；2—测温仪表；3—导线

热电偶是由两根不同的导体或半导体材料，如图4.3.2所示中的 A 与 B 焊接或铰接而成。焊接的一端称作热电偶的热端（或工作端），和导线连接的一端称作冷端。把热电偶的热端插入需要测温的生产设备中，冷端置于生产设备的外面，如果两端所处的温度不同，则在热电偶的回路中便会产生热电势。在热电偶材料一定的情况下，热电势的大小完全取决于热端温度的高低。用动圈仪表或电位差计测得热电势后，便可知道被测物温度的大小。

1. 热电偶测温的基本原理

热电偶测量温度的基本原理是热电效应。所谓热电效应就是将两种不同成分的金属导体或半导体两端相互紧密地连接在一起，组成一个闭合回路，当两连接点所处温度不同时，则此回路中就会产生电动势，形成热电流的现象。换言之，就是热电偶吸收了外部的热能而在内部发生物理变化，将热能转变成电能的结果。

2. 热电偶的冷端补偿

从热电偶的测温原理知道，热电偶的总热电势与两接点的温度差有一定关系，热端温度越高，则总热电势越大；冷端温度越高，则总电势越小，从总电势公式 $E_{AB}(t,t_0) = E_{AB}(t,0) - E_{AB}(t_0,0)$ 可以看出，当冷端温度 t_0 愈高时，则热电势 $E_{AB}(t_0,0)$ 愈大，因此，总热电势 $E_{AB}(t,t_0)$ 愈小。所以，冷端温度的变化，对热电偶的测温有很大影响。热电偶的刻度是在冷端温度 $t_0 = 0℃$ 时测量的，但在实际应用时冷端温度不但不会等于 $0℃$，也不一定能恒定在某一温度值，因而就会有测量误差。消除这种误差的方法很多，下面介绍几种常用的方法。

A　补偿导线法

这种方法在工业上广泛应用。补偿导线实际就是由在一定的温度范围内（$0\sim100℃$）与所配接的热电偶有相同的温度-热电势关系的两种贱金属线所构成，或者说，当将此两种贱金属线配置成热电偶形式时，使热端受 $100℃$ 以下温度范围的作用，与所配接的热电偶有相同的温度-热电势等值关系。例如铂铑-铂热电偶就是利用铜和铜镍合金两种贱金属构成补偿导线。由上述可知，当热电偶的冷端配接这种补偿导线以后，就等于将其冷端迁移，迁移到所接补偿导线的另外一端的地方。

由图 4.3.3 可以明显地看出，补偿导线的原理就是等于将热电偶的原冷接点位置移动一下，搬移到温度比较低和恒定的地方。同时也可以知道利用补偿导线作为冷接的补偿并不意味着完全可以免除冷端的影响误差（除非所搬移的地方为 $0℃$ 或配用仪表本身附有温度自动补正装置），因为新移的冷端一般都是仪表所在处的室温，或高于 $0℃$，但配用仪表的温度刻度关系一般从 $0℃$ 开始，因此在这种情况下也要产生一定程度的读数误差，

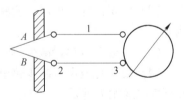

图 4.3.3　补偿导线的原理
1—补偿导线；2—原自由端；
3—新自由端

其大小要根据新移冷接点温度的高低而定。相反，若将补偿导线所接引的新冷端处于一温度较高或波动的地方，那么很明显地可以看出，补偿导线会完全失去其应有的意义。另外更应注意到热电偶与补偿导线连接端所处的温度不应超出 $100℃$，不然也会产生一定程度的温度读数误差。

举例进一步说明。

【例 4.3.1】 用一镍铬-镍硅热电偶测量某一真实温度为 $1000℃$ 地方的温度，配用仪表放置于室温 $20℃$ 的室内，设热电偶冷接点温度为 $50℃$，若热电偶和仪表的连接使用补偿导线，或使用普通铜质导线，两者所测得的温度各为多少度？又与真实温度各相差多少度？

解：由温度和热电势关系表中可查出 1000℃、50℃、20℃ 的等值热电势各为41.27mV、2.02mV、0.8mV，当使用补偿导线时，热电偶的冷接点温度为 20℃，所以配用仪表测得的热电势为 41.27-0.8 = 40.47mV 或为 979℃；当使用一般铜导线时，其实际冷接点仍在热电偶的原冷接点，即 50℃，这样配用仪表所测得的实际热电势为 41.27-2.02 = 39.25mV 或为 948℃，即两者相差 979-948 = 31℃，与真实温度各相差 21℃和 52℃。

　　B　调整仪表零点法

一般仪表在正常时指针指在零位上 *a* 处，如图 4.3.4 所示。应用此法补正冷端时，将指针调到与冷端温度相等的 *b*点（设冷端温度为 20℃）处，此法在工业上经常应用。虽不太准确，但比较简单。

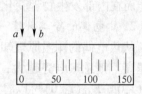

图 4.3.4　零点调整示意图

　　C　冷端恒温法

使用最普遍的冷端恒温是采用冰浴方法。在实验中常采用此法，如图 4.3.5 所示。在恒温槽内装有一半凉水和一半冰，并严密封闭，使恒温槽内不受外界的热影响，槽内冷接点要和冰水绝缘，以免短路，一般用一试管，把冷接点放在试管中。

　　3. 热电偶的使用注意事项

为提高测量精确度，减少测量误差，在热电偶使用过程中，除要经常校对外，安装时还应特别注意以下问题：

　　（1）安装热电偶要注意检查测点附近的炉墙及热电偶元件的安装孔须严密，以防漏风，不应将测点布置在炉膛或烟道的死角处。

　　（2）测量流体温度时，应将热电偶插到流速最大的地方。

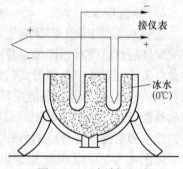

图 4.3.5　冷端恒温法

　　（3）应避免或尽量减少热量沿着热电极及保护管等元件的传导损失。

　　（4）要避免或尽量减少热电偶元件与周围器壁或管束等辐射传热。这对于测量炉气或废气温度尤为重要。

　　（5）热电偶插入炉内的长度应适当，且不能被挡住，否则测量结果会偏低。

（三）光学高温计

在冶金生产过程中，对于加热炉常常要测定其加热的钢坯表面温度和炉温。而测量这些参数无法用直接接触测量方法（如热电偶高温计）而只能用非接触测量方法进行测量，即主要采用热辐射测温法。光学高温计就是常用的一种。

　　1. 光学高温计的测温原理

任何物体在高温下都会向外投射一定波长的电磁波（辐射能）。而人的眼睛对电磁波的波长为 0.65μm 的可见光最为敏感，同时此波长的辐射能随温度的变化很显著。可见光能的大小表现在人眼对亮度的感觉上：物体温度越高，它所射出的可见光能越强，即看到的可见光就越亮。

光学高温计测量温度的方法就是把被测物体在 0.65μm 波长时的亮度和装在仪表内部

的高温计通电灯泡的灯丝亮度作比较，当仪表灯丝亮度与被测物体所发出的亮度相同时，即说明灯丝温度与被测物体温度相同。因为灯丝的亮度由通过灯丝的电流决定，每一个电流强度对应于一定的灯丝温度，故测得电流大小即可得知灯丝的温度，也即测得被测物体的温度。所以这种高温计也称为隐丝式光学高温计。

图4.3.6为隐丝式光学高温计示意图，当合上按钮开关K时，标准灯4（又称光度灯）的灯丝由电池E供电。灯丝的亮度取决于流过电流的大小，调节滑线电阻R可以改变流过灯丝的电流，从而调节灯丝亮度。毫伏计用来测量灯丝两端的电压，该电压随流过灯丝电流的变化而变化，间接地反映出灯丝亮度的变化。因此当确定了灯丝在特定波长（0.65μm左右）上的亮度和温度之间的对应关系后，毫伏计的读数即反映出温度的高低。所以毫伏计的标尺都是按温度刻度的。

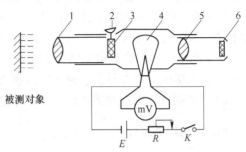

图4.3.6　光学高温计示意图
1—物镜；2—旋钮；3—吸收玻璃；4—光度灯；
5—目镜；6—红色滤光片；mV—毫伏计

由放大镜1（物镜）和5（目镜）组成的光学透镜部分相当于一架望远镜。移动目镜5可以清晰地看到标准灯灯丝的影像，移动物镜1可以看到被测对象的影像，它和灯丝影像处于同一平面上。这样就可以将灯丝的亮度和被测对象的亮度相比较。当被测对象比灯丝亮时，灯丝相对地变为暗色，当被测对象比灯丝暗时，灯丝变成一条亮线。调节滑线电阻R改变灯丝亮度，使之与被测对象亮度相等时，灯丝影像就隐灭在被测对象的影像中，如图4.3.7所示，这时说明两者的辐射强度是相等的，毫伏计所指示的温度即相当于被测对象的"亮度温度"，这个亮度温度值经单色黑度系数加以修正后，便获得被测对象的真实温度。红色滤光片6的作用是为了获得被测对象与标准灯的单色光，以保证两者是在特定波段上（0.65μm左右）进行亮度比较。吸收玻璃3的作用是将高温的被测对象亮度按一定比例减弱后供观察，以扩展仪表的量程。

图4.3.7　光学高温计瞄准状况

但是，光学高温计毕竟是用人的眼睛来检测亮度偏差的，也是用人工通过调整标准灯亮度来消除偏差达到两者的平衡状态的（灯丝影像隐灭）。显然，只有被测对象为高温时，即其辐射光中的红光波段（$\lambda=0.65\mu m$左右）有足够的强度时，光学高温计才有可能工作。当被测对象为中、低温时，由于其辐射光谱中红光波段微乎其微，这种仪表也就无能为力了。所以光学高温计的下限一般是700℃以上。再者，由于人工操作，反应不能快速、连续，更无法与被测对象一起构成自动调节系统，因而光学高温计不能适应现代化自动控制系统的要求。

2. 使用光学高温计应注意的事项

（1）非黑体的影响。由于被测物体是非绝对黑体，而且物体的黑度系数 ε_λ 不是常数，它和波长 λ、物体的表面情况以及温度的高低均有关系，有时变化是很大的，这会给测量带来很不利的影响。有时为了消除 ε_λ 的影响，可以人为地创造黑体辐射的条件。

（2）中间介质的影响。光学高温计和被测物体之间如果有灰尘、烟雾和二氧化碳等气体时，对热辐射会有吸收作用，因而会造成误差。在实际测量时很难控制到没有灰尘，因此光学高温计不要距离被测物体太远，一般在 1~2m 之内，最多不超过 3m。

（3）光学温度计要尽量做到不在反射光很强的地方进行测量，否则会产生误差。

（4）特别注意保持物镜清洁，并定期送检。

（四）光电高温计

由光电感温元件制成的全辐射光电高温计是一种新型的感温元件。由传热原理中得知，物体的辐射能力 E 与其绝对温度的 4 次方成正比。如能测出辐射体（高温物体）的辐射能力，即可得到 T。光电高温计即是通过测量 E 达到测量 T 的目的。其测量过程如图 4.3.8 所示。

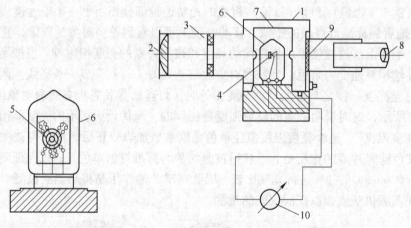

图 4.3.8　全辐射感温元件原理

1—镜头外壳；2—物镜；3—遮光屏；4—热电堆；5—铂片；6—热电堆灯泡；
7—灯泡外罩；8—目镜；9—滤光片；10—显示仪表

物体的辐射能力 E 经物镜聚焦在由数只热电偶串联组成的电堆上，根据 E 的变化来测热电堆的热电势。热电堆焊在一面涂黑的铂片 5 上，接受待测物体经物镜 2 聚焦后的 E，使热电堆 4 受热产生热电势，由显示仪表显示，遮光屏 3 用来调节射到铂片 5 上的辐射能。

这种温度计的最大优点是热电偶不易损坏，当测量 1400℃ 的炉温时，铂片的温度也只有 50℃ 左右，因而可大大降低热电偶的消耗量；缺点是测量出的温度受物体黑度及周围介质影响而不太准确，校正也较困难。

二、测压仪表

压力检测是指检测流体（液体或气体）在密闭容器内静压力与外界大气压力之差，

即表压力的检测。压力检测是热工参数检测的重要内容之一。加热炉炉膛压力对炉子操作、加热质量及其产量均有重大影响。同时管道内煤气压力的检测是安全技术方面的重要内容。本节主要介绍加热炉常用的测压仪表。

（一）U 形液柱压力计

如果玻璃 U 形管的一端通大气，而另一端接通被测气体，这时便可由左右两边管内液面高度差 h 测知被测压力的数值 p（表压），如图 4.3.9 所示。根据静力平衡原理我们得到被测压力：

$$p = \rho g h \qquad (4.3.1)$$

式中　p——被测压力的表压值，Pa；

　　　ρ——U 形管内所充工作液的密度，kg/m³；

　　　h——U 形管内两边液面高度差，m。

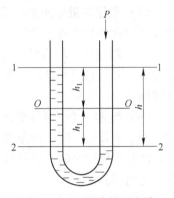

图 4.3.9　U 形液柱压力计

由式（4.3.1）可见，U 形管内两边液面高度差 h 与被测压力的表压值 p 成正比。比例系数取决于工作液的密度。因此，被测压力的表压值 p 可以用已知工作液高度 h 的毫米数来表示，例如 mmHg、mmH₂O。U 形液柱压力计的测量准确度受读数精度和工作液体毛细作用的影响，绝对误差可达 2mm。

（二）单管液柱压力计

单管液柱压力计的结构如图 4.3.10 所示。它的工作原理和 U 形液柱压力计相同，只是右边杯的内径 D 远大于左边管子的内径 d。由于右边杯内工作液体积的减少量始终是与左边管内工作液体积的增加量相等，所以右边液面的下降将远小于左边液面的上升，即 $h_2 \ll h_1$。根据静力平衡可得到被测压力的表压值 p 和液柱高度 h_1 的关系：

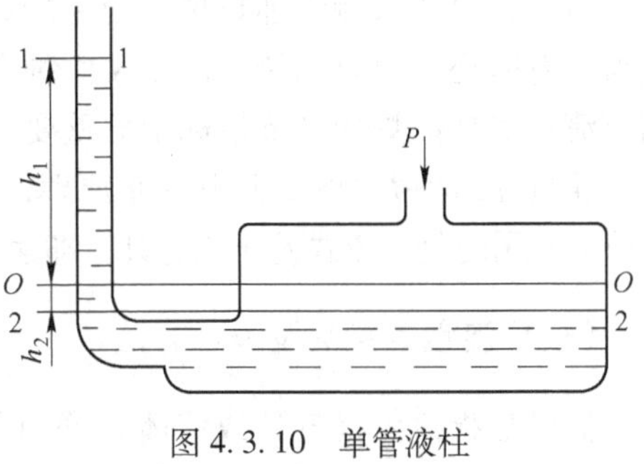

图 4.3.10　单管液柱

$$h_1 = p / [\rho g (1 + d^2/D^2)]$$

由于 $D \gg d$，所以（$1 + d^2/D^2$）≈1，这样就只需进行一次读数取得 h_1 的数值便可测知被测压力的大小。h_1 用来代替 h 是足够精确的，它的绝对误差可比 U 形液柱压力计减少一半。

如果将这种压力计的单管倾斜放置，便成为斜管压力计，由于 h_1 读数标尺连同单管一起被倾斜放置，使刻度标尺的分度间距得以放大，它可以测量到十分之一毫米水柱的微压。

另外，还有一种压力计——弹性压力计。弹性压力计测压范围宽、结构简单、价格便宜、使用方便，是应用最广的一类压力计。弹性元件是一种简单可靠的测压元件，它不仅可用以制造各类弹性式压力表，而且可作为变送器的压力感受元件，随着测压范围的不同，所用弹性元件的材质及结构也不同。其中管弹簧式压力计应用最广，前面已作了介绍。

（三）测量压力时应注意的问题

（1）取压点必须具有代表性，不得在气流紊乱的地方或者有漏出、吸入的地方取压。

（2）取压时最好使用取压管，以避免动压力对所测静压力的影响。管壁钻孔取压时，应注意钻孔必须垂直于管壁，内壁钻孔处不能有毛刺产生，接管内径应与孔径一致。

（3）测量气体压力时，取压点应在管道上半周，以免液体进入导压管内。测量液体压力时，取压点应在管道的下半周，以免气体进入导压管内，但不能在管道的底部，以免沉淀物进入导压管内。

（4）传递压力的导压管不应太细，内径以 10 ~ 12mm 为宜，导压管应保证不漏和不堵。测量液体压力时，导压管内不能有气体存在，在最高点应有排气阀，最低点应有排污阀；测量气体压力时，导压管内不能有液体存在，在最低点应有放水阀。敷设导压管时应有一定的倾斜度。

（5）当测量温度高于 800℃ 的烟气压力时应采用水冷取压管。

（6）测量炉膛压力时，应沿导压管敷设补偿导管，以排除环境温度的影响。

（7）测量压差时，应在两根引压管之间安置平衡阀，在接通压差前打开平衡阀，使两根引压管相通，接通压差后再关闭平衡阀，以免将所充液体冲至导压管内，影响测量结果，或将弹性元件损坏。

三、流量测量仪表

流量计是用来测定加热炉所使用的燃料（气体或液体）、空气、水、水蒸气等用量的仪器。有时还需要自动调节流量及两种介质的流量比，如液体与助燃空气。准确地检测及调节流量对加热炉的经济指标十分重要，对节能工作具有重要意义。

流量计的种类繁多，按其测量原理，通常分为容积式流量计和速度式流量计两大类。加热炉上常用的是节流式差压流量计，即速度式流量计。本节主要介绍节流式差压流量计。

（一）流量的定义及表示方法

流量是指流体（气体或液体）通过管道或容器内的数量，常用瞬时流量及累计流量表示。前者指检测的瞬间流体在单位时间内所流过的数量；后者指检测的一段时间内流过的流体数量总和。流量的表示方法常用体积流量和质量流量表示。体积流量的瞬时流量是单位时间内流过管道某处截面流体的体积。它的单位可用 m^3/s 表示。质量流量是指在单位时间流过管道某截面处流体的质量，用 kg/s 表示。

（二）节流式差压流量计

节流式差压流量计，即用节流装置测流量，其原理为：在管道内装设有截面变化的节流装置（元件），当液体流经节流装置时，由于流束收缩，其流速发生变化而在节流装置前后产生静压差，称为差压。利用此差压与流量的关系达到检测流量的目的。该差压可以直接显示，也可经差压变送器转换成电信号再显示或累积流量。其组成如图 4.3.11 所示。

由图 4.3.11 可以看出，节流式流量计由下列三个部分组成：

（1）节流装置。产生与流量有关的差压。

（2）传递部分。用管道将差压传递到差压计或差压变送器。

（3）差压计。显示、记录或累积流量，常直接刻度流量标尺。

节流装置是节流式差压流量计的关键元件，常用的节流装置有孔板、喷嘴及文丘里管。其中用得最多的是孔板，目前已标准化系列统一化了。1976 年制定的 ISO5167 为正式国际标准。我国也参照国际标准制定了《流量测量节流装置国家标准》。其结构形式如图 4.3.12 所示。

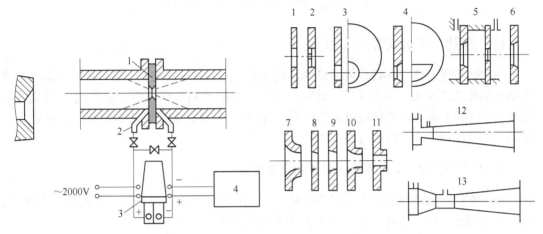

图 4.3.11　节流式流量计组成

1—节流装置；2—连接管道；

3—差压变送器；4—显示仪表

图 4.3.12　节流装置的形式

1, 2—标准孔板；3, 4—偏心和圆缺孔板；5—双重孔板；

6—双斜孔板；7—标准喷嘴；8—1/4 圆喷嘴；

9—半圆喷嘴；10—组合喷嘴；11—圆筒形喷嘴；

12—文丘里管喷嘴；13—文丘里管

1. 节流式差压流量计流量方程式

流体流经节流装置——孔板时，在节流装置前后产生的压力差 Δp 与流量之间的关系可用式（4.3.2）表示：

$$V = \mu F_0 \left[(2/\rho) \Delta p \right]^{1/2} \qquad (4.3.2)$$

式中　V——体积流量，m^3/s；

μ——流量系数；

F_0——孔板面积，m^2；

ρ——流体的密度，kg/m^3；

Δp——压力差，Pa。

2. 流量显示仪表

在加热炉的流量检测仪表中，广泛采用单元组合仪表测量流量。DDZ 单元组合仪表（电动单元组合仪表）测流量时，是用 DBC 差压变送器将差压信号 $p_1 - p_2 = \Delta p$ 转换成电流信号 $I\Delta p$，将其开方后送到显示仪表显示瞬时流量，或送到比例积算器显示出积累流量。为了补偿使用过程中 p 及 T 变化所造成的误差，Δp 在进入开方器前还要使用乘除器补正。它的组成原理如图 4.3.13 所示。

在安装节流装置时，应严格按仪表说明书的安装规则进行。具体规则可在有关资料或手册中查到。

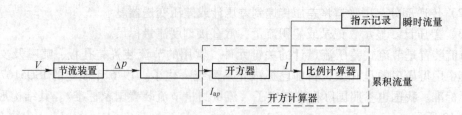

图 4.3.13　DDZ 仪表测流量原理方框图

四、加热炉的计算机自动控制

对加热炉进行热工参数检测的目的，就是为了便于炉子的操作，使炉子的工作状态符合钢的加热工艺要求，实现优质、低耗、高产。当炉子的工作状态（如炉温）与加热工艺要求产生偏差时，就必须对其进行调节（控制）。加热炉热工参数的控制方式可分为手动调节、自动调节及计算机自动控制。

（一）手动调节、自动调节及计算机自动控制

热工参数的自动调节是手动调节的发展，它是利用检测仪表与调节仪表模拟人的眼、脑、手的部分功能，代替人的工作而达到调节的作用。

手动调节时，先由操作人员用眼观察显示仪表上温度的数值或直接用眼凭经验判断炉温高低，确定操作方向，用手调节供给燃料阀门的开启度，改变燃料流量，调节炉温使其稳定在规定的数值上。显然，手动调节劳动强度大，特别是对某些变化迅速、条件要求较高的调节过程很难适应；有时还会因人的失误而造成事故。

自动调节时，热电偶感受炉温变化，经变送器送入调节器与给定值进行比较（判别与规定数值的偏差），按一定的调节规律（事先选定好）输出调节信号驱动执行器，改变燃料流量，维持炉温恒定。可以看出，热电偶及变送器代替了人的眼睛，调节器代替了人脑的部分功能，执行器代替了人的手。在调节过程中没有人的直接参与，显然大大减轻了操作人员的劳动强度，调节质量也明显提高。当然，自动调节仍离不开人的智能作用，如给定值的设定，调节规律的选择，各环节的联系与配合丝毫离不开人的智能作用。

加热炉的计算机控制是在自动控制（调节）的基础上发展起来的。采用计算机控制，不仅可以实现全部自动调节的功能，而且可以将设备或工艺过程控制在最佳状态下运行。如对加热炉采用计算机控制时，通过对诸热工参数（如温度、压力、流量、烟气成分等）的系统控制，可将炉子工作状态控制在燃耗最低、热效率最高、生产率最大的最佳状态，而自动调节很难做到这一点。随着计算机技术的发展，其控制对象已从单一的设备或工艺流程扩展到企业生产全过程的管理与控制，并逐步实现信息自动化与过程控制相结合的分级分布式计算机控制，创造了大规模的工业自动化系统。

（二）计算机控制一般原理

1. 计算机控制系统的基本组成

简单自动调节系统原理框图如图 4.3.14 所示。测量元件对调节对象的被调参数（如温度、压力等）进行测量，变送器将被调参数转换成电压（或电流）信号，通过与给定

值比较，将偏差信号反馈给调节器，调节器产生调节信号驱动执行机构工作，使被调参数值达到预定要求。由图 4.3.14 可以看出，自动控制系统的基本功能是信号传递、加工和比较。这些功能是由测量元件、变送器、调节器和执行机构来完成的。调节器是控制系统中最重要的部分，它决定了控制系统的性能和应用范围。如果将图 4.3.14 中的调节器用计算机代替，这样就构成了一个最基本的计算机控制系统，控制系统框图如图 4.3.15 所示。在自动控制系统中，只要运用各种指令，就能编出符合某种控制规律的程序，计算机执行这样的程序，就能实现对被控参数的控制。

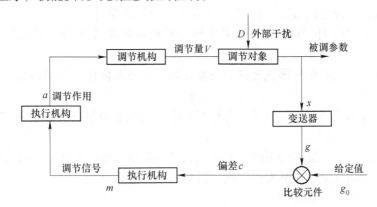

图 4.3.14　简单自动调节系统原理框图

g_0—给定值；x—检测值；m—调节器输出（调节信号）；D—扰动

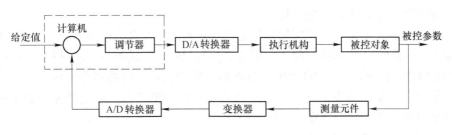

图 4.3.15　自动控制系统

在自动控制系统中，由于计算机的输入和输出信号都是数字信号，因此在控制系统中需要有将模拟信号转换为数字信号的 A/D 转换器，也需要有将数字信号转换为模拟信号的 D/A 转换器。

加热炉生产过程是连续进行的，应用于生产控制的计算机系统通常是一个实时控制系统，它包括硬件和软件两部分。

A　硬件组成

计算机控制系统的硬件一般由计算机、外部设备、输入输出通道和操作台等部分组成。

（1）计算机。计算机是控制系统的核心，完成程序存储、程序执行，进行必要的数值计算、逻辑判断和数据处理等工作。

（2）外部设备。实现计算机与外界交换信息的功能设备称为外部设备。主要包括人-机通信设备，输入/输出和外存储器等。

输入设备主要用来输入数据、程序，常用的输入设备有键盘、鼠标、光电输入等。

输出设备主要用来把各种信息和数据提供给操作人员，以便及时了解控制过程的情况。常用的输出设备有打印机、记录仪表、显示器等。

外存储器主要用于存储系统程序和数据，如磁带装置、磁盘装置等，同时兼有输入、输出功能。

（3）输入、输出通道。输入、输出通道是计算机和生产过程之间设置的信息传递和变换的连接通道。它的作用有：一方面，将控制对象的生产过程参数取出，经过转换，变换成计算机能够接受和识别的代码；另一方面，将计算机输出的控制命令和数据，经过变换后作为操作执行机构的控制代码，以实现对生产过程的控制。

（4）操作台。操作台是操作人员用来与计算机控制系统进行"对话"的，其组成包括：

1）显示装置。如显示屏幕或荧光数码显示器，以显示操作人员要求显示的内容或报警信号。

2）一组或几组功能板键。板键旁有标明其作用的标志或字符，扳动板键，计算机就执行该标志所标明的动作。

3）一组或几组送入数字的板键，用来送入某些数据或修改控制系统的某些参数。

4）应能自动防止操作人员操作错误，避免造成严重后果。

B　计算机控制系统软件

软件通常分为两类：一类是系统软件，另一类是应用软件。

系统软件包括程序设计系统、诊断程序、操作系统以及与计算机密切相关的程序，带有一定的通用性，由计算机制造厂提供。

应用软件是根据要解决的实际问题编制的各种程序。在自动控制系统中，每个控制对象或控制任务都配有相应的控制程序，用这些控制程序来完成对各个控制对象的不同控制要求。这种为控制目的而编制的程序，通常称为应用程序。这些程序的编制涉及生产工艺、生产设备、控制工具等，首先应建立符合实际的数据模型，确定控制算法和控制功能，然后将其编制成相应的程序。

2. 计算机控制系统的控制过程

计算机控制系统的控制过程可简单地归结为以下两个步骤：

（1）数据的采集。对被控参数的瞬时值进行检测，并输出计算机。

（2）控制。对采集到的表征被控参数状态的测量值进行分析，并按已定的控制规律，决定控制过程，适时地对控制机构发出控制信号。

上述过程不断重复，使整个系统按照一定的品质指标进行工作，对被控参数和设备出现的异常状态进行监督，并做出迅速处理。

【任务实施】

一、实训内容

热电偶校验实验。

二、实验目的

使学生对热电偶有直观的认识，同时能理解热电偶的热电特性；掌握动圈表的使用方法。

三、实训相关知识

（1）主要材料、工具与设备：标准热电偶、被校热电偶、动圈表、电阻炉等。

（2）选取电阻炉稳定均衡时段进行测试。

（3）实验数据记录表。

表 4.3.1　实验数据记录表

校验温度/℃	200	400	600	800	1000
热电偶标准热电势 E_K/mV	8.138	16.397	24.905	33.275	41.276
被校热电偶热电势 E_K/mV					
被校热电偶指示温度/℃					
偏差/℃					

（4）进行实验数据分析（按最大偏差与仪表基本误差评价仪表品质）。

（5）实验总结。

【任务总结】

通过本次实验，使学生了解热电偶结构、原理；了解动圈表原理；学习数据处理方法。对学生动手能力的提高大有助益。

【任务评价】

表 4.3.2　任务评价表

任务实施名称			连续式加热炉炉膛尺寸		
开始时间		结束时间	学生签字		
			教师签字		
评价项目	技 术 要 求			分值	得分
操　作	（1）方法得当； （2）计算过程规范； （3）正确使用公式； （4）团队合作				
任务实施报告单	（1）书写规范整齐，内容翔实具体； （2）实训结果和数据记录准确、全面，并能正确分析； （3）回答问题正确、完整； （4）团队精神考核				

思考与练习题

1. 工业上常用的测温仪表有哪些，其测温原理是什么？

2. 使用热电偶测温时应注意哪些问题？

3. 测量炉压时应注意哪些问题？

4. 节流式差压流量计的原理是什么？

5. 简述计算机控制的一般原理。

加热炉节能减排技术

任务一　加热炉热平衡

【任务描述】

在轧钢车间，加热炉是为轧机服务的，但加热炉的能耗大约占整个轧钢工序能耗的40%～50%，由此可见，降低加热炉的能耗，减少燃烧产物的排放，对于轧钢企业降低生产成本、提高经济效益具有重要意义。加热炉能耗指标往往通过热平衡分析确定。编制加热炉的热平衡，对于加热炉设计和管理都是不可缺少的。在设计中可以通过热平衡计算，确定加热炉燃料消耗量；在工作中的加热炉，也可根据实测数据编制热平衡，来检验加热炉的热效率，这对改进加热炉的工作具有实际意义，因为据此可以寻求各种热工参数的最佳值，通过热工技术分析确定最佳的热工操作制度。

【能力目标】

(1) 能正确计算加热炉生产率，会分析影响生产率的因素；
(2) 能正确计算各项收支热量；
(3) 能正确编制加热炉热平衡表。

【知识目标】

(1) 加热炉生产率及其影响因素；
(2) 加热炉热平衡分析与计算；
(3) 加热炉热平衡表编制。

【相关资讯】

一、加热炉生产率

(一) 加热炉生产率概念

加热炉生产能力的大小用生产率来表示，生产率有两个概念：绝对生产率和单位生产率。

1. 绝对生产率

单位时间加热出来的温度达到规定要求的钢料产量为绝对生产率。

绝对生产率就是通常所说的加热炉的产量，它有很多表示方法，如小时产量 t/h；日产量 t/d；年产量 t/a 等。它在不同结构的加热炉之间不能做比较，也就是说不能用绝对生产率去比较不同类型加热炉性能的好坏。比较不同类型加热炉的性能采用单位生产率。

2. 单位生产率

单位时间内，单位炉底面积上加热钢料的重量称为单位生产率。单位是 kg/(m² · h)。加热炉的单位生产率也称炉底强度，或钢压炉底强度，它是加热炉最重要的生产指标之一。单位生产率的表达式为：

$$P = \frac{G \times 1000}{A} \tag{5.1.1}$$

式中　　P ——单位生产率（炉底强度），$kg/(m^2 \cdot h)$；

　　　　G ——加热炉的小时产量，t/h；

　　　　A ——炉底布料面积，如对连续式加热炉有 $A = nlL$，m^2；

　　　　n ——连续加热炉内钢坯的排数；

　　　　l ——坯料的长度，m；

　　　　L ——加热炉的有效长度，m。

加热炉是为轧机服务的，只有当轧机需要时，钢锭或钢坯才能出炉，如果轧机发生故障停轧或待轧，炉内已经加热好了的金属也不能出炉。所以每小时或每班的产量，实际上只是轧机的产量，而不是加热炉的真正的最大生产能力。一般加热炉的设计产量总要稍大于轧机的产量，避免经常出现不能及时供给钢坯的待轧现象。

（二）提高加热炉生产率的途径

1. 设计合理的炉型结构，保证砌筑质量

加热炉的形式、大小，炉体各部分的构造、尺寸，加热炉所用的材质，附属设备的构造等都属于加热炉结构方面的因素。炉型结构不仅应当设计合理，而且要保证砌筑质量合格，以期延长加热炉的使用寿命，缩短检修周期。

炉型结构对生产率的影响很大，因此加热炉的炉型不断地在改进，新的炉型也不断出现，加热炉的材质也不断提高和创新。

A　采用新炉型

加热炉总的发展趋势是向大型化、多段化、机械化、自动化方向发展。最初轧机能力很小，钢锭尺寸也很小，当时连续加热炉多是一段式或两段式的实底炉，到 20 世纪四五十年代主要是两面加热的三段式加热炉；六七十年代为了加强供热提高产量，出现了五点、六点甚至八点供热的大型加热炉，预热段温度提高，成为新的加热段。烧嘴的安装形式也有很多变化，例如配置了上下加热和顺向反向烧嘴；均热段采用炉顶平焰烧嘴，甚至炉型演变为全长都是平顶，全部用炉顶烧嘴；为了使炉温制度和炉膛压力分布的调节更加灵活，沿加热炉全长配置侧烧嘴，使加热炉成为只有一个加热段的直通式炉。加热炉的单位生产率也由过去的 $300 \sim 400 kg/(m^2 \cdot h)$ 提高到 $700 \sim 800 kg/(m^2 \cdot h)$，甚至超过 $1000 kg/(m^2 \cdot h)$。每座加热炉的小时产量可达到 350t 以上。

加热炉的机械化程度越来越高，轧钢车间由过去推钢式连续加热炉发展到各种步进式炉、辊底式炉、环形炉、链式加热炉等。一些异形坯过去在室状炉加热，现在改在环形炉内加热，生产率有了很大提高。

加热炉的自动化是目前发展的方向，由于实行热工自动调节，可以及时正确地反映和有效地控制炉温、炉压等一系列热工参数，从而可以很好地实现所希望的加热制度，提高加热炉的产量。电子计算机的应用，使炉子从装料定位，炉内各段温度控制，燃料与空气流量控制，炉压自动控制，直到钢料出炉时刻及出料程序操作，都由计算机给定控制值，可以实行炉况的最佳控制，出炉钢料的温度和温度差都达到了十分精确的程度。

B　改造旧炉型

（1）扩大炉膛，增加装入量。在炉基不变的情况下，可以通过对炉体的改造，扩大炉膛，增加装料量。例如 20 世纪 50 年代我国初轧厂建设了一批中心烧嘴换热式均热炉，由于中心烧嘴占去了炉底很大面积，加上了其他一些缺点，以后这种炉型大部分逐步改造为上部四角烧嘴或上部单侧烧嘴的均热炉，使炉底装料面积增加，加热炉生产率提高 10%~20%。

（2）改进炉型和尺寸，使之更加合理。有的加热炉炉型与尺寸采用通用设计，不问具体条件如何，有时燃料种类、钢坯尺寸等都与设计有很大出入；有时加热炉燃料由烧煤改为烧煤气，但炉型没有相应改变；有的炉膛太高，金属表面温度低，有的炉顶又太低，气层厚度薄，炉墙传热的中间作用降低，这些都不利于热交换。应当根据实践经验改进炉型和尺寸，加快对钢坯的供热，提高加热炉的生产率。

（3）减少加热炉热损失。通过炉体传导的热损失和冷却水带走的热，约占加热炉热负荷的 1/4~1/3，不仅造成热能的浪费，而且降低了加热炉的温度，影响钢料的加热。减少这方面的损失，可提高加热炉的产量。

加热炉炉底水管的绝热，是节约能源，提高加热炉产量的一项重要措施。由于水管与钢坯直接接触，冷却水带走的热一部分是有效热；其次，钢坯与水管接触的地方产生黑印，甚至钢坯上下出现阴阳面，消除黑印需要均热时间较长，降低了加热炉的产量。采用耐火可塑料包扎水管，仅这一项措施就可以提高加热炉生产率 15%~20%。近年来又发展出无水冷滑轨加热炉，采用高级耐火材料或耐热金属作为滑轨材料，也能提高炉子产量。例如小型二段式水冷加热炉改为无水冷滑轨加热炉后，单位生产率由平均 $500kg/(m^2 \cdot h)$ 以下，提高到 $700kg/(m^2 \cdot h)$，产量提高了 30%以上。

2. 改善燃烧条件提高供热强度

提高加热炉热负荷、改善燃烧条件，应当注意改进燃烧装置。有的加热炉生产率不高，是由于烧嘴能力不足或者烧嘴结构很不完善，如雾化质量太差或混合不好，就需要更新或改进烧嘴。加热炉向大型化发展后，炉长炉宽都增加了，如何保证炉内温度均匀，与加热炉生产率和产品质量都有密切关系。为此出现了多种新型烧嘴，位置也由端烧嘴发展到侧烧嘴、炉顶烧嘴，分散了供热点，改善了燃烧条件和传热条件，有效地提高了加热炉生产率。

当加热炉的供热强度增大时，生产率也增大。热负荷低的加热炉，提高供热强度增产效果比较显著；如果热负荷已经较高，继续提高则增产的效果并不显著。相反，供热强度过大，还会造成燃料浪费、金属烧损增加、炉体损坏加速，所以加热炉应当有一个合理的热负荷。保证燃料的完全燃烧是提高热负荷的一个重要的先决条件。

连续式加热炉提高供热强度的重要措施是增加供热点，扩大加热段和提高加热段炉温水平，缩短预热段使废气出炉温度相应提高。

3. 提高钢料入炉温度，增加钢料的受热面积

钢料的入炉温度对加热炉生产率有重要的影响。钢料入炉温度越高，加热时间越短，加热炉生产率越高。这一点对均热炉最有现实意义。据资料统计，入炉钢锭表面温度每提高 50℃时，就可能提高加热炉生产能力 7%，所以应设法尽量提高均热炉的热装比。

在加热条件一定的情况下，所加热的钢坯越厚，所需的加热时间越长，炉子单位生产率越低。钢坯的厚度是客观条件，不能任意改变，为了提高生产率应设法增加钢坯的受热面积。例如在均热炉内应合理放置钢锭，尽可能使之四面受热；对室状炉采取在炉底或台车上安放垫块，使钢料下面架空；连续加热炉将单面加热的实底炉改为双面加热，即使除去炉底水管带走部分热量这一因素，加热炉生产率仍可提高 25%~40%。

4. 制定合理的加热工艺

加热工艺也是影响加热炉生产率的一个因素。同样的加热炉，用途和加热工艺不同，生产率往往相差很悬殊。例如锻造加热用的台车式炉单位生率可达 250kg/(m² · h)，但作为正火等热处理作业用的台式炉只有 40~125kg/(m² · h)。热处理工艺多半要求有严格的升温速度与冷却速度，不允许高温快速加热，另外为了相变的需要，常常要有保温时间，所以热处理炉生产率都较低。

周期性作业的加热炉单位生产率很低，因此从生产率和节约能源的角度考虑，希望尽量采取连续性作业。

在制定加热工艺时，要考虑选择最合理的加热温度、加热速度和温度的均匀性。因为钢种、钢坯断面尺寸常有变动，加热工艺要作相应的调整，如果加热温度定得太高，加热速度太快，断面温差规定太严，都会影响加热炉生产率。为了提高加热炉生产率，要对上述几方面进行综合考虑，片面强调哪一方面都不会收到良好效果。

二、加热炉的热平衡

一座加热炉由几个主要的部分组成，可以编制全炉的热平衡，也可以编制某一个区域的热平衡，如炉膛热平衡、换热器热平衡等。必要时还可以划分更小的区域，如沿加热炉长度方向划分几个区域，分别编制热平衡，加热炉的热平衡以炉膛的热平衡为核心。在研究加热炉的热工作及设计加热炉时，往往不需要做出全炉的热平衡而只做炉膛热平衡就足够了。各项热量的收支通常按每小时计算，其单位均为 kJ/h。

1. 热收入项

热收入项包括燃料燃烧的化学热 $Q_{烧}$，空气预热带入的物理热 $Q_{空}$，燃料预热所带入的物理热 $Q_{燃}$，金属氧化所放出的热 $Q_{氧}$。钢料热装时还要计算钢料带入的物理热 $Q_{料}$；以重油为燃料、蒸汽为雾化剂时，蒸汽所带入的物理热 $Q_{汽}$ 也应计入热收入项。

（1）燃料燃烧的化学热 $Q_{烧}$：

$$Q_{烧} = BQ_{DW}^y \tag{5.1.2}$$

式中　B——燃料的消耗量，kg(m³)/h；

Q_{DW}^y——燃料的低发热量，$kJ/kg(m^3)$。

在设计加热炉时，B 为未知量，在进行加热炉热平衡测试时，B 为计量值。

（2）燃料预热所带入的物理热 $Q_{燃}$：

$$Q_{燃} = BC_{燃}t_{燃} \tag{5.1.3}$$

式中 $C_{燃}$——燃料的平均比热容，$kJ/(m^3 \cdot ℃)$；

$t_{燃}$——燃料的预热温度；

B——燃料的消耗量，$kg(m^3)/h$。

固、液体燃料一般不计这项热收入。

（3）空气预热带入的物理热 $Q_{空}$：

$$Q_{空} = BnL_0C_{空}t_{空} \tag{5.1.4}$$

式中 n——空气消耗系数；

L_0——理论空气消耗量，$m^3/kg(m^3)_{燃}$；

$C_{空}$——空气平均比热，$kJ/(m^3 \cdot ℃)$；

$t_{空}$——空气预热温度，$℃$；

B——燃料消耗量，$kg(m^3)/h$。

（4）金属氧化放出的热 $Q_{氧}$：

$$Q_{氧} = 1350Ga \tag{5.1.5}$$

式中 G——加热炉小时产量，kg/h；

a——金属烧损率，$\%$；

1350——每千克铁氧化平均放出的热量，kJ/kg。

（5）雾化用蒸汽带入的物理热 $Q_{汽}$：

$$Q_{汽} = BbC_{汽}t_{汽} \tag{5.1.6}$$

式中 B——燃料消耗量，kg/h；

b——每千克燃油雾化用蒸汽量，kg/kg；

$C_{汽}$——蒸汽平均比热容，$kJ/kg℃$；

$t_{汽}$——蒸汽温度，$℃$。

2. 热支出项

连续式加热炉的热支出项包括：钢料加热所需的热，这项是有效热，用 $Q_{钢效}$ 表示；烟气带走的热量 $Q_{烟}$，燃料化学不完全燃烧的热损失 $Q_{化}$；燃料机械不完全燃烧的热损失 $Q_{机}$；经过炉顶、炉墙等传导热损失 $Q_{壁}$；炉门及开孔辐射的热损失 $Q_{辐}$；炉门、开孔溢气热损失 $Q_{溢}$；炉子水冷部件吸热的热损失 $Q_{水}$ 及其他热损失 $Q_{其他}$ 等。

（1）钢料加热所需热量 $Q_{钢效}$：

$$Q_{钢效} = G(C_{钢2}t_{钢2} - C_{钢1}t_{钢1}) = G(i_{钢2} - i_{钢1}) \tag{5.1.7}$$

式中 G——加热炉的小时产量，kg/h；

$C_{钢}$——钢的平均比热容，$kJ/(kg \cdot ℃)$；

$t_{钢1}$，$t_{钢2}$——钢的装、出炉温度，$℃$；

$i_{钢1}$，$i_{钢2}$——钢在装、出炉温度下的热焓，kJ/kg。

碳素钢的热焓与温度的关系见表 5.1.1。

表 5.1.1　碳素钢的热焓与温度的关系　　　　　　（kJ/kg）

温度/℃	含碳量/%										
	0.090	0.234	0.300	0.540	0.610	0.795	0.920	0.994	1.235	1.410	1.575
100	46.48	46.48	46.89	47.31	47.73	48.15	50.24	48.57	49.41	48.57	50.24
200	95.46	95.88	95.88	95.88	96.30	96.72	100.49	99.23	100.06	98.81	100.91
300	148.22	149.89	150.73	151.57	152.83	154.50	155.76	154.50	154.92	154.50	157.01
400	205.16	206.00	206.42	208.93	209.77	210.19	213.54	211.02	213.12	210.61	213.96
500	265.46	266.71	267.54	268.39	269.22	271.32	275.92	272.16	274.25	272.16	276.76
600	339.15	339.98	340.82	343.33	343.75	344.59	349.61	346.26	347.52	345.43	351.29
700	419.12	419.54	420.79	422.89	423.72	424.56	427.29	422.89	427.91	425.40	431.27
800	531.75	542.46	550.59	547.66	542.22	550.17	550.17	544.31	548.50	544.31	553.94
900	629.31	631.44	628.05	620.09	616.75	610.88	602.93	606.02	602.93	605.86	613.81
1000	704.67	701.74	698.81	689.18	686.67	679.13	653.59	670.76	661.13	673.27	669.92
1100	780.86	772.50	768.31	760.78	757.43	749.47	724.77	741.10	732.31	744.87	720.16
1200	850.40	844.52	841.59	831.54	829.03	821.07	791.34	804.32	795.53	813.12	782.97
1250	885.55	880.11	877.60	868.80	866.29	856.24	824.84	841.59	833.21	849.54	817.72

（2）烟气所带走的热量 $Q_{烟}$：

$$Q_{烟} = BV_n C_{烟} t_{烟} \tag{5.1.8}$$

式中　V_n——单位燃料完全燃烧所产生的实际燃烧产物量，$m^3/kg(m^3)$；

　　　$C_{烟}$——烟气的比热容，$kJ/(m^3 \cdot ℃)$；

　　　$t_{烟}$——烟气的温度，℃；

　　　B——燃料消耗量，kJ/h。

（3）燃料化学不完全燃烧的热损失 $Q_{化}$：

$$Q_{化} = BV_n \left(Q_{CO} \frac{P_{CO}}{100} + Q_{H_2} \frac{P_{H_2}}{100} + \cdots \right) \tag{5.1.9}$$

式中　Q_{CO}，Q_{H_2}——CO、H_2 等的发热量，kJ/m^3；

　　　P_{CO}，P_{H_2}——CO、H_2 等在废气中的百分含量；

　　　B——燃料消耗量，kJ/h；

　　　V_n——单位燃料完全燃烧所产生的实际燃烧产物量，$m^3/kg(m^3)$。

（4）燃料机械不完全燃烧的热损失 $Q_{机}$：

$$Q_{机} = K Q_{DW}^y \tag{5.1.10}$$

式中　K——燃料由于机械不完全燃烧而损失的百分数。

（5）经炉壁的散热损失 $Q_{壁}$：

$$Q_{壁} = \frac{t_{壁} - t_{空}}{\dfrac{S_1}{\lambda_1} + \dfrac{S_2}{\lambda_2} + 0.0143} \times F_{壁} \tag{5.1.11}$$

式中　$t_{壁}$——炉壁内表面温度，℃；

$t_空$——炉外空气温度，℃；

S_1，S_2——耐火材料及绝热层厚度；

λ_1，λ_2——耐火材料及绝热层导热系数；

$F_壁$——炉壁散热面积；

0.0143——炉壁外表面与空气间的热阻。

（6）炉门开孔辐射热损失 $Q_辐$：

当炉门或窥孔打开时，由炉内向炉外辐射造成热损失。炉温越高，开启时间越长，热损失越大。其数值可按式（5.1.12）计算：

$$Q_辐 = 20.4 \left(\frac{T_炉}{100}\right)^4 \Phi F \varphi \tag{5.1.12}$$

式中 $T_炉$——炉门或窥孔处炉气温度，K；

Φ——综合角度系数；

φ——炉门或窥孔开启时间。

（7）炉门、开孔溢气热损失 $Q_溢$：

$$Q_溢 = V_0 C_气 t_气 \varphi \tag{5.1.13}$$

式中 V_0——标准状态下从炉内溢出的气体量；

$t_气$——炉气温度，℃；

$C_气$——炉气在 $t_气$ 下的平均比热容，kJ/(m² · ℃)；

φ——炉门或窥孔开启时间。

（8）加热炉冷却部件带走的热量 $Q_水$：

$$Q_水 = M_水(C_水 t_水 - C'_水 t'_水) \tag{5.1.14}$$

式中 $M_水$——冷却水消耗量，kJ/h；

$t_水$，$t'_水$——冷却水出口及进口温度，℃；

$C_水$，$C'_水$——出口及进口温度下的比热容，kJ/(kg · ℃)。

（9）氧化铁皮带走的热损失 $Q_铁$：

$$Q_铁 = \frac{Ga C_铁(t_铁 - t_0)m}{100} \tag{5.1.15}$$

式中 a——金属烧损率，%；

$C_铁$——氧化铁皮平均比热，kJ/(kg · ℃)；

$t_铁$——氧化铁皮温度；

t_0——钢料入炉温度；

m——氧化 1kg 铁生成的 Fe_3O_4 量。

（10）其他热损失 $Q_{其他}$：

$$Q_{其他} = \frac{V_砌 \rho_砌(t_砌 C_砌 - t'_砌 C'_砌)}{\tau} \tag{5.1.16}$$

式中 $V_砌$——砌砖体积，m³；

$\rho_砌$——砌砖体密度，kg/m³；

$t_砌$，$t'_砌$——砌体加热前后平均温度，℃；

$C_{砌}$，$C'_{砌}$——砌体加热前后平均比热容，kJ/(kg·℃)；

　　τ——加热炉工作周期时间，h。

3. 热平衡方程和热平衡表

根据能量不灭定律，热收入项总和及热支出项总和应相等。据此可以列出热平衡方程式：$\sum Q_{收入} = \sum Q_{支出}$。

根据前述各项热支出及热收入计算公式可知，在设计加热炉时，燃料消耗量 B 为待定值，其他各量或者在设计时给定，如 G、$t_{空}$、$t_{燃}$ 等；或者可以计算，如 Q_{DW}^Y、L_0、V、$t_{炉}$ 等。有些则可从通用资料中查得，如 $C_{空}$、$C_{燃}$、$C_{废}$ 等。故从热平衡方程式中可以计算出 B 值来。

为了便于分析和评价加热炉热工作的好坏，将 B 值代入各有关计算项中，求出热收入及热支出总和，及各项热量所占的百分率，列成表，即为热平衡表，一座连续加热炉各项热收入及热支出所占的百分比见表 5.1.2。

表 5.1.2　加热炉热平衡表

热　收　入	kJ/h	%	热　支　出	kJ/h	%
燃料燃烧的化学热	$Q_{烧}$	70~100	金属加热所需的热	$Q_{钢效}$	10~50
燃料预热所带入的物理热	$Q_{燃}$	0~15	出炉废气带走的热	$Q_{烟}$	30~80
空气预热带入的物理热	$Q_{空}$	0~25	燃料化学不完全燃烧的热损失	$Q_{化}$	0.5~3
金属氧化放出的热	$Q_{氧}$	1~5	燃料机械不完全燃烧的热损失	$Q_{机}$	0.2~5
雾化用蒸汽带入的物理热	$Q_{汽}$	0~5	经过炉子砌体的散热损失	$Q_{壁}$	2~10
			炉门及开孔的辐射热损失	$Q_{辐}$	0~4
			炉门及开孔溢气的热损失	$Q_{溢}$	0~5
			炉子水冷构件的吸热损失	$Q_{水}$	0~15
			其他热损失	$Q_{其他}$	0~10
热收入总和	$\sum Q_{收入}$	100	热支出总和	$\sum Q_{支出}$	100

【任务实施】

一、实训内容

加热炉热平衡测定。

二、实训目的

（1）正确划定热平衡区域、计算时间基准；

（2）正确使用测量仪表测试加热炉各项热工参数；

（3）完成热平衡计算与热平衡表编制。

三、实训相关知识

（1）主要材料、工具与设备：轧钢企业加热工段、热电偶、测量仪表、尺等。

（2）对生产现场热平衡的测试结果进行计算，编制热平衡表。

【任务总结】

通过对加热炉的实测和热平衡计算，掌握轧钢企业加热炉热平衡的测试计算方法，正确编制热平衡表，能透过热平衡表分析影响加热炉燃耗的系列因素。

【任务评价】

表5.1.3　任务评价表

任务实施名称			加热炉热平衡测定		
开始时间		结束时间	学生签字		
			教师签字		
评价项目	技　术　要　求			分值	得分
热平衡测试操作	(1) 方法得当； (2) 操作规范； (3) 正确使用工具、仪器、设备； (4) 团队合作				
任务实施报告单	(1) 书写规范整齐，内容翔实具体； (2) 实训结果和数据记录准确、全面，并能正确分析； (3) 回答问题正确、完整； (4) 团队精神考核				

思考与练习题

1. 单位生产率的定义及表达式是什么？
2. 提高加热炉生产率有哪些技术措施？
3. 加热炉热平衡的作用是什么？其核心环节是什么？
4. 列出加热炉热平衡表。

任务二　加热炉节能

【任务描述】

在加热炉的生产操作中，要求将加热炉的热工状态控制在优质、低耗、稳产、高产的最佳经济状态。加热炉排放的烟气中都含有一定浓度的氮氧化物、一氧化碳、二氧化碳、二氧化硫等有害气体和粉尘等，会在一定程度上造成环境污染。加热炉的能耗大约占整个轧钢工序能耗的40%~50%。降低加热炉的能耗，减少加热炉燃料消耗，减少燃烧产物的排放，对于轧钢企业降低生产成本，提高经济效益具有重要意义。通过对加热炉的热平衡分析，可以找出加热炉热能利用的薄弱环节，为加热炉节能技术的应用指明方向。

【能力目标】

(1) 能正确计算加热炉的燃耗指标；
(2) 能正确计算加热炉的热效率；
(3) 会分析、应用加热炉节能减排技术措施。

【知识目标】

(1) 加热炉的燃耗指标；
(2) 加热炉的热效率与技术等级评定；
(3) 加热炉节能减排技术措施。

【相关资讯】

一、加热炉的燃耗

加热炉的燃耗（称为单位燃料消耗量）与热效率是评价加热炉热工作的重要指标。从加热炉热平衡表中可以看出炉子热量的利用情况，在热支出的各项中，只有加热金属的那部分热量才是有效利用的热量，其他则构成加热炉的热损失。如果减少各项热损失，则必然能够降低燃料消耗量。

（一）加热炉燃耗 B

在热平衡分析与计算中，加热炉燃耗指加热炉在单位时间内消耗的燃料数量，用 B 表示，其单位为 kg/h 或 m³/h。

对于不同的加热炉而言，由于炉子结构、加热能力、使用燃料的种类与性质等不同，燃耗 B 不具有可比性。

（二）单位燃耗 b

单位燃耗是指加热单位质量的钢所消耗的燃料量，用 b 表示，使用固、液体燃料时为

kg/t 钢，使用气体燃料时为 m³/t 钢：

$$b = \frac{B}{G} \tag{5.2.1}$$

式中　G——加热炉的小时产量，t/h。

对于不同的加热炉而言，由于炉子使用燃料的种类与性质等不同，单位燃耗 b 也不具有可比性。

（三）单位热耗 R

由于加热炉使用的各种气体燃料、液体燃料与固体燃料的种类与性质等不同，为了便于统一比较，工程上常采用单位热耗这个概念，即加热单位质量的钢所消耗的燃料化学热，用 R 表示，其单位为 kJ/kg 钢：

$$R = \frac{BQ_{DW}^y}{G} \tag{5.2.2}$$

式中　G——加热炉的小时产量，kg/h；

　　　B——燃料消耗量，kg/h 或 m³/h。

（四）标准燃耗 r

为了方便起见，常将单位热耗折算成标准燃料，此时：

$$r = \frac{BQ_{DW}^y}{29302G} \tag{5.2.3}$$

上述公式中的 Q_{DW}^y 为燃料的低发热量，单位为 kJ/kg（或 m³），29302 为标准燃料的发热量，单位是 kJ/kg。在工程单位制中，如 Q_{DW}^y 用 kcal/kg，则标准燃料的发热量应为 7000kcal/kg。

各种轧钢加热炉的标准燃料消耗量大致在表 5.2.1 范围内波动。

表 5.2.1　加热炉的标准燃耗

炉　　型	标准燃耗/kg·t 钢⁻¹	炉　　型	标准燃耗/kg·t 钢⁻¹
均热炉	30~50	室状加热炉	100~250
连续式加热炉	50~100	热处理炉	100~500

值得注意的是，加热炉能耗指标有两种。一种是轧机操作正常，加热炉满负荷情况下的热耗，用 R 表示，它是配备加热炉燃烧系统设备能力的主要参数；另一种是总热耗，用 $R_总$ 表示，它是加热炉在各种产量下热耗的平均值，包括了加热炉因待料、待轧等原因进行保温以及修炉后升温等所消耗的燃料，工程设计中可用它来计算加热炉燃料的年消耗量和产品成本。显然 $R < R_总$。两者的比值 $R/R_总$ 随轧制工艺和生产制度不同而异。它反映生产管理与加热炉操作水平的高低以及加热炉结构和绝热性能的完善程度，一般为 0.6~0.8。R 是评价加热炉热工作好坏的主要指标。

（五）可比单耗 k

由于炉子所用燃料种类与性质不同，加热钢坯的品种不同，炉子的单位热耗亦不具有可比性。为取得可比性，采用可比单耗，用 k 表示，其单位为 MJ/t。

$$k = \frac{R}{燃料换算系数 \times [1 + 合金比(特殊钢燃耗系数 - 1)]} \tag{5.2.4}$$

（1）燃料换算系数。不同燃料的换算系数见表 5.2.2。

表 5.2.2 各种燃料换算系数

燃 料 种 类	换算系数	燃 料 种 类	换算系数
重油、焦油、天然气、焦炉煤气	1.0	混合煤气（发热量约为 5000kJ/m³）	1.3
煤	1~1.5	发生炉煤气	1.2
混合煤气（发热量 8400~9200kJ/m³）	1.1	高炉煤气	1.5
混合煤气（发热量 6700~7600kJ/m³）	1.15		

（2）特殊钢燃耗系数一般取 1.5。

（3）合金比取决于加热钢坯的种类。

（4）当加热炉采用混合燃料时，燃料换算系数按下式计算：

$$综合燃料换算系数 = \sum_{i=1}^{n} i 种燃料百分比 \times i 种燃料换算系数$$

轧钢加热炉的技术等级通常按可比单耗确定，可参照表 5.2.3。

表 5.2.3 轧钢加热炉可比单耗技术等级 （MJ/kg 钢）

炉子等级	大型>700		中小型			线材	中厚板连轧	无缝管		薄板一次成才
	开坯	成材	开坯	中型材	小型材			环形炉	斜底炉	
特级	<1.716	<1.800	<1.507	<1.591	<1.381	<1.339	<2.093	<2.093	<2.260	待定
一等	<2.177	<2.260	<1.967	<2.051	<1.758	<1.591	<2.721	<2.595	<2.865	<2.512
二等	<2.763	<2.930	<2.295	<2.721	<2.428	<2.219	<3.558	<3.642	<3.935	<3.558
三等	<3.182	<3.349	<2.972	<3.140	<2.930	<2.637	<4.396	<4.815	<5.652	<4.605
等外	>3.182	>3.349	>2.972	>3.140	>2.930	>2.637	>4.396	>4.815	>5.652	>4.605

二、加热炉的热效率

加热炉的热效率指加热金属的有效热量占供给加热炉热量（燃料燃烧化学热）的百分率，用 η 表示。即：

$$\eta = \frac{Q_料}{B Q_{DW}^y} \times 100\% \tag{5.2.5}$$

式中 $Q_料$——金属所吸收的热量，kJ/h。

$Q_料$ 及 B 由热平衡计算确定。

一般轧钢加热炉的热效率大致范围见表 5.2.4。

表 5.2.4 加热炉的热效率

炉 型	热效率 $\eta/\%$	炉 型	热效率 $\eta/\%$
均热炉	30~40	室状加热炉	20~40
连续加热炉	30~50	热处理炉	5~20

随着加热炉生产率的变化，燃料的消耗量 B、热效率 η、单位热耗 R 也发生变化，如果加热炉生产率以炉底强度表示，则这三者变化的规律如图 5.2.1 所示。

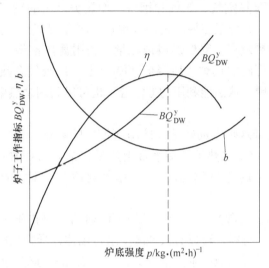

图 5.2.1 加热炉的热工指标

三、加热炉节能减排技术措施

加热炉作为一种高温热工设备，其能耗的高低，取决于热能有效利用的程度。为提高加热炉热能利用效率，降低能耗，加热炉在设计、建造、操作与维护过程中应做到以下五个"必须"：（1）炉体结构必须严密；（2）炉体必须绝热；（3）炉底水管必须包扎；（4）余热必须利用；（5）必须安装热工参数检测与控制系统。此外，应根据加热炉热平衡测试数据，结合企业实际，采取下列节能减排技术措施：

（1）采用燃料脱硫技术、低氮燃烧技术与烟气脱硫、脱硝、除尘技术，减少出炉烟气中有害气体与粉尘含量，减轻对环境的污染。

（2）推广连铸连轧工艺，提高铸坯装炉温度或热坯装炉比例。

（3）采用机械化炉底加热，增加钢坯受热面积，强化炉内综合换热，缩短加热时间。

（4）减少出炉废气从炉膛中带走的热量。各类加热炉中，出炉废气从炉膛带走的热量占总热支出的 30%~80%，是热损失中最主要的一项。

在保证燃料完全燃烧的前提下，应尽可能降低空气消耗系数，以提高燃烧温度，减少废气量。但如果空气量不足，或燃烧条件不好，造成化学不完全燃烧，不仅燃耗不能降低，还会降低燃烧温度，恶化炉膛热交换。

要注意加热的密封问题，控制炉底压力在微正压水平，防止冷空气吸入炉内增加加热炉的烟气量并降低燃烧温度。

要控制合理的废气温度。废气温度越高，废气带走的热量越多，热效率越低。但废气温度太低，炉内的平均炉温水平降低，炉内热交换恶化，加热太慢，加热炉生产率下降。因此正确的途径应该是保持有较高的生产率，合理的废气温度，至于废气所含的热量应采取回收的措施，以提高热效率、降低燃耗。所以，在生产率、热效率和单位燃耗之间，有一个合理热负荷的问题，这个特性正是图 5.2.1 曲线所表达的。与加热炉热效率最高点相对的热负荷，是最经济的热负荷，用这个热负荷工作时，单位燃耗也最低。但这时生产率并不是最高的，如果要再提高生产率，热效率就需下降，燃耗也要增加。

（5）回收废热用以预热空气、煤气和钢料。加热炉排出的废气所携带的热量，可以通过多种途径加以回收，其中最主要的是用来预热空气及煤气，即把热量重新带回炉膛，可以直接提高加热炉的热效率，降低燃料消耗量。利用蓄热室将空气加热到 1200℃，这种高温空气燃烧技术，可使加热炉燃耗降低 20% 以上。用废气余热预热钢料也可以达到这一目的，目前已有进展。从热能利用的方法看，也可以利用余热生产蒸汽，供发电或其他用途。

（6）减少加热炉冷却水带走的热量。冷却水带走的热量，通常要占加热炉热支出的 13%～15%，甚至更高。减少加热炉冷却水带走热量的措施有四种：1）减少不必要的水冷面积；2）进行水冷管的绝热包扎；3）采用气化冷却代替水冷却；4）采用无水冷滑轨。

（7）减少加热炉砌体的散热。减少炉壁炉顶散热的主要措施是实行绝热。采用轻质耐火材料和各种绝热保温材料，可以有效地减少通过砌体传导损失的热。对于间歇操作的加热炉，采用轻质材料还可以减少砌体蓄热的损失。因此实施绝热能够降低燃料消耗量、提高加热炉热效率、增加加热炉产量。

（8）加强加热炉的热工管理与调度。加热炉燃耗高及热效率低往往不仅是技术方面的原因，更多是由于管理与调度不善造成的。例如炼钢铸坯与加热炉配合不好，降低了加热炉的热装比及热锭温度，导致加热炉热效率不高；又如加热炉与轧机配合不好，钢坯在炉内待轧，也造成加热炉燃耗增加和热效率、生产率降低。科学的调度，使加热炉保持在额定产量下均衡地生产，才能实现各项热工参数的最佳控制。

【任务实施】

一、实训内容

加热炉单位热耗测定。

二、实训目的

（1）熟悉加热炉气体燃料的种类与性质；
（2）完成煤气取样与成分分析；
（3）正确计算煤气低发热量与加热炉单位热耗。

三、实训相关知识

（1）主要材料、工具与设备：轧钢企业加热炉、气体分析仪、尺等。
（2）选取加热炉稳定均衡生产时段进行测试。

四、实训数据记录

表 5.2.5 加热炉单位热耗测试记录

测试开始时间：　　　　　　　　　测试结束时间：

煤气供用成分	可燃成分/%	CO	H$_2$	CH$_4$	C$_2$H$_4$	C$_m$H$_n$	H$_2$S
	不可燃成分/%	H$_2$O	CO$_2$	N$_2$	O$_2$	SO$_2$	
煤气低发热量/kJ·m^{-3}							
煤气消耗量/m^3							

加热坯料	断面尺寸/mm			料坯单重/t	出钢数量/块
	长度	宽度	厚度		

【任务总结】

通过对加热炉单位热耗的实测与计算，掌握轧钢企业加热炉能耗实际状况，能通过测试数据分析影响加热炉能耗的系列因素，为将来从事加热操作奠定基础。

【任务评价】

表 5.2.6 任务评价表

任务实施名称					
开始时间		结束时间		学生签字	
				教师签字	
评价项目	技 术 要 求			分值	得分
操作	（1）方法得当； （2）操作规范； （3）正确使用工具、仪器、设备； （4）团队合作				
任务实施报告单	（1）书写规范整齐，内容翔实具体； （2）实训结果和数据记录准确、全面，并能正确分析； （3）回答问题正确、完整； （4）团队精神考核				

思考与练习题

1. 单位热耗和加热炉的热效率的定义是什么？

2. 加热炉的设计、建造、操作与维护应做到哪"五个必须"？

3. 加热炉节能减排的主要技术措施有哪些？

附　　录

附表 1　常用单位换算表

物理量名称	符　号	换　算　关　系	
		国际单位制	工程单位制
压　力	p	$Pa(N/m^2)$	物理大气压 工程大气压（kg/mm^2） 毫米水柱 毫米汞柱
		1 物理大气压 = 760mmHg = 10332mmH_2O = 101326Pa	
		1 工程大气压 = 98066.5Pa = 0.968 物理大气压	
		1mmH_2O = 9.81Pa	
		1mmHg = 133.32Pa	
热　量	q	kJ	kcal
		1kcal = 4.1868kJ	
比热容	c	$kJ/(kg \cdot ℃)$	$kcal/(kg \cdot ℃)$
		1$kcal/(kg \cdot ℃)$ = 4.1868$kJ/(kg \cdot ℃)$	
热流密度	q	W/m^2	$kcal/(m^2 \cdot h)$
		1$kcal/(m^2 \cdot h)$ = 1.163W/m^2	
热导率	λ	$W/(m \cdot ℃)$	$kcal/(m \cdot h \cdot ℃)$
		1$kcal/(m \cdot h \cdot ℃)$ = 1.163$W/(m \cdot ℃)$	
换热系数	α	$W/(m^2 \cdot ℃)$	$kcal/(m^2 \cdot h \cdot ℃)$
		1$kcal/(m^2 \cdot h \cdot ℃)$ = 1.163$W/(m^2 \cdot ℃)$	

附表 2　在大气压力为 101.3kPa 下烟气的物理参数

（烟气中组成的分压力 p_{CO_2} = 0.13；p_{H_2O} = 0.11；p_{N_2} = 0.76）

$t/℃$	$\rho/kg \cdot m^{-3}$	$c_p/kJ \cdot (kg \cdot ℃)^{-1}$	$\lambda/kJ \cdot (m \cdot h \cdot ℃)^{-1}$
0	1.295	1.043	8.206
100	0.950	1.068	11.262
200	0.748	1.097	14.444
300	0.617	1.122	17.417
400	0.525	1.151	20.515
500	0.457	1.185	23.614
600	0.405	1.214	26.712
700	0.363	1.239	29.768

$t/℃$	$\rho/kg \cdot m^{-3}$	$c_p/kJ \cdot (kg \cdot ℃)^{-1}$	$\lambda/kJ \cdot (m \cdot h \cdot ℃)^{-1}$
800	0.330	1.264	32.950
900	0.301	1.290	36.048
1000	0.275	1.306	39.230
1100	0.257	1.323	42.287
1200	0.240	1.340	45.427

附表 3　碳素钢的焓量与温度的关系　　　　　　　　（kJ/kg）

温度/℃	含碳量/%										
	0.090	0.234	0.300	0.540	0.610	0.795	0.920	0.994	1.235	1.410	1.575
100	46.48	46.48	46.89	47.31	47.73	48.15	50.24	48.57	49.41	48.57	50.24
200	95.46	95.88	95.88	95.88	96.30	96.72	100.49	99.23	100.06	98.81	100.91
300	148.22	149.89	150.73	151.57	152.83	154.50	155.76	154.50	154.92	154.50	157.01
400	205.16	206.00	206.42	208.93	209.77	210.19	213.54	211.02	213.12	210.61	213.96
500	265.46	266.71	267.54	268.39	269.22	271.32	275.92	272.16	274.25	272.16	276.76
600	339.15	339.98	340.82	343.33	343.75	344.59	349.61	346.26	347.52	345.43	351.29
700	419.12	419.54	420.79	422.89	423.72	424.56	427.29	422.89	427.91	425.40	431.27
800	531.75	542.64	550.59	547.66	542.22	550.17	550.17	544.31	548.50	544.31	553.94
900	629.31	631.40	628.05	620.09	616.75	610.88	602.93	605.02	602.93	605.86	613.81
1000	704.67	701.74	698.81	689.18	686.67	679.13	653.59	670.76	661.13	673.27	669.92
1100	780.86	772.50	768.31	760.78	757.43	749.47	724.77	741.10	732.31	744.87	720.16
1200	850.40	844.52	841.59	831.54	829.03	821.07	791.34	804.32	795.53	813.12	782.97
1250	885.55	880.11	877.60	868.80	866.29	856.24	824.84	841.59	833.21	849.54	817.72

附表 4　干空气的热物理性质　　　　　　　　（10^5 Pa）

温度/℃	$\rho/kg \cdot m^{-3}$	c_p	$\lambda \times 10^2$	
		kJ/(kg·℃)	W/(m·℃)	kJ/(m·h·℃)
0	1.293	1.005	2.44	8.792
20	1.205	1.005	2.59	9.337
40	1.128	1.005	2.76	9.923
60	1.060	1.005	2.90	10.425
80	1.000	1.009	3.05	10.969
100	0.946	1.009	3.21	11.556
120	0.898	1.009	3.34	12.016
140	0.854	1.013	3.49	12.560
160	0.815	1.017	3.64	13.105
180	0.779	1.022	3.78	13.607
200	0.674	1.026	3.93	14.151

温度/℃	ρ/kg·m⁻³	c_p	$\lambda \times 10^2$	
		kJ/(kg·℃)	W/(m·℃)	kJ/(m·h·℃)
250	0.746	1.038	4.27	15.366
300	0.615	1.047	4.60	16.580
350	0.566	1.059	4.91	17.668
400	0.524	1.068	5.21	18.757
500	0.456	1.093	5.74	20.683
600	0.404	1.114	6.22	22.399
700	0.362	1.135	6.71	24.158
800	0.329	1.156	7.18	25.833
900	0.301	1.172	7.63	27.465
1000	0.277	1.185	8.07	29.056
1100	0.257	1.197	8.50	30.606
1200	0.239	1.210	9.15	32.950

附表 5　气体的平均比热容　　　　　　　　　　　[kJ/(m³·℃)]

温度/℃	O_2	N_2	CO	H_2	CO_2	H_2O	SO_2	CH_4	C_2H_4	空气	烟气
0	1.3063	1.2937	1.2979	1.2770	1.5994	1.4947	1.7233	1.5491	1.8255	1.2979	1.4235
100	1.3188	1.2979	1.3021	1.2895	1.7082	1.5073	1.8129	1.6412	2.0641	1.3021	
200	1.3356	1.3021	1.3063	1.2979	1.7878	1.5240	1.8883	1.7585	2.2818	1.3063	1.4235
300	1.3565	1.3063	1.3147	1.3000	1.8631	1.5407	1.9552	1.8883	2.4953	1.3147	
400	1.3775	1.3147	1.3272	1.3021	1.9301	1.5659	2.0180	2.0139	2.6879	1.3272	1.4570
500	1.3984	1.3272	1.3440	1.3063	1.9887	1.5910	1.0683	2.1395	2.8638	1.3440	
600	1.4151	1.3398	1.3565	1.3105	2.0432	1.6161	2.1143	2.2609	3.0271	1.3565	1.4905
700	1.4361	1.3523	1.3733	1.3147	2.0850	1.6412	2.1520	2.3781	3.1694	1.3691	
800	1.4486	1.3649	1.3858	1.3188	2.1311	1.6664	2.1813	2.4953	3.3076	1.3816	1.5189
900	1.4654	1.3775	1.3984	1.3230	2.1688	1.6957	2.2148	2.6000	3.4322	1.3984	
1000	1.4779	1.3900	1.4151	1.3314	2.2023	1.7250	2.2358	2.7005	3.5462	1.4110	1.5449
1100	1.4905	1.4026	1.4235	1.3356	2.2358	1.7501	2.2609	2.7884	3.6551	1.4235	
1200	1.5031	1.4151	1.4361	1.3440	2.2651	1.7752	2.2776	2.8638	3.7514	1.4319	1.5659
1300	1.5114	1.4235	1.4486	1.3523	2.2902	1.8045	2.2986	2.8889	3.7514	1.4445	
1400	1.5198	1.4361	1.4570	1.3606	2.3143	1.8296	2.3195	2.9601	—	1.4528	1.5910
1500	1.5282	1.4445	1.4654	1.3691	2.3362	1.8548	2.3404	3.0312		1.4696	
1600	1.5366	1.4528	1.4738	1.3733	2.3572	1.8784	2.3614	—	—	1.4779	1.6161
1700	1.5449	1.4612	1.4831	1.3816	2.3739	1.9008	2.3823	—	—	1.4863	
1800	1.5533	1.4696	1.4905	1.3900	2.3907	1.9217	—	—	—	1.4947	1.6412
1900	1.5617	1.4738	1.4989	1.3984	2.4074	1.9427	—	—		1.4989	
2000	1.5701	1.4831	1.5031	1.4068	2.4242	1.9636	—	—	—	1.5073	1.6663

附表 6　不同温度下的饱和水蒸气量

温度/℃	饱和水蒸气分压/Pa	每 1m³ 含水汽量/g	温度/℃	饱和水蒸气分压/Pa	每 1m³ 含水汽量/g
20	2232	19.0	39	6985	59.6
21	2520	20.2	40	7371	63.1
22	2639	21.5	42	8198	70.8
23	2813	22.9	44	9104	79.3
24	2986	24.4	46	10064	88.8
25	3173	26.0	48	11157	99.5
26	3359	27.6	50	12330	111
27	3559	29.3	52	13610	125
28	3772	31.1	54	14996	140
29	4000	33.1	56	16503	156
30	4239	35.1	57	17302	166
31	4492	37.3	58	18142	175
32	4759	39.6	60	19915	197
33	5025	42.0	62	21835	221
34	5319	44.5	64	23900	248
35	5625	47.3	66	26140	280
36	5945	50.1	68	28553	315
37	6278	53.1	70	31152	357
38	6625	56.2	72	33938	405

附表 7　简单可燃气体的燃烧特性

气体名称	分子式	燃烧反应式	发热量/kJ·m⁻³		理论空气需要量/m³·m⁻³	理论燃烧产物生成量/m³·m⁻³	理论燃烧温度/℃
			Q_{GW}^y	Q_{GW}^y			
氢	H_2	$H_2 + 0.5O_2 \Longrightarrow H_2O$	12749	10786	2.381	2.881	2230
一氧化碳	CO	$CO + 0.5O_2 \Longrightarrow CO_2$	12628	12628	2.381	2.881	2370
甲烷	CH_4	$CH_4 + 2O_2 \Longrightarrow CO_2 + 2H_2O$	39554	35820	9.524	10.524	2030
乙烷	C_2H_6	$C_2H_6 + 3.5O_2 \Longrightarrow 2CO_2 + 3H_2O$	69663	63751	16.667	18.167	2090
丙烷	C_3H_8	$C_3H_8 + 5O_2 \Longrightarrow 3CO_2 + 4H_2O$	99161	91256	23.810	25.810	2105
丁烷	C_4H_{10}	$C_4H_{10} + 6.5O_2 \Longrightarrow 4CO_2 + 5H_2O$	128516	118651	30.953	33.453	2115
戊烷	C_5H_{12}	$C_5H_{12} + 8O_2 \Longrightarrow 5CO_2 + 6H_2O$	157913	146084	38.096	41.096	2212
乙烯	C_2H_4	$C_2H_4 + 3O_2 \Longrightarrow 2CO_2 + 2H_2O$	63002	59066	14.286	15.286	2290
丙烯	C_3H_6	$C_3H_6 + 4.5O_2 \Longrightarrow 3CO_2 + 3H_2O$	91929	86005	21.429	22.929	2220
丁烯	C_4H_8	$C_4H_8 + 6O_2 \Longrightarrow 4CO_2 + 4H_2O$	121398	113514	28.572	30.572	2195
苯	C_6H_6	$C_6H_6 + 7.5O_2 \Longrightarrow 6CO_2 + 3H_2O$	146302	140382	35.715	37.215	2230
乙炔	C_2H_2	$C_2H_2 + 2.5O_2 \Longrightarrow 2CO_2 + H_2O$	58011	56043	11.905	12.405	2620
硫化氢	H_2S	$H_2S + 1.5O_2 \Longrightarrow SO_2 + H_2O$	25407	23384	7.143	7.643	1850

附表 8　常用钢材的热导率　　　　　$[W/(m \cdot K)(kcal/(m \cdot h \cdot \text{℃}))]$

材料名称	在 下 列 温 度 时 的 λ						
	100℃	200℃	300℃	400℃	500℃	600℃	900℃
15 号钢	77.46(66.6)	66.4(57.3)		47.33(40.7)		41.05(35.3)	
20 号钢	50.59(43.5)	48.61(41.8)	46.05(39.6)	42.33(36.4)	38.96(33.5)	35.59(30.6)	
25 号钢	51.06(43.9)	48.96(42.1)	46.05(39.6)	42.80(36.8)	39.31(33.8)	35.59(30.6)	26.4(22.7)
35 号钢	75.36(64.8)	64.43(55.4)		43.96(37.8)		37.68(32.4)	
60 号钢	50.24(43.2)		41.87(36.0)			33.49(28.8)	29.3(25.2)
16Mn	50.94(43.8)	47.57(40.9)	43.96(37.8)	39.54(34.0)	36.05(31.0)		
铸钢 2G20	50.7(43.6)	48.50(41.7)		42.33(36.4)		35.59(30.6)	
1Cr18Ni9Ti	16.28(14.0)	17.56(15.1)	18.84(16.2)	20.93(18.0)	23.83(19.8)	24.66(21.2)	

附表 9　各种不同材料的密度、热导率、比热容和导温系数

材料名称	$\rho/kg \cdot m^{-3}$	$t/\text{℃}$	λ $/kJ \cdot (m^2 \cdot h \cdot \text{℃})^{-1}$	c_p $/kJ \cdot (kg \cdot \text{℃})^{-1}$	$a \times 10^3/m^2 \cdot h^{-1}$
铝　箔	20	50	0.1675		
石棉板	770	30	0.4187	0.8164	0.712
石　棉	470	50	0.3977	0.8164	1.04
沥　青	2110	20	2.512	2.093	0.57
混凝土	2300	20	4.605	1.130	1.77
耐火生黏土	1845	450	3.726	1.088	1.055
干　土	1500		0.4982		
湿　土	1700		2.366	2.10	0.693
煤	1400	20	0.670	1.306	0.37
绝热砖	550	100	0.5024		
建筑用砖	800~1500	20	0.837~1.047		
硅　砖	1000		2.931	0.6783	6.0
焦炭粉	449	100	0.687	1.214	0.126
锅炉水锈（水垢）		65	4.731~11.304		
干　砂	1500	20	1.172	0.7955	9.85
湿　砂	1650	20	4.061	2.093	1.77
波特兰水泥	1900	30	1.088	1.130	0.506
云　母	290		2.093	0.8792	82.0
玻　璃	2500	20	2.680	0.670	1.6
矿渣混凝土块	2150		3.349	0.8792	1.78
矿渣棉	250	100	0.2512		
铝	2670	0	733.0	0.9211	328.0
青　铜	8000	20	230.0	0.3810	75.0
黄　铜	8600	0	308.0	0.3768	95.0

材料名称	$\rho/kg \cdot m^{-3}$	$t/℃$	λ /kJ $\cdot$ (m² $\cdot$ h $\cdot$ ℃)$^{-1}$	c_p /kJ $\cdot$ (kg $\cdot$ ℃)$^{-1}$	$a \times 10^3/m^2 \cdot h^{-1}$
铜	8800	0	1382.0	0.3810	412.0
镍	9000	20	209.0	0.4605	50.5
锡	7230	0	230.0	0.2261	141
汞（水银）	13600	0	31.40	0.1382	16.7
铅	11400	0	126.0	0.1298	85.0
银	10500	0	1650.0	0.2345	670.0
钢	7900	20	163.0	0.4605	45.0
锌	7000	20	419.0	0.3936	152.0
铸铁（生铁）	7220	20	226.0	0.5024	62.5

附表 10　各种物体在室温时的黑度

材 料 名 称	黑 度	材 料 名 称	黑 度
［金属］		光面玻璃	0.94
磨光的金属	0.04 ~ 0.06	硬橡皮	0.95
旧的白铁皮	0.28	刨光的木材	0.8 ~ 0.9
钢板：		纸	0.8 ~ 0.9
无光镀镍钢板	0.11	耐火黏土砖	0.85
新压延的钢板	0.24	水、雪	0.96
镀锌钢板	0.28	湿的金属表面	0.98
生锈的钢板	0.69	灯烟	0.95
［其他材料］		抹灰砖砌体	0.94
石棉水泥板	0.96	没抹灰的砖	0.88
油毛毡	0.93	各种颜色的漆	0.8 ~ 0.9
石膏	0.8 ~ 0.9		

附表 11　各种物体在高温下的黑度

材 料 名 称	温度/℃	黑 度
［金属］		
表面磨光的铝	300 ~ 600	0.04 ~ 0.057
表面磨光的铁	400 ~ 1000	0.14 ~ 0.38
氧化铁	500 ~ 1200	0.85 ~ 0.95
氧化铁	100	0.75 ~ 0.80
液体铸铁	1300	0.28
氧化铜	800 ~ 1100	0.54 ~ 0.66
氧化后的铅	200	0.63
液化铜	1200	0.15

材 料 名 称	温度/℃	黑 度
钢	300	0.64
精密磨光的金	600	0.035
磨光的纯银	600	0.032
［其他材料］		
耐火砖	800~1000	0.8~0.9
石棉纸	400	0.95
烟灰	250	0.95

附表 12　碳钢和合金钢在 20℃时的密度　　　　　　　（kg/m³）

钢　号	密　度	钢　号	密　度	钢　号	密　度
纯铁	7880	40CrSi	7753	Cr14Ni14W	8000
10	7830	50SiMn	7769	W18Cr4V	8690
20	7823	30CrNi	7869	40Mn-65Mn	7810
30	7817	30CrNi3	7830	30Cr-50Cr	7820
40	7815	18CrNiW	7940	40CrV	7810
50	7812	GCr15	7812	35-40CrSi	7140
60	7810	60Si2	7680	25-35Mn	7800
70	7810	Mn12	7975	12CrNi2	7880
T10	7810	1Cr13	7750	12CrNi3	7880
T12	7790	Cr17	7720	20CrNi3	7880
15Cr	7827	Cr25	7650	5CrNiW	7900
40Cr	7817	Cr18Ni	7960		

常用名词中英文对照

中文	英文	中文	英文
加热炉	heating furnace	绝对压力	absolute pressure
轧钢	steel rolling	表压力	gauge pressure
冶金炉	metallurgical furnace	流速	flow velocity
材料	material	流量	flow rate
炼铁	ironmaking	重量流量	weight flow
高炉	blast furnace	质量流量	mass flow
炼钢	steelmaking	体积流量	volume flow
转炉	converter	静压头	static heat
电炉	electrical furnace	压头损失	head loss
炉型	furnace profile	紊流	turbulent flow
燃烧器	burner	层流	laminar flow
燃料	fuel material	摩擦阻力损失	frictional resistance loss
燃烧	burning	炉门	furnace door
发热量	heat productivity	烟囱	chimney
固体燃料	solid fuel	风机	fan
液体燃料	liquid fuel	风量	air quantity
气体燃料	gas fuel	风压	blast pressure
完全燃烧	complete combustion	并联	paralleling
不完全燃烧	incomplete combustion	串联	series
燃烧温度	combustion temperature	传导传热	heat transfer by conduction
燃烧过程	combustion process	对流传热	heat transfer by convection
有焰燃烧	flame combustion	辐射传热	heat transfer by radiation
无焰燃烧	flameless combustion	氧化	oxidation
固体燃料	solid fuel	加热温度	heating temperature
液体燃料	liquid fuel	加热时间	heating time
气体燃料	gas fuel	炉气成分	furnace gas composition
完全燃烧	complete combustion	脱碳	carbon elimination
不完全燃烧	incomplete combustion	过热	overheat
燃烧温度	combustion temperature	过烧	overburning
燃烧过程	combustion process	烧化	sweling
有焰燃烧	flame combustion	裂纹	cracking
无焰燃烧	flameless combustion	预热段	preheat section
密度	density	热效率	heat efficiency
比容	specific volume	生产率	furnace production rate
压力	intensity of pressure	热平衡	heat balance
黏性	viscosity	能量不灭定律	first law of thermodynamics

燃耗	burning-out	炉压控制	furnace pressure control
耐火材料	refractory	检修	overhaul
耐火度	refractoriness	节能	energy saving
抗热震性	thermal shock resistance	热送热装	hot-charging and hot direct
连续式加热炉	continuous reheating furnace		charging（HCR-HDCR）
炉膛	furnace hearth	干燥	drying
燃料系统	fuel system	养护	maintenance
供风系统	air supply system	烘炉	baker
排烟系统	fume exhaust system	装炉	charge
冷却系统	cooling system	停炉	shut-down
炉墙	furnace wall	炉压控制	furnace pressure control
炉顶	furnace roof	节能	energy saving
炉底	bottom	电加热炉	electrical heated furnace
干燥	drying	电阻炉	resistor furnace
养护	maintenance	感应加热炉	induction-heated furnace
烘炉	baker	热处理炉	heat treating furnace
装炉	charge	可控保护气氛	controlled protective atmos-
操作	operation		phere
停炉	shut-down		

参 考 文 献

[1] 蔡乔方. 加热炉（第二版）[M]. 北京：冶金工业出版社，1996.
[2] 蒋光羲，吴德昭. 加热炉 [M]. 北京：冶金工业出版社，1987.
[3] 金作良. 加热炉基础知识 [M]. 北京：冶金工业出版社，1985.
[4] 陈英明. 热轧带钢加热工艺及设备 [M]. 北京：冶金工业出版社，1985.
[5] 陈淑贞，等. 中厚板原料加热 [M]. 北京：冶金工业出版社，1985.
[6] 陈鸿复. 冶金炉热工与构造 [M]. 北京：冶金工业出版社，1993.
[7] 侯增寿，等. 金属热加工实用手册 [M]. 北京：机械工业出版社，1996.
[8] 日本工业协会. 工业炉手册 [M]. 北京：冶金工业出版社，1989.
[9] 王秉铨. 工业炉设计手册 [M]. 北京：机械工业出版社，1996.
[10] 戚翠芬. 加热炉 [M]. 北京：冶金工业出版社，2004.
[11] 李均宜. 炉温仪表与热控制 [M]. 北京：机械工业出版社，1981.
[12] 张善亮. 加热炉 [M]. 北京：冶金工业出版社，1995.
[13] 陈海祥. 金属学 [M]. 北京：冶金工业出版社，1995.
[14] 刘天佑. 钢材质量检验 [M]. 北京：冶金工业出版社，1999.
[15] 王廷溥，齐克敏. 金属塑性加工学 [M]. 北京：冶金工业出版社，2001.

冶金工业出版社部分图书推荐

书　名	作　者	定价(元)
稀土冶金学	廖春发	35.00
计算机在现代化工中的应用	李立清　等	29.00
化工原理简明教程	张廷安	68.00
传递现象相似原理及其应用	冯权莉　等	49.00
化工原理实验	辛志玲　等	33.00
化工原理课程设计（上册）	朱　晟　等	45.00
化工设计课程设计	郭文瑶　等	39.00
化工原理课程设计（下册）	朱　晟　等	45.00
水处理系统运行与控制综合训练指导	赵晓丹　等	35.00
化工安全与实践	李立清　等	36.00
现代表面镀覆科学与技术基础	孟　昭　等	60.00
耐火材料学（第 2 版）	李　楠　等	65.00
耐火材料与燃料燃烧（第 2 版）	陈　敏　等	49.00
生物技术制药实验指南	董　彬	28.00
涂装车间课程设计教程	曹献龙	49.00
湿法冶金——浸出技术（高职高专）	刘洪萍　等	18.00
冶金概论	宫　娜	59.00
烧结生产与操作	刘燕霞　等	48.00
钢铁厂实用安全技术	吕国成　等	43.00
金属材料生产技术	刘玉英　等	33.00
炉外精炼技术	张志超	56.00
炉外精炼技术（第 2 版）	张士宪　等	56.00
湿法冶金设备	黄　卉　等	31.00
炼钢设备维护（第 2 版）	时彦林	39.00
镍及镍铁冶炼	张凤霞　等	38.00
炼钢生产技术	韩立浩　等	42.00
炼钢生产技术	李秀娟	49.00
电弧炉炼钢技术	杨桂生　等	39.00
矿热炉控制与操作（第 2 版）	石　富　等	39.00
有色冶金技术专业技能考核标准与题库	贾菁华	20.00
富钛料制备及加工	李永佳　等	29.00
钛生产及成型工艺	黄　卉　等	38.00
制药工艺学	王　菲　等	39.00